U0384545

进口固体废物变革及属性鉴别案例

张庆建　唐梦奇　管　嵩　主编

中国环境出版集团·北京

图书在版编目（CIP）数据

进口固体废物变革及属性鉴别案例 / 张庆建，唐梦奇，管嵩主编. —北京：中国环境出版集团，2023.5
ISBN 978-7-5111-5463-7

Ⅰ.①进⋯ Ⅱ.①张⋯ ②唐⋯ ③管⋯ Ⅲ.①固体废物—属性—鉴别—案例 Ⅳ.①X705

中国国家版本馆 CIP 数据核字（2023）第 039837 号

出 版 人	武德凯
责任编辑	王　琳
封面设计	金　山

出版发行	**中国环境出版集团** （100062　北京市东城区广渠门内大街 16 号） 网　　址：http://www.cesp.com.cn 电子邮箱：bjgl@cesp.com.cn 联系电话：010-67112765（编辑管理部） 　　　　　010-67112739（第三分社） 发行热线：010-67125803，010-67113405（传真）
印　　刷	玖龙（天津）印刷有限公司
经　　销	各地新华书店
版　　次	2023 年 5 月第 1 版
印　　次	2023 年 5 月第 1 次印刷
开　　本	787×1092　1/16
印　　张	21.25
字　　数	400 千字
定　　价	115.00 元

中国环境出版集团郑重承诺：
中国环境出版集团合作的印刷单位、材料单位均具有中国环境标志产品认证。

编委会

前　言

　　当今世界正处于和平与发展的时期，优越的环境已在人民群众生活中占据重要的地位。党和国家领导人多次强调，发展经济不能以牺牲环境为代价，要给子孙后代留住足够的物质资源。

　　自 20 世纪 90 年代，我国开始进口可用作原料的固体废物，目的是缓解经济快速发展与资源短缺的矛盾，这一措施在一定程度上解决了原材料供应的问题，但同时又在一定程度上造成了洋垃圾走私入境，破坏我国生态环境，影响人体健康。习近平总书记于 2017 年 4 月 18 日主持召开中央全面深化改革领导小组第三十四次会议，会议审议通过了《关于禁止洋垃圾入境推进固体废物进口管理制度改革实施方案》，方案强调"严禁洋垃圾入境，大力发展循环经济"。第十三届全国人民代表大会第一次会议上，李克强总理在政府工作报告中指出：严禁洋垃圾入境，全面划定生态保护红线。

　　禁止洋垃圾入境推进固体废物管理制度改革是中国政府贯彻落实新发展理念、推进生态文明建设、着力改善生态环境质量、保障国家生态安全和人民群众健康的一项重大改革举措。当发展到一定水平时，人民环保意识将会提高，国家更注重人民群众的身体健康和生态环境保护。顺应全球发展趋势，我国固体废物进口管理相关法律法规和标准呈现阶梯式上升变化，旨在严禁洋垃圾入境。2020 年新修订的《中华人民共和国固体废物污染环境防治法》多处提及固体废物进口问题，直至 2021 年 1 月 1 日，我国全面禁止进口固体废物，这一举措符合《控制危险废物越境转移及其处置巴塞尔公约》的要求，我国将与国际社会同舟共济，切实履行碳达峰、碳中和任务。

　　我国对进口可用作原料的固体废物监管一直处于高压态势，任何情况、任何时候都不准私自进口固体废物，过去的 30 多年，包括生态环境部、海关总署在内的多部委在管控进口固体废物方面出台了众多法律法规、办法及标准，目的在于提升进口可用作原料的固体废物的质量与环境安全水平，但由于进口商对法律法规的不了解以及利益驱使或国外欺诈等因素，不可避免地出现了走私洋垃圾入境的现象。由于当事人对固体废物属性认定上的差异，给口岸监管带来工作上的巨大挑战，固体废物属性鉴别也应运而生，在固体废物管理过程中发挥了重要作用。这项工作通过技术手段，按照国家的标准要求，对进口物质或物品进行属性鉴别，成为口岸监管的重要技术支撑。2011年，环境保护部、商务部、国家发展和改革委员会、海关总署、国家质量监督检验检疫总局发布的《固体废物进口管理办法》明确了口岸海关实验室固体废物属性鉴别的职责，以及固体废物属性鉴别的作用。

伴随国家固体废物进口制度的改革，进口固体废物属性鉴别将会是一项不断发展的技术手段，是一项复杂、费时而又细致的工作，需要及时跟踪国内外法律法规及标准的变化，掌握行业发展动态，查阅大量文献资料，清晰物质产生过程。物质来源是排除使用价值、鉴别固体废物属性的首要依据，鉴别工作者应在弄清物质来源的基础上勾画"物质产生工艺及加工目的流程图"，将物质及原有用途准确定位，在此基础上依据《固体废物鉴别标准　通则》（GB 34330—2017）给出物质的固体废物属性。

随着国家全面禁止固体废物进口工作的开展，更多符合国家法律法规及标准要求的再生资源应运而生，全面禁止洋垃圾入境后，再生资源是更符合国家发展需求的、经无害化处理的二次资源，如何合理利用再生资源，是各行各业面临的机遇与挑战。

本书主要概括了我国固体废物进口管理方面的法律法规、制度、标准的变化及全面取消固体废物进口后再生资源发展的方向，介绍了实验室进行固体废物属性鉴别时常用的鉴别与分析方法，总结了部分典型鉴别案例。全书共分为六章，第一章介绍我国进口固体废物管理制度变化；第二章介绍进口固体废物鉴别标准与程序；第三章介绍固体废物属性鉴别实验室业务流程管理；第四章介绍固体废物属性鉴别分析方法；第五章介绍鉴别为固体废物的案例；第六章介绍鉴别为非固体废物的案例。本书可为鉴别实验室人员提供参考，给监管一线人员、贸易方提供技术资料，可供高等院校环境工程专业师生参阅。书中难免有不足和疏漏之处，恳请大家批评指正。

目　录

第一章 我国进口固体废物管理制度变化

第一节 进口固体废物政策变化

一、固体废物的概念

在我国允许进口可用作原料的固体废物阶段，我国的固体废物包括国内产生的固体废物和进口的固体废物。虽然看起来都是固体废物，但各国相关法律规章制度不同，处置利用方式和目的也不同。国内固体废物的处置主要基于以下原则：防治其对环境造成污染，保障公众健康，维护生态安全，促进经济社会可持续发展，处置利用方式表现为"减量化、无害化、资源化"；而进口的固体废物，必须是符合国家法律、标准要求的可用作原料的资源，目的只有资源化利用。基于以上内涵，固体废物概念的定义有广义和狭义之分，广义上，固体废物指凡人类一切活动过程产生的，且对所有者已不再具有使用价值而被废弃的物质。这里的活动过程包括生产过程和生活过程。狭义上，固体废物指在生产建设、日常生活和其他活动中产生的污染环境的固态、半固态废弃物质。这一定义强调的是物质的污染特性，包括工业固体废物、生活垃圾、危险废物。这里包含固体废物的四个特征：产生于生产建设、日常生活和其他活动中，有污染性，呈固态和半固态，废弃的或弃之不用的物质。此处固体废物的定义强调的是所有者、丧失使用价值、被废弃，是所有者抛弃的物质或物品。

《中华人民共和国固体废物污染环境防治法》（2020 年修订）对固体废物的概念进行了重新定义，即固体废物是指在生产、生活和其他活动中产生的丧失原有利用价值或者虽未丧失利用价值但被抛弃或者放弃的固态、半固态和置于容器中的气态的物品、物质以及法律、行政法规规定纳入固体废物管理的物品、物质。经无害化加工处理，并且符合强制性国家产品质量标准，不会危害公众健康和生态安全，或者根据固体废物鉴别标准和鉴别程序认定为不属于固体废物的除外。相比之前的定义，该定义新增了加工处理后固体废物属性的变化，而这一内容早在《固体废物鉴别标准　通则》（GB 34330—2017）中也有涉及。

综上，固体废物是具有时空相对性的特殊物质，对于不同的行为主体，其价值体系不一样，因此处置方式也不一样，但归根到底，还是要按照国家法律规章执行相应的管理。

二、进口可用作原料的固体废物概况

在任何生产或生活过程中，所有者对原材料、物品往往仅利用了其中某些有效成分或仅利用了一定比例的物质，而对于原所有者这些不再具有利用价值的固体废物中仍含有其他生产行业所需要的物质，这些物质经过加工、整理等环节，可以转变为其他行业的原材料，甚至可以被直接使用，因此就出现了可用作原料的固体废物的概念。

我国自 20 世纪 90 年代开始进口可用作原料的固体废物，到 2020 年年底结束进口固体废物，历经了约 30 年的时间，此阶段我国依据绿色发展、循环经济的原则，将生态文明建设放在突出地位，按照国际公约，分阶段对进口固体废物的法律、政策和标准进行调整，不断深化推进进口可用作原料的固体废物的监管体系建设，提升口岸监管水平，严禁洋垃圾走私入境。虽然固体废物不等同于洋垃圾，但境外非法向我国转移的固体废物也被称为洋垃圾，这是因为可用作原料的固体废物在弥补资源匮乏的同时，其利用过程存在二次污染现象（包括利用过程排放的污染物、不能充分利用的固体废物、夹藏的固体废物等造成的污染）。

我国工业所需原材料对外依赖程度较高，进口可用作原料的固体废物约占国内再生资源利用总量的 50%，尤其在废纸、废钢铁、再生铜、再生铝、废塑料等领域。我国可用作原料的固体废物进口量变化发生了由少到多、再逐渐减少的变化过程（如图 1-1 所示）美国、日本、英国、荷兰、澳大利亚等是我国进口废物原料的主要国家。以 2017 年为例，我国进口可用作原料的固体废物的主要种类及占比如图 1-2 所示。

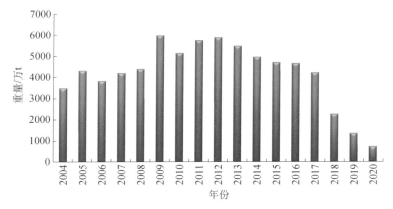

图 1-1 2004—2020 年我国进口可用作原料的固体废物重量

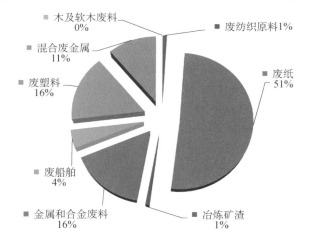

图 1-2 2017 年我国进口可用作原料的固体废物的主要种类及占比

作为国家生态环境主管部门——生态环境部出台了众多法律法规、办法和标准，作为口岸监管部门——海关总署和原国家质量监督检验检疫总局（2018 年国家机构改革，原国家质量监督检验检疫总局出入境职责整体并入海关总署）出台了各项规定、办法、标准等，提升检验监管能力建设，开展打击洋垃圾走私专项行动，在口岸打击洋垃圾走私方面发挥了重要作用。

三、进口可用作原料的固体废物阶段

本书通过梳理 1990—2021 年我国进口固体废物的发展历程，结合我国在不同时期颁布的重要进口固体废物相关法律法规及标准，总结了进口固体废物演变发展的特征，即起步摸索阶段（1990—1999 年）、优化发展阶段（2000—2008 年）、快速发展阶段（2009—2016 年）和深化改革阶段（2017 年至今）四个阶段，如图 1-3 所示，每个阶段都有各自明显的特点，都是国家发展过程中的一部分。

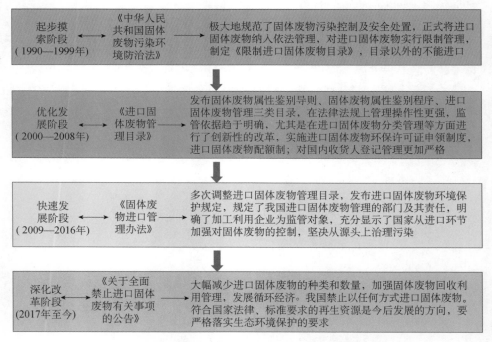

图 1-3　我国进口固体废物发展阶段及典型政策特征

（一）起步摸索阶段（1990—1999 年）

1990—1999 年，我国正处于经济快速发展的时期，资源短缺一时成为制约发展的"瓶颈"，因此我国开始进口可用作原料的固体废物。这一时期，国家先后出台了各项法律法规、办法和标准来规范进口可用作原料的固体废物业务。1989 年，联合国环境规划署通过了《控制危险废物越境转移及其处置巴塞尔公约》，目的是防止危险废物非法转移尤其是向发展中国家转移。我国于 1990 年签署了《控制危险废物越境转移及其处置巴塞尔公约》（以下简称《巴塞尔公约》），1991 年第七届全国人民代表大会常务委员会批准《巴塞尔公约》，旨在禁止进口不符合国家法律及环境控制要求的固体废物。

1991 年 3 月 7 日国家环境保护局、海关总署发布《关于严格控制境外有害废物转移到我国的通知》；1994 年 11 月 9 日国家环境保护局发布《关于严格控制从欧共体进口废物的暂行规定》。

1995 年颁布《中华人民共和国固体废物污染环境防治法》，这是我国在固体废物污染防治方面的第一部法律，它是为了保护和改善生态环境，防治固体废物污染环境，保障公众健康，维护生态安全，推进生态文明建设，促进经济社会可持续发展而制定的。该法极大地规范了固体废物的污染控制及安全处置，正式将进口固体废物纳入依法管理，对进口固体废物实行限制管理，制定限制进口固体废物目录，目录以外的不能进口。

1996 年国家环境保护局出台《废物进口环境保护管理暂行规定》，制定《进口可用作原料的固体废物环境保护控制标准（试行）》；1997 年，《中华人民共和国刑法》（1997 年修订）设立非法处置境外固体废物罪和擅自进口固体废物罪；1998 年 1 月 4 日，国家环境保护局、国家经济贸易委员会、对外贸易经济合作部、公安部发布《国家危险废物名录》，于当年 7 月 1 日正式实施。

各项法律法规及标准的出台，极大地保障了进口可用作原料的固体废物的质量与环境安全，限制了可用作原料的固体废物的进口，但未形成独立的进口固体废物管理体系。《中华人民共和国刑法》（1997 年修订）设立的擅自进口固体废物罪是对进口固体废物进行管理的主要手段。但是走私进口固体废物（如图 1-4、图 1-5 所示）、夹杂洋垃圾、伪瞒报等现象还是存在，例如放射性超标废旧金属进入我国，严重污染了口岸的生态环境。

图 1-4　进口废纸原料

图 1-5　进口废金属原料

（二）优化发展阶段（2000—2008 年）

2000—2008 年，我国经济迅猛发展，工业、农业、建筑制造业处于高水平发展阶段，原材料短缺的问题更加突出，国内经济快速发展对进口可用作原料的固体废物需求的日益增长同再生资源行业相对落后的环境保护水平之间的矛盾同样更加突出；进口可用作原料的固体废物仍将是解决这一矛盾的关键。但是鉴于之前存在的洋垃圾走私入境、夹藏洋垃圾等环境风险问题，国家在这一时期出台了更加细化的法律法规、办法和标准，例如修订《中华人民共和国固体废物污染环境防治法》、发布《固体废物鉴别导则》（试行）、固体废物属性鉴别报告结构和固体废物属性鉴别程序、《进口固体废物管理目录》等，法律法规管理操作性更强，监管依据趋于明确，尤其是在进口固体废物分类管理等方面进行了创新性的改革，例如实施进口固体废物环保许可证申领制度、进口固体废物配额制，对国内收货人登记管理更加严格。

我国自 2001 年加入世界贸易组织后，2002 年国家环境保护总局发文对进口废物实行禁止、限制和自动许可进口三种类别管理；并于 2002 年公布第一批自动许可进口可用作原料的固体废物目录。

在此期间，国家环境保护总局与海关总署建立合作机制，同时与国外环保部门建立打击废物非法转移合作机制，建立进口废物的全过程管理，包括国外供货商注册、装运前检验（国外供货商注册证书、废物进口许可证）、入境检验和查验（国外供货商注册证书、国内收货人登记证书、废物进口许可证）、无害化利用企业，对不合格废物实施退运。

2004 年修订《中华人民共和国固体废物污染环境防治法》（2004 年 12 月 29 日第十届全国人民代表大会常务委员会第十三次会议第一次修订），明确禁止进口不能用作原料或者不能以无害化方式利用的固体废物，对可以用作原料的固体废物实行限制进口和自动许可进口分类管理，限制进口类固体废物的进口，必须依法办理进口许可，自动许可类固体废物的进口，必须依法办理自动许可手续；针对进口者对货物纳入固体废物管理不服的，可以依法申请行政复议，也可以向人民法院提起行政诉讼。2005 年修订《进口可用作原料的固体废物环境保护控制标准》及《进口固体废物目录》，允许进口的废物种类变多；2005 年 10 月 10 日，国家环境保护总局和海关总署正式启用环保许可证联网系统，对环保许可证电子数据进行联网核销，有效杜绝了证件伪造、变造等情况。

2006 年，国家环境保护总局、国家发展和改革委员会、商务部、海关总署和国家质量监督检验检疫总局联合发布《固体废物鉴别导则》（试行），规定导则适用于《中华人民共和国固体废物污染环境防治法》所定义的固体废物和非固体废物的鉴别，但不适用于确定其海关商品编码。对物质、物品或材料是否属于固体废物或非固体废物的判别结果存在争议的，由国家环境保护行政主管部门会同相关部门组织召开专家会议进行鉴别和裁定。

2008 年 6 月 6 日，环境保护部、国家发展和改革委员会对《国家危险废物目录》进行调整，并于 2008 年 8 月 1 日实施。2008 年发布 3 家固体废物鉴别机构及鉴别程序，鉴别机构包括中国环境科学研究院、中国海关化验中心、深圳出入境检验检疫局工业品检测技术中心；同年发布新的《进口废物管理目录》，包括《禁止进口固体废物目录》《限制进口类可用作原料的固体废物目录》《自动许可进口可用作原料的固体废物目录》。

这一时期，《固体废物鉴别导则》（试行）的出台更加突出了固体废物属性鉴别的地位，它是第一部关于固体废物属性鉴别的导则，为属性鉴别工作者提供了强有力的支撑，在疑似固体废物属性鉴别方面发挥了重要作用。

同样，国家法律、政策的出台，导致洋垃圾无法顺利入境，但由于价格及国外欺诈等因素造成走私进口固体废物现象依旧时有发生，这个时期国家对固体废物鉴别提出了更高的要求，国外通过对固体废物进行加工处置（如将环保除尘灰、污染控制污泥等经过简单加工掺杂在正常矿产品中），使其以矿产品名义申报进口（图 1-6）。

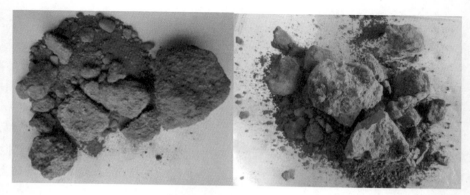

图 1-6 经回收的固体废物

固体废物进口过程中出现的问题，同样推动了我国对进口固体废物的法律、政策的不断调整，不断深化推进固体废物进口监管体系建设，提升进口废物原料质量水平。

（三）快速发展阶段（2009—2016 年）

2009—2016 年，是我国进口固体废物深化改革的关键时期。2011 年发布《固体废物进口管理办法》，这是中国首个针对进口固体废物管理的规定，标志着进口固体废物进入快速发展的关键时期。作为资源的有效补充，符合标准要求的固体废物原料日益增加，监管体系也更加完善。该阶段多次调整进口固体废物目录，修订进口固体废物环境控制标准，实施进口固体废物属性鉴别通则等。行业准入日趋多元化，进口固体废物的种类和数量逐渐增多。

这个阶段，我国经济已经跃居世界前列，人们生活水平日益提高，经济迅速发展与环境保护的矛盾更加突出，国家更加注重生态环境建设。该阶段国家多层面出台措施，多部委联合下发法律法规，旨在严禁洋垃圾入境，大力发展循环经济。2011 年环境保护部、商务部等五部委联合下发《固体废物进口管理办法》，该办法包括总则、一般规定、固体废物进口许可管理、检验检疫与海关手续、监督管理、海关特殊监管区域和场所的特别规定、罚则及附则八个部分，对固体废物进口中可能发生的各种情况做出较为具体的规定。该办法规定了政府对进口固体废物管理的部门及其责任，明确了加工利用企业为监管对象，充分显示了国家从进口环节加强了对固体废物的控制，坚决从源头上治理污染。该办法第二十八条规定："进口者对海关将其所进口的货物纳入固体废物管理范围不服的，可以依法申请行政复议，也可以向人民法院提起行政诉讼。海关怀疑进口货物的收货人申报的进口货物为固体废物的，可以要求收货人送口岸检验检疫部门进行固体废物属性检验，必要时，海关可以直接送口岸检验检疫部门进行固体废物属性检验，并按照检验结果处理。口岸检验检疫部门应当出具检验结果，并注明是否属于固体废物。海关或者收货人对口岸所在地检验检疫部门的检验结论有异议的，国务院环境保护行政主管部门会同海关总署、国务院质量监督检验检疫部门指定专门鉴别机构对进口的货物、物品是否属于固体废物和固体废物类别进行鉴别。"这一条款赋予了口岸检验检疫部门固体废物属性鉴别的职责。这一重要办法，从根本上遏制了洋垃圾的走私进口，国家层面上所采取的坚定措施使产业政策更加细化与具体，既促进经济的发展，又更加注重生态保护。

2009年接连两次修订《进口废物管理目录》，将"其他未列明固体废物"纳入《禁止进口固体废物目录》。同年，国家质量监督检验检疫总局发布《进口可用作原料的固体废物国内收货人注册登记管理实施细则（试行）》《进口可用作原料的固体废物国外供货商注册登记管理实施细则》。《进口可用作原料的固体废物检验检疫监督管理办法》自2009年11月1日起施行。2009年起国家质量监督检验检疫总局先后发布《进口可用作原料的固体废物检验检疫通用标准　第1部分：术语和定义》（SN/T 2298.1—2009）、《进口可用作原料的固体废物检验检疫通用标准　第2部分：抽样方法》（SN/T 2298.2—2009）、《进口可用作原料的固体废物检验检疫通用标准　第3部分：卫生除害处理通用技术要求》（SN/T 2298.3—2009）、《进口可用作原料的固体废物检验检疫通用标准　第4部分：爆炸性物质检验方法》（SN/T 2298.4—2009）、《进口可用作原料的固体废物检验检疫通用标准　第5部分：腐蚀性检验方法》（SN/T 2298.5—2011）。2010年发布进口固体废物环境保护规定，包括进口废钢、废船、废光盘。2011年环境保护部实施《进口可用作原料的固体废物环境保护管理规定》，2011年发布《进口废PET饮料瓶砖环境保护管理规定（试行）》。2013年发布《进口硅废碎料环境保护管理规定》。此外，固体废物环境保护标准的出台，说明我国对进口固体废物的监管由全面监管向单一物料监管延伸，更加有针对性地提升进口固体废物的管控要求。

2013年、2015年、2016年分别对《中华人民共和国固体废物污染环境防治法》进行了3次修正，其中，2015年修正内容包括，将自动许可进口固体废物改为非限制类进口固体废物。2015年，环境保护部发布《限制类进口可用作原料的固体废物环境保护管理规定》。这一时期是我国进口固体废物环境管理法律法规体系建设的重要时期，管理体系框架基本形成，如图1-7所示。此外，环境保护部分别于 2011 年、2014 年对《进口废物管理目录》进行调整。

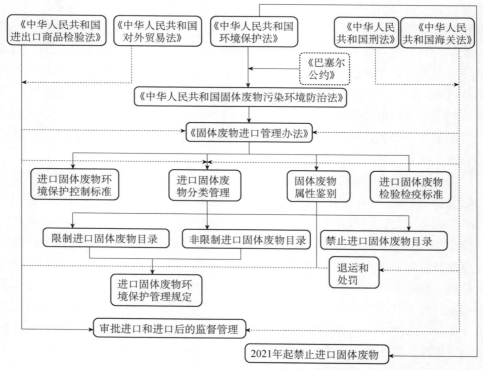

图 1-7　我国进口固体废物法律法规体系框架

但这时在贸易过程中不断出现了粗加工商品，在境外通过改变物质表观形态、粗加工等方式变相进口固体废物，例如再生塑料粒子，其来源于医疗、化工废塑料，经再生后仍然含有残余的有毒物质，是不符合国家标准要求的。

（四）深化改革阶段（2017 年至今）

随着社会的进步和人们生活水平的提高，经济、资源、环境之间的矛盾也越来越突出，固体废物进口管理制度的改革势在必行。

2017 年 4 月 18 日，习近平总书记主持召开中央全面深化改革领导小组第三十四次会议，会议审议通过了《关于禁止洋垃圾入境推进固体废物进口管理制度改革实施方案》，提出大幅减少进口固体废物种类和数量，要加强固体废物回收利用管理，发展循环经济。2018 年第十三届全国人民代表大会第一次会议，李克强总理在政府工作报告中指出：严禁洋垃圾入境，全面划定生态保护红线。同年，外交部发言人华春莹在例行记者会上表示，禁止洋垃圾入境，推进固体废物进口管理制度改革，是中国政府贯彻落实新发展理念、着力改善生态环境质量、保障国家生态安全和人民群众健康的一个重大举措。

2017 年我国实施了固体废物属性鉴别强制性国家标准《固体废物鉴别标准通则》（GB 34330—2017），更加细化了固体废物鉴别的条款，有助于对固体废物属性进行正确判定。

为贯彻《中华人民共和国固体废物污染环境防治法》《固体废物进口管理办法》，加强进口固体废物的环境管理，规范进口货物的固体废物属性鉴别工作，2018 年 12 月，生态环境部和海关总署联合发布《进口货物的固体废物属性鉴别程序》，该程序从固体废物属性鉴别工作程序、技术规定及鉴别机构管理等方面进行了规定。2018 年 3 月，实施新修订的《进口可用作原料的固体废物环境保护控制标准》（GB 16487—2017）、《进口可用作原料的固体废物检验检疫监督管理办法》。此外，2018 年 5 月海关总署制定了《进口可用作原料的固体废物装运前检验监督管理实施细则》。根据《进口可用作原料的固体废物检验检疫监督管理办法》，海关总署制定了《进口可用作原料的固体废物国外供货商注册登记管理实施细则》，该细则自 2018 年 8 月 1 日起执行。

2018 年以来，进口固体废物目录加严后，走私越发严重，海关总署开展了多轮次打击洋垃圾走私的"蓝天""国门利剑"专项行动，重点打击以伪报瞒报品名、夹藏等方式走私洋垃圾的违法活动。2018 年海关总署和生态环境部发布限定固体废物进口口岸的公告（限定固体废物进口口岸目录见表 1-1），发布《进口可用作原料的固体废物检验检疫规程　第 1 部分：废塑料》等 11 项出入境检验检疫行业标准的公告。

表 1-1　限定固体废物进口口岸目录

序号	直属海关	关区代码	口岸名称
1	天津海关	0202	天津港口岸新港港区
2	石家庄海关	0412	唐山港口岸曹妃甸港区
3	大连海关	0908	大连港口岸大窑湾港区
4	上海海关	2225	上海港口岸外高桥港区
5	上海海关	2248	上海港口岸洋山港区
6	南京海关	2327	太仓港口岸
7	杭州海关	2981	嘉兴港口岸

序号	直属海关	关区代码	口岸名称
8	宁波海关	3104	宁波港口岸北仑港区
9	福州海关	3508	福州港口岸江阴港区
10	厦门海关	3708	厦门港口岸海沧港区
11	青岛海关	4258	青岛港口岸
12	广州海关	5119	南海港口岸
13	广州海关	5166	南沙港口岸
14	深圳海关	5304/5349	深圳蛇口港口岸
15	黄埔海关	5216	虎门港口岸
16	江门海关	6821	新会港口岸
17	湛江海关	6711	湛江港口岸霞山港区
18	南宁海关	7203	梧州港口岸

2017 年 12 月 29 日，环境保护部、海关总署、国家质量监督检验检疫总局联合发布《关于推荐固体废物属性鉴别机构的通知》，固体废物鉴别工作提上新的日程。山东、上海、辽宁、广东、江苏、浙江、新疆、广西、深圳、天津、宁波、厦门检验检疫局，中国环境科学研究院、环境保护部南京环境科学研究所、环境保护部华南环境科学研究所，海关上海、广州、天津、大连化验中心，亚洲太平洋地区危险废物管理培训与技术转让中心等作为推荐的固体废物鉴别机构。2018 年国家机构改革后，国家质量监督检验检疫总局出入境检验检疫职能转隶至海关总署，因此推荐的鉴别机构由 20 家缩减为 16 家。

生态环境主管部门分别于 2017 年、2018 年、2019 年对《进口废物管理目录》进行多次调整。其中，2017 年 8 月 17 日，环境保护部、商务部、国家发展和改革委员会、海关总署、国家质量监督检验检疫总局对当时的《进口固体废物目录》进行了调整，将来自生活源的废塑料（8 个品种）、未经分拣的废纸（1 个品种）、废纺织原料（11 个品种）、钒渣（4 个品种）4 类 24 种固体废物，从《限制进口类可用作原料的固体废物目录》调整列入《禁止进口固体废物目录》，并于 2017 年 12 月 31 日正式实施。2018 年 4 月 19 日，生态环境部、商务部、国家发展和改革委员会、海关总署对现行的《进口固体废物目录》进行了调整，将废五金类、废船、废汽车压件、冶炼渣、工业来源废塑料等 16 个品种固体废物，从《限制进口类可用作原料的固体废物目录》调整到《禁止进口固体废物目录》，自 2018 年 12 月 31 日起执行；将不锈钢废碎料、钛废碎料、木废碎料等 16 个品种固体废物从

《限制进口类可用作原料的固体废物目录》《非限制进口类可用作原料的固体废物目录》调整到《禁止进口固体废物目录》，自 2019 年 12 月 31 日起执行。

　　生活来源、未经分拣的工业来源废塑料被列入《禁止进口固体废物目录》后，废塑料进口量急速下降，2018 年 1—3 月与 2017 年 1—3 月同期废塑料进口量对比如图 1-8 所示。

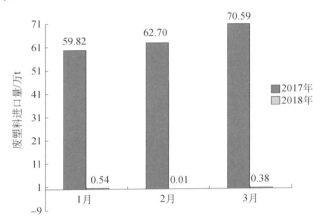

图 1-8　2017 年 1—3 月与 2018 年 1—3 月同期废塑料进口量对比

　　2020 年 4 月 29 日第十三届全国人民代表大会常务委员会第十七次会议对《中华人民共和国固体废物污染环境防治法》进行第二次修订，明确国家逐步实现固体废物零进口。

　　同时，海关总署开展各项措施，坚决把守国门，禁止洋垃圾入境，主要措施包括：一是坚持将习近平总书记的重要指示批示作为行动号令。二是成立监控指挥中心进口固体废物专题监控工作组。三是加大洋垃圾走私打击力度，深入开展"蓝天 2018"专项行动，调整并充实专项行动内容，组织打击洋垃圾走私"蓝天2018"第四轮集中行动。依托"大地女神"第四期国际联合行动，加强国际协查、联合调查、境外取证等执法合作，提高打击能力。四是加强洋垃圾进境风险研判处置，制作固体废物源头防控电子地图，强化源头风险监控，加大风险布控力度。五是下发《关于强化固体废物属性鉴别机构技术支撑作用的通知》，成立专家工作组，召开研讨会议。六是建立进口固体废物鉴别典型案例和标准信息库，明确实验室鉴定基本流程。

　　全国海关贯彻落实党中央、国务院的决策部署，加大与公安、生态环境、市场监管等执法部门的合作力度，深化国际执法合作，严厉打击走私洋垃圾等危害国家生态安全的违法犯罪行为，坚决把禁止洋垃圾入境这一生态文明建设标志性举措落实到位，切实履行"国门卫士"职责，全力保障国家生态环境安全和人民群众身体健康，为建设绿水青山、碧海蓝天的美丽中国做出应有的贡献。

这一时期，国家的严控起到了重要的作用，原本最初形态面貌的洋垃圾很少发现有走私进口的现象，但是严控以来改变形状经初级加工或是以初级产品、中间产品、副产品等名义出现的盲目进口禁止类固体废物现象越来越多，这也给口岸监管部门的执法带来困难，固体废物属性鉴别也一度出现鉴别结论不一致的问题。但物质的来源是无法改变的，是现实存在的，如何符合国家法律要求，需要进口企业认真研读国家法律法规，做好进口商品质量把关，避免违反国家法律和经济损失。

生态环境部、商务部、国家发展和改革委员会、海关总署于 2020 年 11 月 24 日发布《关于全面禁止进口固体废物有关事项的公告》：自 2021 年 1 月 1 日起，我国禁止以任何方式进口固体废物。禁止我国境外的固体废物进境倾倒、堆放、处置。生态环境部停止受理和审批限制进口类可用作原料的固体废物进口许可证的申请；2020 年已发放的限制进口类可用作原料的固体废物进口许可证，应当在证书载明的 2020 年有效期内使用，逾期自行失效。

四、《中华人民共和国固体废物污染环境防治法》主要修订内容

2020 年 4 月 29 日第十三届全国人民代表大会常务委员会第十七次会议对《中华人民共和国固体废物污染环境防治法》进行第二次修订。修订后，该法明确固体废物污染环境防治坚持减量化、资源化和无害化原则。强化政府及其有关部门监督管理责任，明确目标责任制、信用记录、联防联控、全过程监控和信息化追溯等制度，明确国家逐步实现固体废物零进口。

第一，法律完善了工业固体废物污染环境防治制度。强化产生者责任，增加排污许可、管理台账、资源综合利用评价等制度。在生活垃圾分类方面，法律明确国家推行生活垃圾分类制度，确立生活垃圾分类的原则。统筹城乡，加强农村生活垃圾污染环境防治。规定地方可以结合实际制订生活垃圾具体管理办法。

第二，法律完善了建筑垃圾、农业固体废物等污染环境防治制度。建立建筑垃圾分类处理、全过程管理制度。健全秸秆、废弃农用薄膜、畜禽粪污等农业固体废物污染环境防治制度。明确国家建立电器电子、铅蓄电池、车用动力电池等

产品的生产者责任延伸制度。加强过度包装、塑料污染治理力度。明确污泥处理、实验室固体废物管理等基本要求。

第三，法律对危险废物污染环境防治制度进行了完善，规定危险废物分级分类管理、信息化监管体系、区域性集中处置设施场所建设等内容。加强危险废物跨省转移管理，通过信息化手段管理、共享转移数据和信息，规定电子转移联单，明确危险废物转移管理应当全程管控、提高效率。

在法律责任方面，法律对违法行为实行严惩重罚，提高罚款额度，增加处罚种类，强化处罚到人，同时补充规定一些违法行为的法律责任。

第二节　进口再生资源

一、再生资源的定义

再生资源与天然资源提炼加工相比，各有优缺点，涉及效能、能耗、环境排放等多重因素，需进行有效评价。

2007年5月实施的《再生资源回收管理办法》指出，再生资源是指在社会生产和生活消费过程中产生的，已经失去原有全部或部分使用价值，经过回收、加工处理，能够使其重新获得使用价值的各种废弃物。再生资源包括废旧金属、报废电子产品、报废机电设备及其零部件、废造纸原料（如废纸、废棉等）、废轻化工原料（如橡胶、塑料、农药包装物、动物杂骨、毛发等）、废玻璃等。

二、再生塑料

《进口固体废物目录》调整后，国内废塑料进口市场的格局发生改变。长期以来国内企业进口的废塑料被拒之门外。2018年，国内企业转至进口再生塑料颗粒，纷纷到中南亚等国家建厂。虽然被"改头换面"加工成工业原料状态的塑料粒子可以申报进境，但我们不能忽视塑料粒子的质量标准要求。再生塑料颗粒加工过程如图1-9所示。

图 1-9 再生塑料颗粒加工过程

据海关统计,截至 2018 年 8 月 31 日,全国进口再生塑料颗粒 180 万 t,完税价格 102.6 亿元,2018 年再生塑料颗粒总体进口量比 2017 年增长近一倍。2019 年再生塑料颗粒进口总量超过 200 万 t。

再生塑料依据所采用原材料的不同,其品质及后续使用差异较大,目前需重点关注的有:多溴联苯、多溴二苯醚、邻苯二甲酸酯类增塑剂、铅、镉、六价铬、汞等。我国制定了一系列标准对再生塑料环境风险因子进行控制,具体见表 1-2。

表 1-2 再生塑料国家质量标准

标准名称	标准号
塑料 再生塑料 第 1 部分:通则	GB/T 40006.1—2021
塑料 再生塑料 第 2 部分:聚乙烯(PE)材料	GB/T 40006.2—2021
塑料 再生塑料 第 3 部:聚丙烯(PP)材料	GB/T 40006.3—2021
塑料 再生塑料 第 5 部分:丙烯腈-丁二烯-苯乙烯(ABS)共聚物材料	GB/T 40006.5—2021
塑料 再生塑料 第 6 部分:聚苯乙烯(PS)和抗冲击聚苯乙烯(PS-I)材料	GB/T 40006.6—2021
塑料 再生塑料 第 7 部分:聚碳酸酯(PC)材料	GB/T 40006.7—2021
塑料 再生塑料 第 8 部分:聚酰胺(PA)材料	GB/T 40006.8—2021
塑料 再生塑料 第 9 部分:聚对苯二甲酸乙二醇酯(PET)材料	GB/T 40006.9—2021

《塑料 再生塑料 第 1 部分:通则》(GB/T 40006.1—2021)规定了再生塑料的术语和定义、分类和命名、要求、试验方法、可追溯性文件。本文件适用于以废弃的热塑性塑料为原料,经筛选、分类、清洗、熔融挤出造粒等工艺(包含拉条、热切和/或水切等造粒工艺)制成的再生塑料颗粒,本文件还适用于聚对苯二甲酸乙二醇酯(PET)瓶片。本文件不适用于来自医疗废物、农药包装等危险废物和放射性废物的再生塑料。

《塑料 再生塑料 第 2 部分:聚乙烯(PE)材料》(GB/T 40006.2—2021)规

定了聚乙烯再生塑料的分类与命名、要求、试验方法、检验规则、标志、包装、运输和贮存等。本文件适用于以废弃的聚乙烯塑料为原料，经筛选、分类、清洗、熔融挤出造粒等工艺（包含拉条、热切和/或水切等造粒工艺）制成的聚乙烯再生塑料颗粒，该聚乙烯再生塑料的基体为《塑料　聚乙烯（PE）模塑和挤出材料　第1部分：命名系统和分类基础》（GB/T 1845.1—2016）规定的所有乙烯均聚物以及其他 1-烯烃单体质量分数小于 50%和带官能团的非烯烃单体质量分数不大于 3%的乙烯共聚物。本文件不适用于来自医疗废物、农药包装等危险废物和放射性废物的聚乙烯再生塑料。本文件不适用于聚乙烯和聚丙烯混合再生塑料。

《塑料　再生塑料　第 3 部分：聚丙烯（PP）材料》（GB/T 40006.3—2021），规定了聚丙烯再生塑料的分类与命名、要求、试验方法、检验规则、标志、包装、运输和贮存等。本文件适用于以废弃的聚丙烯塑料为原料，经筛选、分类、清洗、熔融挤出造粒等工艺（包含拉条、热切和/或水切等造粒工艺）制成的聚丙烯再生塑料颗粒，该聚丙烯再生塑料的基体为《塑料　聚丙烯（PP）模塑和挤出材料　第1部分：命名系统和分类基础》（GB/T 2546.1—2022）规定的所有丙烯均聚物和其他 1-烯烃单体质量分数小于 50%的丙烯共聚物以及上述聚合物质量分数不小于50%的共混物。本文件不适用于来自医疗废物、农药包装等危险废物和放射性废物的聚丙烯再生塑料。本文件不适用于聚乙烯和聚丙烯混合再生塑料。

《塑料　再生塑料　第 5 部分：丙烯腈-丁二烯-苯乙烯（ABS）共聚物材料》，（GB/T 40006.5—2021）规定了丙烯腈-丁二烯-苯乙烯（ABS）再生塑料的分类与命名、要求、试验方法、检验规则、标志、包装、运输和贮存等。本文件适用于以废弃的 ABS 塑料为原料，经筛选、分类、清洗、熔融挤出造粒等工艺（包含拉条、热切和/或水切等造粒工艺）制成的 ABS 再生塑料颗粒。该 ABS 再生塑料的基体为《丙烯腈-丁二烯-苯乙烯（ABS）树脂》（GB/T 12672—2009）规定的以苯乙烯和丙烯腈共聚物为连续相与以聚丁二烯和按一定数量的其他组分为分散相组成的丙烯腈-丁二烯-苯乙烯树脂。本文件不适用于来自医疗废物、农药包装等危险废物和放射性废物的 ABS 再生塑料。本文件不适用于 ABS 和其他塑料材料再加工的混合塑料。

《塑料　再生塑料　第 6 部分：聚苯乙烯（PS）和抗冲击聚苯乙烯（PS-I）材料》（GB/T 40006.6—2021）规定了聚苯乙烯（PS）和抗冲击聚苯乙烯（PS-I）再生塑料的分类与命名、要求、试验方法、检验规则、标志、包装、运输和贮存等。本文件适用于以废弃的聚苯乙烯为原料，经筛选、分类、清洗、熔融挤出造粒等工艺（包含拉条、热切和/或水切等造粒工艺）制成的聚苯乙烯再生塑料颗粒。本文件适用于以废弃的抗冲击聚苯乙烯为原料，经筛选、分类、清洗、熔融挤出造粒等工艺（包含拉条、热切和/或水切等造粒工艺）制成的抗冲击聚苯乙烯再生塑料颗粒。本文件不适用于来自医疗废物、农药包装等危险废物和放射性废物的再生塑料。本文件不适用于聚苯乙烯和其他树脂材料混合后加工制备的塑料。本文件不适用于抗冲击聚苯乙烯和其他树脂材料混合后加工制备的塑料。

《塑料 再生塑料 第 7 部分：聚碳酸酯（PC）材料》（GB/T 40006.7—2021），本文件规定了聚碳酸酯再生塑料的分类与命名、要求、试验方法、检验规则、标志、包装、运输和贮存等。本文件适用于以废弃的聚碳酸酯塑料为原料，经筛选、分类、清洗、熔融挤出造粒等工艺制成的聚碳酸酯再生塑料颗粒。该聚碳酸酯再生塑料的基体为《塑料 聚碳酸脂（PC）模塑和挤出材料 第 1 部分：命名系统和分类基础》（GB/T 35513.1—2017）规定的含碳酸和芳香族二酚化合物的热塑性聚酯，聚酯可以是均聚物、共聚物或二者的混合物。本文件不适用于来自医疗废物、农药包装等危险废物和放射性废物的聚碳酸酯再生塑料。本文件不适用于聚碳酸酯和其他树脂材料的混合再生塑料。

《塑料 再生塑料 第 8 部分：聚酰胺（PA）材料》（GB/T 40006.8—2021），本文件规定了再生聚酰胺塑料的分类与命名、要求、试验方法、可追溯性文件、检验规则、标志、包装、运输和贮存等。本文件适用于以可回收的废弃聚酰胺为原料，经熔融、挤出、造粒等工艺制成的产品。本文件不适用于来自医疗废物、农药包装等危险废物和放射性废物的再生聚酰胺材料，也不适用于再生改性聚酰胺材料。

《塑料 再生塑料 第 9 部分：聚对苯二甲酸乙二醇酯（PET）材料》（GB/T 40006.9—2021），本文件规定了聚对苯二甲酸乙二醇酯（PET）再生塑料的分类与命名、要求、试验方法、检验规则、标志、包装、运输和贮存等。本文件适用于以聚对苯二甲酸乙二醇酯（PET）塑料包装瓶为原料，经粉碎、筛选、分类、清洗获得的片状再生 PET 塑料材料（简称瓶片），或以 PET 塑料包装瓶或其他 PET 制品再经熔融挤出造粒制成的颗粒状 PET 再生塑料材料（简称粒料或切片）。本文件不适用于来自医疗废物、农药包装等危险废物和放射性污染的再生塑料。本文件不适用于聚对苯二甲酸乙二醇酯（PET）和其他塑料材料再加工的混合塑料。

三、再生金属原料

再生金属原料是金属行业的重要组成部分，与生产等量的原生金属相比，使用再生金属，能够显著节能、节水，减少固体废物及二氧化硫的排放。目前，随着资源和环境的双向压力，合理使用再生金属，对金属工业资源节约、环境保护和节能减排具有显著的促进作用。为了保证再生金属的顺利进口，并将固体废物有效拦截于国门之外，近几年国家出台了一系列政策和标准。

2020 年 10 月 16 日，生态环境部、海关总署、商务部及工业和信息化部下发《关于规范再生黄铜原料、再生铜原料和再生铸造铝合金原料进口管理有关事项的公告》，公告从 2020 年 11 月 1 日起实施。该公告开辟了再生资源标准的先河，有助于今后进口再生资源的管理。具体内容如下：

（1）符合《再生黄铜原料》（GB/T 38470—2019）、《再生铜原料》（GB/T 38471—2019）、《再生铸造铝合金原料》（GB/T 38472—2019）的再生黄铜原料、再生铜原料和再生铸造铝合金原料，不属于固体废物，可自由进口。

（2）再生黄铜原料、再生铜原料和再生铸造铝合金原料的海关商品编码分别为 7404000020、7404000030 和 7602000020。

（3）不符合《再生黄铜原料》（GB/T 38470—2019）、《再生铜原料》（GB/T 38471—2019）、《再生铸造铝合金原料》（GB/T 38472—2019）规定的禁止进口。已领取 2020 年铜废碎料、铝废碎料限制进口类可用作原料的固体废物进口许可证的除外。

2020 年 12 月 30 日，生态环境部、国家发展和改革委员会、海关总署、商务部及工业和信息化部下发《关于规范再生钢铁原料进口管理有关事项的公告》，并从 2021 年 1 月 1 日起实施。具体内容如下：

（1）符合《再生钢铁原料》（GB/T 39733—2020）的再生钢铁原料，不属于固体废物，可自由进口。

（2）根据《中华人民共和国进出口税则》《进出口税则商品及品目注释》，再生钢铁原料的海关商品编码分别为 7204100010、7204210010、7204290010、7204410010、7204490030。

（3）不符合《再生钢铁原料》（GB/T 39733—2020）规定的，禁止进口。

《再生黄铜原料》（GB/T 38470—2019）规定了再生黄铜原料的分类、技术要求、试验方法、检验规则、标志、包装、运输、贮存、质量证明及订货单（或合同）内容。该标准适用于黄铜原料及其在流通领域中的回收与国内外贸易。标准对再生黄铜原料的分类、放射性污染物、夹杂物含量、水分含量、金属总量、金属黄铜量、化学成分、金属回收率、爆炸性物品、危险物质进行了规定。

《再生铜原料》（GB/T 38471—2019）规定了再生铜原料的分类、技术要求、试验方法、检验规则、标志、包装、运输、贮存、质量证明及订货单（或合同）内容。该标准适用于铜原料及其在流通领域中的回收与国内外贸易。标准对再生铜原料的分类、放射性污染物、夹杂物含量、水分含量、金属总量、金属铜量、铜含量、金属回收率、爆炸性物品、危险物质进行了规定。

《再生铸造铝合金原料》（GB/T 38472—2019）规定了再生铸造铝合金原料的分类、要求、试验方法、检验规则、标志、包装、运输、贮存、质量证明书及订货单（或合同）内容。该标准适用于废旧的车辆、铝制器具、机械设备中的回收铝经分选等加工处理后得到的再生铸造铝合金用原料。标准对再生铸造铝合金原料的分类、外观质量、尺寸规格、挥发物含量、夹杂物含量、再生铝锭断口组织、铝及铝合金含量、金属总含量、金属回收率、化学成分、放射性污染物、爆炸物、危险物质进行了规定。

《再生变形铝合金原料》（GB/T 40382—2021）规定了再生变形铝合金原料的分类、要求、试验方法、检验规则、入厂检查与验收、包装、运输、贮存、质量证明书及订货单（或合同）内容。该标准适用于回收铝经分选等加工处理后，获得的熔铸用变形铝合金原料。标准对再生变形铝合金原料的分类、夹杂物含量、再生铝锭断口组织、放射性污染物进行了规定。

《再生纯铝原料》（GB/T 40386—2021）规定了再生纯铝原料的分类、要求、试验方法、检验规则、入厂检查与验收、包装、运输、贮存、质量证明书及订货单（或合同）内容。该标准适用于回收铝经分选等加工处理后，获得的熔铸用纯铝原料。标准对再生纯铝原料的分类、夹杂物含量、再生铝锭断口组织、放射性污染物进行了规定。

《再生钢铁原料》（GB/T 39733—2020）主要规定了术语和定义、分类、技术要求、检验方法、验收规则、运输和质量证明书等内容；范围包括炼铁、炼钢、铸造及铁合金冶炼时作为铁素炉料原料使用的再生钢铁原料。该标准强调分类及加工处理，通过不同的加工方式，按物理规格和化学成分将再生钢铁原料分为 7 个类别，即重型、中型、小型、破碎型、包块型、合金钢、铸铁 7 类再生钢铁原料，并对再生钢铁原料的放射性污染物、爆炸性物品、危险废物、夹杂物等指标进行了规定。

四、再生造纸原料

再生纸是一种以废纸为原料，经过分选、净化、打浆、抄造等十几道工序生产出来的纸张，它并不影响办公、学习的正常使用，并且有利于保护视力健康。原生纸浆是以植物纤维为原料，经过不同加工方法制得的纤维状物质，可根据加工方法分为机械纸浆、化学纸浆和化学机械纸浆；也可根据所用纤维原料分为木浆、草浆、麻浆、苇浆、蔗浆、竹浆、破布浆等。回用纤维浆一般指利用废纸加工而成的纸浆，包括破解、净化、筛选、洗涤、热分散等工序。

为了弥补造纸原料的不足，在过去的几十年里，我国每年都要进口相当数量的纸浆和废纸，主要进口国为美国、日本、英国、加拿大、澳大利亚等。2018 年、2019 年、2020 年我国进口废纸量分别为 1703 万 t、1036 万 t、689 万 t，1996—2020 年我国进口废纸量如图 1-10 所示。据海关数据统计显示，2020 年国内共进口黄板纸、脱墨类废纸、废旧报纸及杂志进口量分别为 525 万 t、29 万 t、136 万 t，黄板纸进口量居首位。从进口来源国家及地区来看，美国废纸以其优质的长纤维优势一直稳居进口首位，废纸进口量占比为 57%，日本废纸进口量占比为 19%，欧洲废纸进口量占比为 7%，其他国家及地区废纸进口量合计占比为 17%。近两年，国内造纸企业陆续在东南亚、南亚等国家投产再生纸浆项目，进口纸浆逐渐取代进口废纸，国家也相继出台相关标准，控制进口纸浆质量，取得了显著成效。

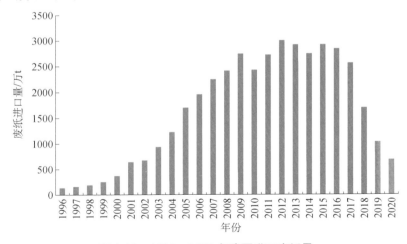

图 1-10　1996—2020 年我国进口废纸量

2020 年 11 月 26 日，国家市场监督管理总局、国家标准化管理委员会联合发布新的国家标准《回用纤维浆》（GB/T 24320—2021），并于 2022 年 12 月 1 日起正式实施。本文件规定了回用纤维浆的产品分类、技术要求、试验方法、检验规则及标志、包装、运输、贮存。本文件适用于各种回用纤维浆。本文件不适用于再生纸浆。标准在技术要求上规定了抗张指数、耐磨指数、撕裂指数、尘埃度、D65 亮度、胶黏物、有效残余油墨浓度、灰分等指标要求。

2021 年 12 月 20 日，工业和信息化部发布《废纸加工行业规范条件》，并于 2022 年 1 月 1 日起实施。该规范条件详细解释了废纸加工和加工企业的定义，并明确规定了综合利用率和能耗。本规范条件中废纸加工是指按照废纸的来源用途、分类标准、质量要求等，对废纸进行分类、挑选、除杂、切割、破碎、包装等加工处理，并将加工后的废纸作为原料送往造纸等生产制造行业进行再生利用的过程。废纸加工企业是指从事废纸加工行业的企业，不包含以废纸为原料生产纸浆、纸板及其他后续产品的利用企业。

五、再生锌原料

世界锌矿资源主要集中在澳大利亚、中国、秘鲁、墨西哥等国，上述四国锌的储量占世界锌储量的 65% 以上，而中国占全球锌矿资源比例仅为 17.5%。我国是全球最大的锌精矿消费国，需求量占全球的 43%，国内锌精矿产量不能满足需求，需要大量进口再生锌原料，弥补资源不足。

符合国家法律要求的再生锌原料主要为锌冶炼用氧化锌富集物，具体指锌浸出渣、炼铅炉渣、电炉炼钢烟尘、高炉瓦斯灰（泥）等含锌废料经火法挥发富集加工生产的用于锌冶炼的中间产品，是冶炼锌的优质原料。火法挥发富集加工一般是指采用回转窑烟化法回收其中的锌，将锌浸出渣等含锌废料与焦煤粉相混合，在回转窑中火法处理，在 1200℃ 反应温度下，渣中的锌、铅等金属被还原成金属单质挥发出来，烟气经沉降、冷却，收尘，金属蒸气被氧化成氧化物，最终得到氧化锌富集物。氧化锌富集物中氧化锌（ZnO）含量一般在 50% 以上，外观为细粉末状，常呈浅绿色、黑色、灰白色（如图 1-11 所示），主要来源于印度尼西亚、菲律宾、越南、赞比亚、孟加拉国、巴基斯坦、泰国等国家。

《锌冶炼用氧化锌富集物》（YS/T 1343—2019）适用于利用锌浸出渣、炼铅炉渣、电炉炼钢烟尘、高炉瓦斯灰（泥）等含锌物料经火法挥发富集加工生产的用于锌冶炼的氧化锌富集物，其质量要求见表 1-3。

| 浅绿色粉末 | 黑色粉末 | 灰白色粉末 |

图 1-11　氧化锌富集物

表 1-3　氧化锌富集物质量要求

品级	化学成分（质量分数）/%						
	ZnO 不小于	杂质含量，不大于					
		铁（Fe）	氟（F）	氯（Cl）	镉（Cd）	汞（Hg）	砷（As）
ZnO50	50.0	10.0	1.0	8.0	0.25	0.06	0.6
ZnO60	60.0	6.0	1.0	8.0	0.25	0.06	0.6
ZnO70	70.0	3.0	1.0	8.0	0.25	0.06	0.6

第二章　进口固体废物鉴别标准与程序

第一节　固体废物属性鉴别标准

一、新旧标准的差异

《固体废物鉴别标准　通则》（GB 34330—2017）是现行有效的国家强制性标准，是《固体废物鉴别导则》（试行）（已废止）的升级版本，它进一步细化了鉴别条款，相较更加明确，更加严格，如图 2-1 所示。

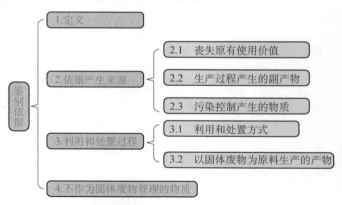

图 2-1　《固体废物鉴别标准　通则》条款

《固体废物鉴别导则》（试行）主要从固体废物定义、固体废物范围及固体废物的作业方式、特点和影响进行判断，并给出了固体废物属性鉴别流程图。《固体废物鉴别标准　通则》（GB 34330—2017）主要从依据产生来源的固体废物鉴别、利用和处置过程中的固体废物鉴别及不作为固体废物管理的物质三个方面进行判别，主要内容对比如图 2-2 所示。

依据	等级	步骤
导则	试行 (2006年4月1日 发布)	a.依据定义
		b.固体废物范围
		c.从废物的作业方式和原因、特点和影响进行判断 (流程图仅供参考)
通则	强制国标 (GB 34330—2017)	a.产生来源(但有例外)
		b.利用和处置过程
		c.不作为固体废物管理

图 2-2　固体废物鉴别依据对比

二、几种物质的概念

副产物：在生产过程中伴随目标产物产生的物质。

目标产品和副产品：在工艺设计、建设和运行过程中，希望获得的一种或多种产物。

原材料：生产某种产品的基本原料。它是用于生产过程起点的产品。原材料分为两大类：一类是在自然形态下的森林产品、矿产品与海洋产品，如铁矿石、原油等；另一类是农产品，如粮、棉、油、烟草等。

等外品：一种生产管理术语，即产品按照现行标准是不合格的，但还是可以使用的（前提是无使用安全问题），只是比正品稍差一点的产品。

中间产品：一种产品从初级产品加工到提供最终消费，在一系列生产过程中没有成为最终产品之前处于加工过程的产品的统称。

边角料：加工生产企业（个人），在生产制造产品的过程中，在原订计划、设计的生产原料内、加工过程中没有完全消耗的，且无法再用于加工该产品项下制成品的数量合理的剩余废料、碎料及下脚料，一般也称为"边角余料"。

不同物质的固体废物属性归类如图 2-3 所示。

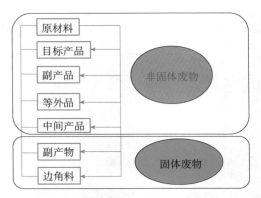

图 2-3　不同物质的固体废物归类

三、依据产生来源的固体废物鉴别

（一）丧失原有利用价值

1. 在生产过程中产生的因为不符合国家、地方制定或行业通行的产品标准（规范），或者因为质量问题，而不能在市场出售、流通或者不能按照原用途使用的物质，如不合格品、残次品、废品等；但符合国家、地方制定或行业通行的产品标准中等外品级的物质以及在生产企业内进行返工（返修）的物质除外。例如，不合格品、残次品、废品如继续使用将改变其使用效能或原有用途，如继续用作原有用途，需要经过复杂修复，如报废的钢铁、不符合质量安全标准的儿童玩具；符合等外品的物质若继续使用，则一般属于降级使用，如聚苯乙烯等外品；原厂返工的物质不存在市场流通环节。

2. 因为超过质量保证期，而不能在市场出售、流通或者不能按照原用途使用的物质，如过期的食品。

3. 因为沾染、掺入、混杂无用或有害物质使其质量无法满足使用要求，而不能在市场出售、流通或者不能按照原用途使用的物质，如混有过期涂料的粉末涂料、发霉的食物。

4. 在消费或使用过程中产生的，因为使用寿命到期而不能继续按照原用途使用的物质，如超过使用年限的传输带、失效无法再生的催化剂。

5. 执法机关查处没收的需报废、销毁等无害化处理的物质，包括（但不限于）假冒伪劣产品、侵犯知识产权产品、毒品等禁用品，如需要销毁的伪劣化妆品、侵权的电子产品。

6. 以处置废物为目的生产的，不存在市场需求或不能在市场上出售、流通的物质，如垃圾焚烧产生的残余物。

7. 因为自然灾害、不可抗力因素和人为灾难因素造成损坏而无法继续按照原用途使用的物质，如被洪水冲垮的桥梁、浸水后无法修复的手机。

8. 因丧失原有功能而无法继续使用的物质，如无法继续使用的液晶显示器、体育器材。

9. 由于其他原因而不能在市场出售、流通或者不能按照原用途使用的物质。

（二）生产过程中产生的副产物

1. 产品加工和制造过程中产生的下脚料、边角料、残余物质等，如回收的较小尺寸、形状各异的毛皮边角料，金属锻轧产生的金属碎屑。

2. 在物质提取、提纯、电解、电积、净化、改性、表面处理以及其他处理过程中产生的残余物质，包括（但不限于）以下物质：

（1）在黑色金属冶炼或加工过程中产生的高炉渣、钢渣、轧钢氧化皮、铁合金渣、锰渣，如炼铁失败产生的铁橄榄石。

（2）在有色金属冶炼或加工过程中产生的铜渣、铅渣、锡渣、锌渣、铝灰（渣）等火法冶炼渣，以及赤泥、电解阳极泥、电解铝阳极炭块残极、电积槽渣、酸（碱）浸出渣、净化渣等湿法冶炼渣。

（3）在金属表面处理过程中产生的电镀槽渣、打磨粉尘，如锌合金打磨产生的碎屑。

3. 在物质合成、裂解、分馏、蒸馏、溶解、沉淀以及其他过程中产生的残余物质，包括（但不限于）以下物质：

（1）在石油炼制过程中产生的废酸液、废碱液、白土渣、油页岩渣。

（2）在有机化工生产过程中产生的酸渣、废母液、蒸馏釜底残渣、电石渣。

（3）在无机化工生产过程中产生的磷石膏、氨碱白泥、铬渣、硫铁矿渣、盐泥。

（4）金属矿、非金属矿和煤炭开采、选矿过程中产生的废石、尾矿、煤矸石等。

（5）石油、天然气、地热开采过程中产生的钻井泥浆、废压裂液、油泥或油泥砂、油脚和油田溅溢物等。

（6）火力发电厂锅炉、其他工业和民用锅炉、工业窑炉等热能或燃烧设施中，燃料燃烧产生的燃煤炉渣等残余物质。

（7）在设施设备维护和检修过程中，从炉窑、反应釜、反应槽、管道、容器以及其他设施设备中清理出的残余物质和损毁物质，如混有冶炼炉渣的炉砖。

（8）在物质破碎、粉碎、筛分、碾磨、切割、包装等加工处理过程中产生的不能直接作为产品或原材料或作为现场返料的回收粉尘、粉末，如棉花加工过程中产生的尘塔绒。

（9）在建筑、工程等施工和作业过程中产生的报废料、残余物质等建筑废物，如钢筋切割头。

（10）畜禽和水产养殖过程中产生的动物粪便、病害动物尸体等。

（11）农业生产过程中产生的作物秸秆、植物枝叶等农业废物。

（12）教学、科研、生产、医疗等试验过程中，产生的动物尸体等实验室废弃物质，如实验室废液。

（13）其他生产过程中产生的副产物。

（三）环境治理和污染控制过程中产生的物质

1. 烟气和废气净化、除尘处理过程中收集的烟尘、粉尘，包括粉煤灰，如含铁尘泥。

2. 烟气脱硫产生的脱硫石膏和烟气脱硝产生的废脱硝催化剂。

3. 煤气净化产生的煤焦油。

4. 烟气净化过程中产生的副产硫酸或盐酸。副产硫酸或盐酸一般会含有较高的金属离子。

5. 水净化和废水处理产生的污泥及其他废弃物质，如电镀废水处理产生的含铜污泥。

6. 废水或废液（包括固体废物填埋场产生的渗滤液）处理产生的浓缩液，如垃圾渗滤液。

7. 化粪池污泥、厕所粪便。

8. 固体废物焚烧炉产生的飞灰、底渣等灰渣。

9. 堆肥生产过程中产生的残余物质。

10. 绿化和园林管理中清理产生的植物枝叶。

11. 河道、沟渠、湖泊、航道、浴场等水体环境中清理出的漂浮物和疏浚污泥。

12. 烟气、臭气和废水净化过程中产生的废活性炭、过滤器滤膜等过滤介质。

13. 在污染地块修复、处理过程中，采用下列任何一种方式处置或利用的污染土壤：

（1）填埋；

（2）焚烧；

（3）水泥窑协同处置；

（4）生产砖、瓦、筑路材料等其他建筑材料。

14. 在其他环境治理和污染修复过程中产生的各类物质。

（四）其他

1. 法律禁止使用的物质。

2. 国务院环境保护行政主管部门认定为固体废物的物质。

四、利用和处置过程中的固体废物鉴别

（一）在任何条件下，固体废物按照以下任何一种方式利用或处置时，仍然作为固体废物管理［但包含在五（二）条中的除外］

1. 以土壤改良、地块改造、地块修复和其他土地利用方式直接施用于土地或生产施用于土地的物质（包括堆肥），以及生产筑路材料。

2. 焚烧处置（包括获取热能的焚烧和垃圾衍生燃料的焚烧），或用于生产燃料，或包含于燃料中。

3. 填埋处置。

4. 倾倒、堆置。

5. 国务院环境保护行政主管部门认定的其他处置方式。

（二）利用固体废物生产的产物同时满足下述条件的，不作为固体废物管理，按照相应的产品管理［按照四（一）条进行利用或处置的除外］

1. 符合国家、地方制定或行业通行的被替代原料生产的产品质量标准。

2. 符合相关国家污染物排放（控制）标准或技术规范要求，包括该产物生产过程中排放到环境中的有害物质限值和该产物中有害物质的含量限值。

当没有国家污染控制标准或技术规范时，该产物中所含有害成分含量不高于利用被替代原料生产的产品中的有害成分含量，并且在该产物生产过程中，排放到环境中的有害物质浓度不高于利用所替代原料生产产品过程中排放到环境中的有害物质浓度，当没有被替代原料时，不考虑该条件。

3. 有稳定、合理的市场需求。

五、不作为固体废物管理的物质

（一）以下物质不作为固体废物管理

1. 任何不需要修复和加工即可用于其原始用途的物质，或者在产生点经过修复和加工后满足国家、地方制定或行业通行的产品质量标准并且用于其原始用途的物质。

2. 不经过贮存或堆积过程，而在现场直接返回到原生产过程或返回其产生过程的物质，如矿物冶炼过程的原地返矿。

3. 修复后作为土壤用途使用的污染土壤。

4. 供实验室化验分析用或科学研究用固体废物样品。

（二）按照以下方式进行处置后的物质，不作为固体废物管理

1. 金属矿、非金属矿和煤炭采选过程中直接留在或返回到采空区的符合GB 18599 中第 I 类一般工业固体废物要求的采矿废石、尾矿和煤矸石；但是带入除采矿废石、尾矿和煤矸石以外的其他污染物质的除外。

2. 工程施工中产生的按照法规要求或国家标准要求就地处置的物质。

3. 国务院环境保护行政主管部门认定不作为固体废物管理的物质。

六、不作为液态废物管理的物质

1. 满足相关法规和排放标准要求可排入环境水体或者市政污水管网和处理设施的废水、污水。

2. 经过物理处理、化学处理、物理化学处理和生物处理等废水处理工艺处理后，可以满足向环境水体或市政污水管网和处理设施排放的相关法规和排放标准要求的废水、污水。

3. 废酸、废碱中和处理后产生的满足上述两条要求的废水。

综上所述，整个固体废物属性鉴别过程实际上是对原材料、初级原材料、目标产物、副产品、等外品、中间产品、副产物、边角料等的鉴别，然后依据《固体废物鉴别标准 通则》（GB 34330—2017）进行判定的过程。

第二节　进口货物的固体废物属性鉴别程序

为规范进口货物的固体废物属性鉴别工作，生态环境部、海关总署联合发布了《进口货物的固体废物属性鉴别程序》，该程序自发布之日（2018 年 12 月 26 日）起实施，《关于发布固体废物属性鉴别机构名单及鉴别程序的通知》（环发〔2008〕18 号）同时废止。

《进口货物的固体废物属性鉴别程序》对工作程序、采样要求、样品分析检测、样品属性鉴别判断、现场鉴别、鉴别报告编写、鉴别事项要求等固体废物属性鉴别步骤进行了规定，并规范了固体废物属性鉴别的业务流程。

一、固体废物属性鉴别工作程序

固体废物属性鉴别工作程序主要包括鉴别委托与受理、一般鉴别、复检鉴别、分歧或异议处理等。

（一）鉴别委托与受理

1. 委托鉴别时，委托方应向鉴别机构提交以下材料：

（1）委托鉴别申请函（需说明鉴别原因）；

（2）鉴别货物产生来源信息；

（3）申请复检鉴别时应提交自我申明以及已进行的检验或鉴别材料；

（4）鉴别机构要求的其他必要信息。

2. 鉴别机构同意受理委托，应告知委托方所需鉴别工作费用和时间。

（二）一般鉴别

属于以下情形之一的，委托方可委托鉴别机构对物质、物品是否属于固体废物和固体废物类别进行鉴别：

1. 海关因物质或物品属性专门性问题难以作出是否将进口货物纳入固体废物管理范围决定的，可由海关委托鉴别机构进行固体废物属性鉴别；

2. 海关缉私部门查处的走私货物需要进行固体废物属性鉴别的；生态环境主管部门和其他政府机构等在监督管理过程中需要进行固体废物属性鉴别的；

3. 行政部门、司法机关受理收货人或其代理人有关行政复议、行政诉讼等后可视需求委托鉴别机构进行固体废物属性鉴别。

（三）复检鉴别

收货人或其代理人对海关将其进口货物纳入固体废物管理范围持有异议的，可申请复检鉴别，由海关委托鉴别机构进行固体废物属性复检鉴别。复检鉴别最多执行一次。已承担过该批货物鉴别任务的鉴别机构原则上不接受复检鉴别委托。

复检鉴别时委托方应将海关判定依据（检验查验报告或鉴别报告）书面告知复检鉴别机构，该批货物已经过鉴别的，受理复检鉴别的机构应将复检鉴别受理行为书面告知首次鉴别机构。委托方没有进行告知的复检鉴别及其结论视为无效。鉴别机构应在鉴别报告中注明为复检鉴别。

（四）分歧或异议处理

复检鉴别与首次鉴别的结论不一致的，或者相关方对鉴别结论存在严重分歧的，或者没有合适的鉴别机构进行鉴别的，相关方（如海关、司法机关、收货人或其代理人等）可向海关总署提出书面申请，申请时需提交已进行的固体废物属性鉴别报告及相关材料，并书面说明各相关方对鉴别结论的不同意见及理由。海关总署就申请征求生态环境部意见。

生态环境部会同海关总署组织召开专家会议进行研究，专家组成员由生态环境部、海关总署推荐的专家组成，实施该进口货物的固体废物属性检验和鉴别机构的人员不应作为专家组成员。专家会议达成的一致意见应作为最终处理意见，因客观证据不充分导致专家会议难以达成一致意见的，需要提出具体的下一步工作要求，如补充分析检测数据，需要再次召开专家会议的，由生态环境部确定时间和地点。

二、固体废物属性鉴别技术规定

（一）采样要求

1. 原则上由海关负责对鉴别物质、物品进行采样，也可根据鉴别物质、物品的现场管理情况，由海关联合鉴别机构进行采样；

2. 采样时应做好采样记录并保存好样品；

3. 集装箱货物采样前应全部开箱察看，如各集装箱货物外观特征或物理性状一致，按照表 2-1 规定采用简单随机采样法进行采样；如货物外观特征或物理性状不一致，应分类采样、分开包装、分别送检；

表 2-1　集装箱采样份数及要求

整批货物集装箱数量/个	1～3	4～8	9～17	18～30	31～55	56～80	81～120	＞120
随机抽取集装箱数量/个（≥）	1	3	5	7	9	12	16	20
采样份数/份（≥）	2	3	5	7	9	12	16	20

4. 散装货物的采样份数按照 25t 折算为一个集装箱货物后，按照表 2-1 要求进行采样；

5. 容器盛装的液态货物，分别从容器的上部和下部采取样品混合成 1 份样品，多个盛装容器的液态货物参照表 2-1 进行采样；

6. 已经转移到货场或堆场的大批量散货（200t 以上，包括拆包后的散货），如果外观具有相对一致性和均匀性，表 2-1 的采样份数可适当减少，但不应少于 3 份，并做好相应的记录和情况说明；

7. 每份样品采样量应符合鉴别机构的要求，应至少满足实验室测试和留样的基本需求，固态样品推荐为 4～5kg，液态样品推荐为 2.0～2.5kg，具体采样量由鉴别机构自行设定，委托方保留相同备份样品，对于散装货物有取制样标准的，可以按照相应取制样标准采样、制样；

8. 通常情况下，所采样品保留不少于 1 年，相关记录保留不少于 3 年，涉案样品和记录应保存至结案。如属于危险品、易腐烂/变质样品以及其他不能长期保留的样品，鉴别机构应告知委托方并进行无害化处理，保留相关记录。

（二）样品分析检测

1. 样品的分析检测项目选择应以判断物质产生来源和属性为主要目的，根据不同样品特点有选择性地进行分析检测，包括但不限于外观特征、物理指标、主要成分及含量、主要物质化学结构、杂质成分及含量、典型特征指标、加工性能、危险废物特性等；

2. 样品的分析检测应符合相关规范，鉴别机构的实验室管理规范、制度齐全；当需要分包进行分析检测时，应优先选择有计量认证资质的实验室，或者选择有经验的专业实验室。

（三）样品属性鉴别判断

1. 将鉴别样品的理化特征和特性分析结果与文献资料、产品标准等进行对比分析，必要时可咨询相关行业专家，确定鉴别样品的基本产生工艺过程；

2. 依据《固体废物鉴别标准　通则》（GB 34330—2017）对鉴别样品进行固体废物属性判断；

3. 同一份鉴别样品或同一批鉴别样品为固体废物和非固体废物混合物的，应在工艺来源或产生来源的合理性分析基础上，进行整体综合判断，当发现明显混入有害组分时应从严要求。

（四）现场鉴别

1. 对不适合送样鉴别的待鉴别物质、物品，鉴别机构可进行现场鉴别；

2. 现场鉴别时，应对该批鉴别货物全部打开集装箱进行察看，记录和描述开箱货物特征；

3. 现场鉴别掏箱查验数不少于该批鉴别货物集装箱数量的 10%，根据现场情况，掏箱操作可实行全掏、半掏或 1/3 掏，以能够看清和掌握货物整体状况为准，记录和描述掏箱货物特征；如果开箱后的货物较少，不需要掏箱便可准确判断箱内货物状况的，可以不实施掏箱；

4. 掏出的货物拆包/件的查验比例应不少于该箱掏出货物的 20%，记录和描述掏箱和拆包货物特征；

5. 对散装海运和陆运的固体废物现场鉴别，实施 100%查验，落地查验数量不少于该批鉴别货物数量的 10%。

（五）鉴别报告编写

1. 鉴别报告应包含必要的鉴别信息，如委托方、样品来源、报关单号、收样时间、样品标记、样品编号、样品外观描述、鉴别工作依据、鉴别报告签发时间、鉴别报告编号等，依据现场查验即可完成的鉴别报告可适当简化；

2. 鉴别报告应编写规范，条理清晰，分析论证合理，属性结论明确；

3. 鉴别报告至少应有鉴别人员和审核人员签字，加盖鉴别机构的公章；

4. 需要对已经发出的鉴别报告进行修改或补充时，应收回已发出的鉴别报告原件，并在重新出具的鉴别报告中进行必要的说明。

（六）鉴别时限要求

1. 接受委托后，鉴别机构应尽快开展鉴别工作，出具鉴别报告，对委托样品的鉴别时间从确定接收鉴别样品算起，原则上不应超过 35 个工作日；特殊情况可适当延长鉴别时间，但鉴别机构应及时告知委托方；

2. 对委托进行的现场鉴别，从完成现场查验算起，原则上不应超过 5 个工作日，但不包括采样与实验室分析检测所需要的时间；特殊情况可适当延长鉴别时间，但鉴别机构应及时告知委托方。

第三章　固体废物属性鉴别实验室业务流程管理

第一节　实验室检验鉴别基本流程

一、业务受理

实验室根据委托方电话或现场咨询内容，初步判定是否具有承检能力，并针对具体样品告知委托方具体的送样要求，包括样品要求、资料要求、鉴别周期及鉴别费用。

（一）样品要求

鉴别样品应满足鉴别工作的需要，须符合以下要求：

1. 样品应完整封装；
2. 样品外包装应有样品封识，封识应完整，保证样品的原始性；
3. 各个独立的样品不能因包装的缺陷导致相互混合或污染；
4. 每份样品送样量应至少满足实验室鉴定和留样的基本需求，无特殊要求时，固态样品推荐为 4～5kg，液态样品推荐为 2.0～2.5kg，委托方保留相同数量的备份样品；
5. 实验室应做好来样登记、拍照，加贴唯一性样品标识。

（二）资料要求

委托方送样时应提交《固体废物属性鉴别委托申请表》，写明样品名称、来源地、基本要求、联系人、联系方式、委托日期等，单位委托申请要加盖单位公章，个人委托申请要有签名。

实验室应有专人负责接收鉴别样品，每次接收样品时，负责人应对样品进行登记并保存样品的相关资料信息，记录样品来源、进口物品数量、委托方、送样人、收样日期等；直接送样时，送样人应对登记内容签字确认。

除提交样品与申请表外，还应同时提供（但不限于）以下附属资料：

1. 报关单，涉及数量/重量时还需提供海关入仓单；

2. 已有的检测报告、成分说明等；

3. 产品的生产工艺（来源）；

4. 产品的使用工艺，产品的用途说明（附照片或视频）；

5. 若为走私案件，则需提供笔录或口供；

6. 反映整批货物情况的清晰照片。每个集装箱的货物应提供至少 6 张照片（其他装载工具参照执行）：未开柜门 1 张（显示有柜号等），打开柜门 1 张，卸下货物未开箱/包前 1 张（每种包装各 1 张），打开包装的货物照片至少 3 张（每个包装各 1 张，另外，如 1 个柜中有多种不同形式、不同规格、不同颜色的货物，则应分别提供了已经开箱/包的货物照片，每种 3 箱/包货物，各 1 张）。

7. 电池的规格、容量、充放电截止电压等参数（电池类产品）；

8. 如果需要"货物标记"请提前注明，例如"××××船走私案"等；

9. 其他需要说明的材料（如购销合同等）。

以上附属材料必须清晰、真实，根据样品的种类不同和实际情况可适当增减。

二、技术要求

（一）取样

1. 原则上由委托方对需要鉴别的进口货物进行取样。遇特殊或必要情形（如无法取制样的大件，货物杂乱、种类繁多等情形），实验室也可在委托方要求下去现场指导委托方取样或双方共同取样，同时做好取样记录（包括现场拍照、录像等）并对样品做好标识记录。

2. 集装箱货物采用简单随机方法抽样，在开箱之前随机确定整批货物集装箱抽取数量及集装箱顺序号，采集样品份数与随机抽取集装箱数量相匹配，取样份数满足表 3-1 中的要求。

抽样时，一般应先从前、中、后及上、中、下等多部位抽箱/包查验，以确定货物的种类，每种货物抽样 1 份。

样品应具有代表性，每一份样品仅代表一类货物，不应将不同类别的物品混合形成一份样品。

开箱或拆包查验后，当发现货物外观有明显差异时，应对其中有明显差异的货物再适当增加取样份数，并且单独包装。

应尽量避免过度取样，增加鉴别工作量、鉴别时间和费用。

表 3-1　集装箱个数和取样份数

整批货物集装箱数量/个	1~3	4~8	9~17	18~30	31~55	56~80	81~120	120 以上
随机抽取集装箱数量/个（≥）	1	2	4	7	9	12	16	20
最小取样份数/个	2	3	5	7	9	12	16	20

3. 散装陆运和海运货物的取样份数按照 20~30t/件货物折算成 1 个集装箱货物，再参照表 3-1 的要求进行取样。

对万吨以上的超大量疑似进口货物，应考虑货物的均匀性和外观状态，视情况可适当增加取样份数。

4. 容器盛装的液态货物，应从盛装容器中采取 2 个样品送检，尽量分别从容器的前部和后部（或上部和下部）采取；多个盛装容器的液态货物参照表 3-1 进行取样。

5. 已经转移到货场或堆场的大批量散货（≥200t，包括拆包后的散货），如果外观具有相对一致性和均匀性，表 3-1 的取样份数可适当减少，但应做好相应的记录和情况说明。

6. 每份/个样品取样重量遵循实验室的要求，无特殊要求时推荐固态样品为 1~3kg，液态样品为 2.0~2.5kg。委托方保留相同备份样品，取样过程中如果发现有明显不同特征的货物，应尽量分别取样、分开包装、分别送检。

（二）制样和检测

1. 在保持原样的状态下观察样品，当样品具有较好的均一性时，可选取代表性样品进行制样和检测；当出现样品性状不一致的情形时，应根据鉴别需要分别提取典型性子样进行制样和检测。

2. 对样品的检测，遵循必要、合理、有用原则，避免检测的盲目性、过度性和以偏概全。检测结果作为判断物质产生来源和属性的基础。除非特殊要求，这些检测数据仅作为属性鉴别之用，不作为结算、仲裁等他用。

3. 检测项目包括但不限于：外观特征、性能指标、理化指标、结构特征、典型特征指标、有毒有害物质含量、材料或产品加工性能、产品技术指标、危险废物特性等。

4. 样品的制样和检测可以由实验室完成，也可以委托给符合相关资质的其他检测机构完成。

（三）现场鉴别

1. 做好现场鉴别的相关记录。

2. 现场鉴别掏箱查验数不少于该批鉴别货物集装箱数量的 10%，根据现场情况，掏箱操作实行全掏、半掏或 1/3 掏，记录和描述掏箱货物特征。如果开箱后的货物较少，不需要掏箱便可准确判断整个箱内货物状况，则可以不实施掏箱。

（四）分析判断

1. 鉴别依据

（1）《中华人民共和国固体废物污染环境防治法》；

（2）《中华人民共和国进出口商品检验法》；

（3）《固体废物鉴别标准 通则》（GB 34330—2017）；

（4）《中华人民共和国进出口税则》；

（5）《国家危险废物名录》；

（6）《危险废物鉴别标准》（GB 5085—2019）；

（7）其他。

2. 样品物质来源属性分析

（1）将样品的检测结果与查找的文献资料、产品标准等进行对比分析，确定样品的基本产生工艺过程和物质属性。

（2）必要时可通过咨询行业专家，为进一步判断鉴别样品的物质来源属性提供支持依据。

（五）鉴别报告

1. 鉴别报告应包含必要的鉴别信息，如报告编号、委托方信息、样品来源地、样品标记、收样时间、报告签发日期、鉴别依据、第一次鉴别还是重新鉴别、鉴别内容等。鉴别内容包括样品外观描述、检测结果、鉴别结论等。依据现场鉴别完成的鉴别报告，这些要素信息可适当予以简化。

2. 鉴别报告应明确鉴别结论：是否属于固体废物。

3. 鉴别报告至少应有鉴别人员和审核人员签字，应加盖实验室公章。

4. 需要对已经发出的鉴别报告进行修改或补充时，应收回已发出的报告原件，然后重新出具鉴别报告，并在报告中进行必要的说明。

第二节　实验室鉴别一般流程示例

一、鉴别背景

1. 列出当前国家针对固体废物进口的主要法律法规或政策标准，如《中华人民共和国固体废物污染环境防治法》《固体废物鉴别标准　通则》（GB 34330—2017）。

2. 分析样品的申报材料及进口商申报的工艺过程，如进口货物报关单、产品说明、产品国外检测情况等。

3. 核查样品的外观特征，是否均匀制样或选取典型样品制样，如图 3-1 所示，样品应选取片状、球状物制样，并制备综合分析样。

图 3-1　典型固体废物外观

4. 按照《关于发布进口货物的固体废物属性鉴别程序的公告》的要求，结合实验室固体废物鉴别作业指导书进行属性鉴别。

二、鉴别方法

1. 初步判断样品的物质种类，选取合适的分析方法，对样品进行理化检测。

本步骤是推断物质来源的技术基础，首先需要确定物质的大概类别，然后才能有针对性地对物质进行理化检测，图 3-2 所示样品含有铜颗粒，可按含铜物料相关检测标准进行理化检测。

 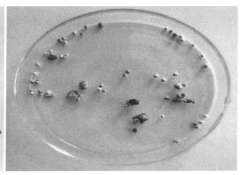

图 3-2　铜冶炼渣

2. 根据报关申报工艺，结合理化检测结果，查阅相关文献资料、产品标准，必要时联系该类货物用户或生产企业进行实地调研，分析同类型物质的特征，推断样品的可能来源。

3. 按照《固体废物鉴别标准 通则》（GB 34330—2017），（1）固体废物的定义；（2）产生来源，主要包括丧失原有使用价值、生产过程产生的副产物、污染控制过程产生的物质；（3）利用和处置过程，主要包括利用和处置方式、以固体废物为原料产生的产物；（4）不作为固体废物管理的物质（不符合标准的例外情况），对货物属性给出初步结论，如果货物属于固体废物，则对其进行归类。其中（2）、（3）是重点研究的两个方面，如果涉及（2），则要考虑产品标准，如果涉及（3），则要考虑替代原料生产产品的标准及环境控制（以下简称环控）要求，并提交专家论证组进行讨论。

鉴别的根本还是要确定物质的来源，即弄清楚物质的类型，一般鉴别前，可以根据通用工艺路线图，画出类似的工艺过程，明确物质的类型，然后借助相关标准及检测数据对物质进行进一步的分析。首先，一般原材料（包括能源、资源、动植物体）过渡到中间产品的过程中会产生非目标物质。非目标物质可以回收，也可以加工成其他目标产品（需要控制质量，达到环保要求），该过程也会产生副产品。其次，由中间产品加工成目标产品的过程中，同样会有非目标物质产生，非目标物质再进一步加工成产品或其他产品，该过程也有副产品、残渣产生。最后，目标产品的处理过程也会产生回收物，一般将回收物返回原工艺。

以矿冶工艺为例（图 3-3），首先是矿物开采，有目的地获取矿产品，产生非目标物质废石、粉尘以及尾矿（图 3-4、图 3-5）。其次矿产品经矿物加工工艺得到精矿等中间产品，同时产生浮渣、尾矿（图 3-6、图 3-7）等。最后进行矿物冶炼，得到金属、半导体、纤维、渣、粉尘及包含临界相的物质等（图 3-8、图 3-9）。矿物类固体废物指在矿物开采、矿物加工、矿物冶炼等过程中产生的丧失原有利用价值或者虽未丧失利用价值但被抛弃或者放弃的固态物质以及以上述固体废物为原料加工生产的不符合 GB 34330—2017 中 5.2 条款的物质。

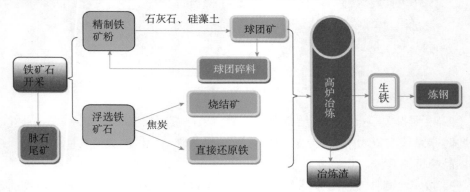

图 3-3　铁矿加工工艺流程

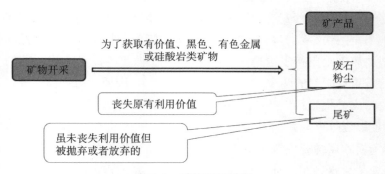

图 3-4　矿物开采过程

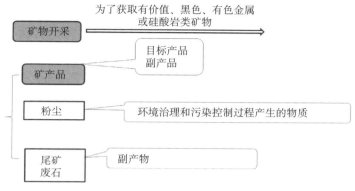

图 3-5　矿物开采过程中的固体废物与非固体废物

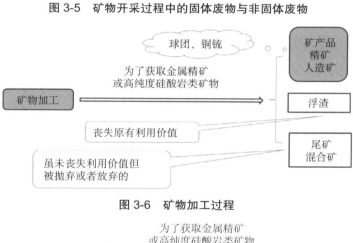

图 3-6　矿物加工过程

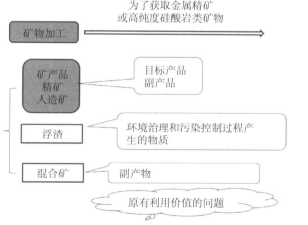

图 3-7　矿物加工过程中的固体废物与非固体废物

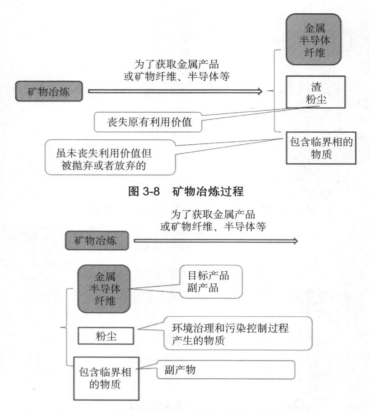

图 3-8　矿物冶炼过程

图 3-9　矿物冶炼过程中的固体废物与非固体废物

三、专家讨论

1. 专家讨论会如有专家对货物理化检测结果或来源分析结果不认同,则需增加检测项目或调研;

2. 补充完善报告后举行第二次专家论证会,以多数专家(一般应超过 70%)结论为最终结论。

四、鉴别报告

按照鉴别程序要求,撰写最终固体废物属性鉴别报告,固体废物属性鉴别一般流程如图 3-10 所示。

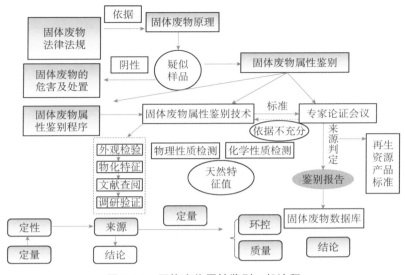

图 3-10 固体废物属性鉴别一般流程

第三节 实验室表格

一、《固体废物属性鉴别委托申请表》参考模板

填写本申请表前请详细阅读背页的填表说明，表格中带*号部分为必填项。　申请编号（内部使用）：

*委托方						报告编号：	
*地　址							
*联系人		*手机：		传真：		E-mail	
样品信息	*样品名称			*进口数量/重量		进口口岸：	
	样品标识			*进口/来源地		其他：	
	规格/型号			*样品数量/重量			
	货柜号			样品包装			
	样品封识号			*验毕样品	□退回 □不退回		
	*来样方式：□自送样　　□抽样　　□海关封样　　□现场鉴别						
	*□第一次鉴别　　　□重新鉴别（须附上次送检的鉴别报告）						
	*货物图片：□纸质附件　□电子版						
	□样品量仅满足一次检测需求，不做留样复检。　　签字（盖章）：						

续表

鉴别要求				
服务要求	是否要求标准环境中检测：□是 □否	是否同意分包测试：□是 □否	*报告语种：□中文 □英文	
	交付方式	□自取　　□快递（到付） 快递物品：□报告 □发票 □验余样品	邮寄信息：□同委托方信息；□其他地址/联系人/电话：	
	其他要求：			

委托方声明：
1.我方已阅读本申请表背页的说明，理解并接受相关服务的全部内容；
2.我方对所提供的一切资料、信息和实物的真实性负责，并提供必要合作；
3.我方认可本委托测试所发生的费用；
4.我方此次申请鉴别的样品未同时送其他机构鉴别。

*委托方盖章/签名：
日期：　　　　年　　　月　　　日

以下内容由××××（鉴别机构）填写

受理人/日期：　　　　　　　　收费：¥_____元　　收费人/日期：_____

备注：

说明：

1. 申请编号和报告编号由鉴别机构填写；

2. 样品名称、进口数量/重量应与报关单信息一致；

3. 样品数量/重量：可填写3kg，50个，1袋（1kg）等；

4. 样品包装：塑胶袋、塑胶瓶、纸袋……

5. 样品封识号：海关封样/抽样时填写；

6. 委托方必须说明是否为第一次鉴别；

7. 委托方应同时提交货物图片的纸质版或电子版，现场鉴定的另行协商；其他货物附属资料同时提交；

8. 其他：如请在报告中注明"001号船走私案"等；

9. 鉴别要求：进口固体废物属性鉴别、疑似固体废物属性鉴别……

10. 委托方盖章/签名：单位委托的，必须加盖公章，与填报的委托人名称一致；

11. 鉴别机构填写的内容可自行设计。

二、鉴别报告模板参考格式

委 托 方：	××××（同委托申请表信息）
地　　址：	××××
样品名称：	××××
报关单号：	××××
进口数量：	××××kg
货 柜 号：	××××
来 源 地：	××××
鉴别目的：	固体废物属性鉴别
*以上样品信息内容由委托单位提供，本鉴别机构对其真实性不负任何责任。	
来样方式：	海关封样（封识号：××××）
来样数量：	×袋（约×××g）
接样日期：	××××-××-××
鉴别依据：	《中华人民共和国固体废物污染环境防治法》 《固体废物鉴别标准 通则》（GB 34330—2017） 《关于发布进口货物的固体废物属性鉴别程序的公告》（生态环境部、海关总署 2018 年第 70 号公告） 《关于全面禁止进口固体废物有关事项的公告》（生态环境部、商务部、国家发展和改革委员会、海关总署 2020 年第 53 号公告）

检验：　　　　　　审核：　　　　　　签发：

鉴别结果

1. 样品性状描述：

2. 外观检验：

3. 理化分析：

4. 结果判断：

所送样品属于/不属于固体废物。

附样品照片

****** ****** ******

以下空白

第四章　固体废物属性鉴别分析方法

　　由于进口固体废物的种类繁多，直接通过外观、废物来源等方式鉴别的固体废物极少，这就需要采用仪器分析技术对固体废物样品进行实验分析鉴别。现代仪器分析方法种类较多，对固体废物样品进行鉴别分析时，应根据实际样品情况选择合适的分析方法进行分析。

第一节　放射性检测方法

　　电离辐射通常又称为放射性辐射，由于这类辐射能量较高，可以引起周围物质的原子电离，故称为电离辐射。放射性辐射具有涉及面广、隐蔽性强、杀伤力高、危害性大且难以处理等特点。进口固体废物有时存在放射性物质，所以有必要进行放射性检测。放射性检测是指对能够产生电离辐射或电磁辐射等带有放射性的机器或工地进行安全检测。进行放射性检测的仪器叫作辐射检测仪，其原理是基于射线和物质相互作用所产生的各种效应（如电离、光、电或热等）进行观察和测量的方法。放射性辐射探测的基本过程为，（1）辐射粒子射入探测器的灵敏体积；（2）入射离子通过电离、激发等效应在探测器中沉积能量；（3）探测器通过各种机制将沉积能量转换成某种形式的输出信号。探测器按其探测介质类型及作用机制通常可分为气体探测器、闪烁探测器和半导体探测器等。

一、气体探测器

　　气体探测器是以气体为工作介质，由入射粒子在其中产生电离效应引起输出信号的探测器。气体探测器通常包括 3 类处于不同工作状态的探测器：电离室、正比室和 G-M 管。它们的共同特点是通过收集射线穿过工作气体时产生的电子-正离子对来获得核辐射的信息。气体探测器的优点为探测器灵敏，体积大小和形状几乎不受限制，没有核辐射损伤或极易恢复以及运行经济可靠等。

二、闪烁探测器

闪烁探测器是利用辐射在某些物质中产生的闪光来探测电离辐射的探测器。其典型组成为闪烁体、光导、光电倍增管、管座及分压器、前置放大器、磁屏蔽及暗盒等。闪烁体的种类包括：（1）无机闪烁体：无机晶体（掺杂）NaI（Tl）、Cs（Tl）、ZnS（Ag）等；（2）有机闪烁体：有机晶体，有机液体闪烁体及塑料闪烁体等；（3）气体闪烁体：氩气（Ar）、氙气（Xe）等。

三、半导体探测器

带电粒子在半导体探测器的灵敏体积内产生电子-空穴对，电子-空穴对在外电场的作用下迁移而输出信号。其探测原理和气体电离室类似，有时也称为固体电离室。其特点是线性响应好、能量分辨率最佳；射线探测效率较高，可与闪烁探测器相比。半导体探测器广泛地应用在各类射线的检测仪器上，特别是在能谱测量领域有着不可替代的作用。

第二节　光谱分析方法

一、X 射线荧光光谱分析法

X 射线荧光光谱分析法（XRF）是一种快速、非破坏的测量方法，主要用于无机样品的元素组成及其含量分析。该方法利用激发源（X 射线管）激发待测物质中的原子产生荧光而进行物质成分及含量测定。不同元素的原子受激发所产生的 X 射线具有不同的特征 X 射线能量和波长，因此可以通过这些特征 X 射线能量和波长来对元素进行定性分析。而特征 X 射线的强度跟该元素的含量有关，这可以用来进行定量分析。根据分光方式的不同，X 射线荧光光谱仪可分为波长色散型

（见图4-1）和能量色散型（见图4-2）两种。

图4-1　波长色散型X射线荧光光谱仪　　　图4-2　能量色散型X射线荧光光谱仪

（一）波长色散型X射线荧光光谱仪

波长色散型X射线荧光光谱仪主要由X射线管激发源、分光系统、探测器系统等部分组成。

1. X射线管激发源。波长色散型X射线荧光光谱仪所用的激发源是不同功率的X射线管，功率可达 $4.0\sim4.5kW$。X射线管由阴极灯丝和阳极靶组成，灯丝通电后会放出热电子，在阴极灯丝和阳极靶之间加一个高压，电子在高压的作用下加速撞击阳极靶。阳极靶由金属组成，常用的材料有铑（Rh）、钼（Mo）、铬（Cr）。电子加速撞击阳极靶，与靶金属中的电子相互作用并以X射线光子的形式释放部分能量，这些X射线光子就是激发源。普通X射线管一般由真空玻璃管、阴极灯丝、阳极靶、铍窗以及聚焦栅极组成，并利用高压电缆与高压发生器相接，同时光管还需配有冷却系统。当电流流经X射线管灯丝线圈时，引起阴极灯丝发热、发光，并向四周发射电子。一部分电子被加速，撞击X射线管阳极靶，大约99%的能量转换成热；另一部分电子撞击其他电子，电子减速，动能损失，损失的动能将以光子发射的形式出现，从而产生连续的X射线谱和靶线特征谱。X射线经铍窗射出后，照射样品。

2. 分光系统。X射线管产生的X射线射到被测样品上，激发出样品中各个元素的各条特征谱线（X射线荧光），X射线荧光穿过准直器后以平行光的形式入射到分光晶体上。分光晶体利用X射线的衍射特性，将不同波长的X射线以不同的衍射角度分开。分光系统由初级滤光片、面罩转换器、准直器、分光晶体组成。

（1）初级滤光片。当分析痕量元素时，X射线管产生的连续光谱被轻基体强烈散射，在痕量元素的谱峰附近产生高背景，严重干扰测定。因此，需要在X射线管和样品之间的光路中插入一块金属滤光片，利用滤光片的吸收特性消除或降低 X 射线管发射的原级 X 射线谱，尤其是消除靶材特征 X 射线谱和杂质线对待测元素的干扰，提高分析的灵敏度和准确度。

（2）面罩转换器。在样品和准直器之间装上一个限制视野的面罩，作用相当于光栏，以消除由样品杯（主成分、杂质等）产生的 X 射线荧光和散射线，确保准直器只检测来自样品的 X 射线荧光。目前，可根据分析样品尺寸的大小和被测元素的含量选择不同尺寸的面罩，被测元素含量较高的可选择较小尺寸的面罩，被测元素含量较低的可选择较大尺寸的面罩。

（3）准直器。准直器是由许多平滑的薄金属片以精确的间距叠积而成的，它分为初级准直器和次级准直器。初级准直器安装在样品和晶体之间，次级准直器安装在探测器的前面，样品发射出的 X 射线荧光通过初级准直器变成平行光束照射到晶体上，经晶体分光后再通过次级准直器准直后进入探测器，初级准直器对光谱仪的分辨率起着重要的作用。在分析轻元素时，选择粗准直器。在分析重金属时，重金属谱线复杂且又互相接近，选择细准直器提高分辨率。

（4）分光晶体。分光晶体是获得特征元素 X 射线谱的核心部件，它将样品发射的各元素的特征 X 射线荧光按波长分开，以便测量每条谱线。其选择原则为：①适合于所需要测量的分析线的波长范围，$2d>\lambda$（d 为晶体面间距，λ 为待分析元素的波长），并且衍射强度大，峰背比高；②分辨率高，即具有较高的色散率和较窄的衍射峰宽度；③不产生异常反射线，不产生晶体荧光，不含干扰元素；④稳定性好，要求受温度、湿度影响小，机械性能良好。

3. 探测器系统。探测器接收经分光以后某一波长的 X 射线光子，将光子信号转换为电信号，获得 X 射线荧光的强度值。X 射线荧光光谱仪所用检测器主要有流气正比计数器和闪烁计数器。

（1）流气正比计数器，主要由金属圆筒负极和芯线正极组成，筒内充 Ar（90%）和 CH_4（10%）的混合气体。X 射线射入管内，使 Ar 原子电离，生成的 Ar^+ 向阴极运动时，又引起其他 Ar 原子电离，雪崩式的电离结果产生脉冲信号，脉冲幅度与 X 射线能量成正比。为了保证计数器内气体浓度不变，气体一直是保持流动状态的。流气正比计数器适用于轻元素的检测。

（2）闪烁计数器，主要由闪烁晶体、光导和光电倍增管组成。X 射线射到晶体后可产生光，再由光电倍增管放大，在阳极形成较强的电脉冲讯号，电脉冲讯号经前置放大器输出，得到可检测的电脉冲讯号。闪烁计数器适用于重元素的检测。

（二）能量色散型 X 射线荧光光谱仪

能量色散型 X 射线荧光光谱仪一般由 X 射线管、检测系统组成，与波长色散型 X 射线荧光光谱仪的区别在于它不存在分光晶体。因此，能量色散型 X 射线荧光光谱仪具有如下优点：（1）仪器结构简单，省略了晶体的精密运动装置，也无须精确调整。避免了晶体衍射所造成的前度损失，光源使用的 X 射线管功率低。不需要昂贵的高压发生器和冷却系统，节省仪器使用成本。（2）光源、样品、检测器彼此靠近，X 射线的利用率很高，不需要光学聚焦，在累计整个光谱时，对样品位置变化不敏感，对样品形状也无特殊要求。（3）样品发出的全部特征 X 射线光子同时进入检测器，奠定了使用多道分析器和荧光同时累计及显示全部能谱（包括背景）的基础，也能清楚地表明背景和干扰线。因此，能更快、更方便地完成定性分析工作。其缺点是分辨率差，探测器必须在低温下保存，对轻元素检测困难。

二、X 射线衍射分析法

X 射线衍射分析法（XRD）是一种对物质材料组成成分进行分析的方法，主要用于无机物的物相结构分析，利用晶体形成的 X 射线衍射，对物质内部原子在空间分布状况的结构进行分析。当具有一定波长的 X 射线照射到结晶性物质上时，X 射线因在结晶内遇到规则排列的原子或离子而发生散射，散射的 X 射线在某些方向上的相位得到加强，从而显示与结晶结构相对应的特有的衍射现象。分析衍射结果，可确定试样结晶的物质结构即定性分析，而通过对衍射 X 射线强度的比较，可进行定量分析。该方法的特点是可以获得元素存在的化合物状态、原子间相互结合的方式，从而可进行物相分析。因此，在固体废物鉴定中常用该方法对无机物的物相结构进行分析，找出样品物质的来源。

X 射线衍射仪（见图 4-3）主要由 X 射线发生器、样品及样品位置取向的调整机构系统、射线检测器和衍射图的处理分析系统四部分组成。

1. X 射线发生器。其作用是产生测量所需的 X 射线。它由 X 射线管、高压发生器、高压调节稳定系统、保护系统和冷却系统组成。通过改变 X 射线管阳极靶材质可改变 X 射线的波长，调节阳极电压可控制 X 射线源的强度。

2. 样品及样品位置取向的调整机构系统。主要由样品台和测角器组成。样品台上放置的样品须是单晶、粉末、多晶或微晶的固体块。测角器是 X 射线衍射仪的核心部件，由光源臂、检测器臂和狭缝系统组成。测角器又分为垂直式和水平式。在水平式测角器上，样品垂直放置，样品制备较为烦琐；在垂直式测角器上，样品水平放置，对样品制备要求低。狭缝系统用于控制 X 射线的平行度，并决定测角器的分辨率，包括索拉狭缝、发射狭缝、接收狭缝、防散射狭缝。

图 4-3　X 射线衍射仪

3. 射线检测器。检测器一般有 NaI 晶体闪烁计数器、Si（Li）固体探测器、Vantec-1（万特一维）探测器、LynxEye（林克斯）探测器。目前最常用的是闪烁计数器，它主要由闪烁体和光电倍增管两部分组成。闪烁体一般是用微量铊活化的碘化钠 NaI（Tl）晶体，其在 X 射线电子轰击下发射出蓝紫色的光，经光电倍增管转化为电脉冲后进行计数测量。

4. 衍射图的处理分析系统。通过衍射图的处理分析系统可以更加自动化和智能化地对采集的衍射图进行图谱处理、自动检索、图谱打印等任务。

三、扫描电子显微镜

扫描电子显微镜（SEM）（见图 4-4）是介于透射电镜和光学显微镜之间的一种微观形貌观察手段，可直接利用样品表面材料的物质性能进行微观成像，其被广泛应用于各种材料的形态结构、界面状况、损伤机制及材料性能预测等方面的研究。从原理上来讲就是利用聚焦得非常细的高能电子束在试样上扫描，激发产生二次电子、俄歇电子、特征 X 射线和连续谱 X 射线等各种物理信息。通过对这些信息的接收、放大和显示成像，获得测试试样表面形貌的观察结果。

图 4-4　扫描电子显微镜

扫描电子显微镜主要由电子光学系统、信号收集及显示系统、真空系统和电源系统组成。

1. 电子光学系统。由电子枪、电磁透镜、扫描线圈和样品室等部件组成。其作用是用来获得扫描电子束，并将其作为产生物理信号的激发源。

2. 信号收集及显示系统。其作用是检测样品在入射电子作用下产生的物理信号，物理信号经视频放大后作为显像系统的调制信号。不同的物理信号需要不同类型的检测系统，检测器大致可分为三类：电子检测器、应急荧光检测器和 X 射线检测器。其中最常用的是电子检测器，它由闪烁体、光导管和光电倍增器组成。

3. 真空系统和电源系统。真空系统的作用是为保证电子光学系统正常工作，提供高的真空度防止样品污染，一般情况下要求保持 $10^{-5} \sim 10^{-4}$ mmHg 的真空度。电源系统的作用是提供扫描电镜各部分所需的电源，其由稳压、稳流及相应的安全保护电路所组成。

四、红外光谱法

红外光谱法（IR）是一种常用的确定物质主要组成的分析方法，广泛应用于环境科学、生物学、材料科学、高分子化学、半导体材料等领域。其原理是当一束具有连续波长的红外光照射到被测物质上时，物质分子中某个基团的振动频率或转动频率和红外光的频率一样时，分子就吸收能量由原来的基态振（转）动能级跃迁到能量较高的振（转）动能级，分子吸收红外辐射后发生振动能级或转动能级的跃迁，该处波长的光就被物质吸收，得到红外光谱图。不同的分子由于其组成和结构的不同而具有不同的红外吸收光谱，据此可以对分子进行鉴定分析。通常将红外光谱分为三个区域：近红外区（0.75～2.50μm）、中红外区（2.5～25.0μm）和远红外区（25～1000μm）。由于绝大多数有机物和无机物的基频吸收带都出现在中红外区，因此中红外区是研究和应用最多的区域，积累的资料也最多，仪器技术最为成熟。通常所说的红外光谱即指中红外光谱。该方法具有简单方便、分析速度快、不损伤样品等优点。

　　红外光谱仪（见图4-5）根据光学系统的不同分为色散性和非色散性两类，其中应用最广泛的是傅里叶变换红外光谱仪（FTIR）。与传统的色散型光谱仪相比，其具有扫描速度快、分辨率高、光谱范围宽、灵敏度高等优点。傅里叶变换红外光谱仪主要由光源、干涉仪、检测器和计算机处理信息系统四部分组成。

图4-5　红外光谱仪

　　1. 光源。光源需要能发射出稳定、高强度、连续波长的红外光。常用的光源有碳硅棒、能斯特灯、涂有稀土化合物的镍铬旋状灯丝等。

　　2. 干涉仪。迈克尔逊干涉仪是傅里叶变换红外光谱仪的核心组成部分，由定镜、动镜和分束器组成。其主要作用是使光源发出的光分为两束后形成一定的光程差，再使之复合产生干涉光。

　　3. 检测器。检测器一般可分为热检测器和光检测器两大类。热检测器是把某些电热材料的晶体放在两块金属板中，当光照射到晶体上时，晶体表面的电荷分布产生变化，由此可以测量红外辐射的功率。常用的热检测器有氘代硫酸三甘肽（DTGS）、钽酸锂（$LiTaO_3$）等类型。光检测器是利用材料受光照射后由于导电性能的变化而产生信号，常用的光检测器有碲镉汞、锑化铟等类型。

　　4. 计算机处理信息系统。该系统的主要作用是将所得到的干涉图函数进行傅里叶变换，计算出原来光源的强度并按频率分布。

五、拉曼光谱法

拉曼光谱是一种散射光谱，拉曼光谱分析法是一种用于分子结构研究的分析方法。拉曼光谱法在半导体材料、聚合物、有机化学、法庭科学等方面均有分析应用。当用波长比试样粒径小得多的单色光照射气体、液体或透明试样时，大部分的光会按原来的方向透射，而一小部分则按不同的角度散射，产生散射光。在垂直方向观察时，除与原入射光有相同频率的瑞利散射外，还有一系列对称分布的若干条很弱的与入射光频率发生位移的拉曼谱线，这种现象称为拉曼效应。由于拉曼谱线的数目、位移的大小、谱线的长度直接与试样分子的振动能级和转动能级有关，因此可以根据拉曼光谱得到有关分子振动或转动的信息，用于物质分子结构的研究分析。该方法的优点在于能快速、简单、可重复、高灵敏度、无损伤地对样品进行定性、定量分析，但也存在光强度易受光学系统参数影响、易受其他光谱现象干扰的不足。

拉曼光谱仪（见图4-6）一般由激发光源、样品装置、滤光器、单色仪（或干涉仪）和检测器组成。

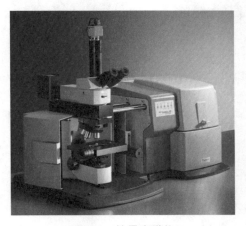

图4-6 拉曼光谱仪

1. 激发光源。它的主要作用是提供单色性好、功率大且最好能多波长工作的入射光。目前，拉曼光谱实验的光源是激光器，常用的有 Ar 离子激光器、Kr 离子激光器、He-Ne 激光器、Nd-YAG 激光器、二极管激光器等。

2. 样品装置。包括直接的光学界面、显微镜、光纤维探针和样品。

3. 滤光器。激光波长的散射光要比拉曼光信号强几个数量级，因此必须在进入检测器前滤除。另外，为防止样品不被外辐射源照射，需要设置适宜的滤波器或物理屏障。

4. 单色仪（或干涉仪）。分光光路部分是拉曼光谱仪的核心部分，根据不同的分光方式可分为单色仪和干涉仪。单射仪通过光栅进行分光，干涉仪则通过移动其中一面反射镜来扫描不同波长的共振信息，再经由傅里叶变换，将扫描测得的数据转化为不同波段的信号。

5. 检测器。色散型拉曼光谱仪多采用电荷耦合器件（CCD）作为检测器，傅里叶变换拉曼光谱仪常用锗（Ge）或铟（In）、镓（Ga）、砷（As）半导体探测器作为检测器。

六、原子吸收分光光度法

原子吸收分光光度法（AAS）是一种常见的测定样品中元素含量的方法，广泛应用于食品、土壤、矿产品等各类样品中元素的检测。原子吸收分光光度法是利用被测元素在高温下原子化变成基态原子蒸气，然后对锐线辐射光发出的特征谱线进行吸收，通过测定辐射光强度减弱的程度而进行元素含量测定的分析方法。具有灵敏度高、精密度好、选择性好、操作简便等优点，但只能进行定量分析，不能用于结构、形态分析，且每测一种元素都需要更换空心阴极灯光源，不能同时进行多元素分析。

原子吸收分光光度计（见图 4-7）由光源、原子化器、分光系统、背景校正系统、自动进样器、检测器及数据处理系统组成。

图 4-7　原子吸收分光光度计

1. 光源。若要实现原子吸收光谱峰值吸收的测量，则必须要求光源发射线的半宽度小于吸收线的半宽度，而原子吸收线的半宽度很小，所以必须使用能发射出谱线半宽度很窄的锐线光源。一般采用待测元素作为阴极的空心阴极灯作为光源，其有强度高、背景小、稳定性高等特性。它由一个中空阴极和一个环形阳极组成，外部用玻璃管密封，其中充填氩气或氖气。电极加上电压后，填充的气体会发生电离，气体离子加速运转后，撞击阴极，产生原子雾，原子雾受气体离子撞击后，被激发处于高能态，其返回基态时就会发射出特定波长的光。

2. 原子化器。若要使待测物产生原子吸收，则必须将待测物原子化。通常原子吸收分光光度法都是对溶液进行分析的，因此需将溶剂去除，使待测物化学键断裂成为游离状态。原子化器主要有四种类型，即火焰原子化器、石墨炉原子化器、氢化物发生原子化器及冷蒸汽发生原子化器。其中火焰原子化器和石墨炉原子化器为通用原子化器，用于大多数元素的原子化；氢化物发生原子化器可用于砷、锗、铅、镉、硒、锡、锑等能在酸性介质中还原成低沸点、易受热分解的氢化物元素的原子化；冷蒸汽发生原子化器则专门用于汞的原子化。

3. 分光系统。其主要是将光源分离并得到需要的谱线，一般由入射狭缝、出射狭缝、准直镜、光栅和聚焦装置组成。仪器光路应保证有良好的光谱分辨率和在相当窄的光谱带（0.2nm）下有正常工作的能力，波长范围一般为 190.0～900.0nm。

4. 背景校正系统。背景干扰是原子吸收测定过程中的常见现象。背景吸收通常来源于样品中的共存组分及其在原子化过程中形成的次生分子或原子的热发射、光吸收和光散射等。常用的背景校正方法主要有四种：连续光源（氘灯扣背景）、塞曼效应、自吸效应及非吸收线。

5. 检测器。主要作用是使仪器测定产生的光信号转变成能读取的电信号，主要包括光电池检测器、光电二极管检测器、光电倍增管检测器等。其中，应用最多的是光电倍增管检测器。其原理是当光照射到光阴极时，光阴极向真空中激发出光电子，产生的光电子受到第一级倍增电极的作用，加速撞击到该电极上，产生二次发射电子。这些二次发射电子在第二级倍增电极的作用下加速撞击，产生电子发射。光信号经历多次放大后在阳极产生电信号而被检测。

6. 数据处理系统。该系统一般为仪器自带软件，主要包括测量方法的设置、样品名称系列的编写、校正曲线、数据处理、数据存储和帮助等。

七、原子荧光光谱分析法

原子荧光光谱分析法（AFS）是介于原子发射光谱（AES）和原子吸收光谱（AAS）之间的光谱分析技术。原子荧光光谱分析法是测定微量砷、锑、铋、汞、硒、碲、锗等元素的最常用分析方法之一，主要应用于冶金、矿物、水质监控、材料科学和医学分析等方面。它的基本原理是基态原子（一般蒸汽状态）吸收合适的特定频率的辐射而被激发至高能态，而后又跃迁至基态或低能态，同时以光辐射的形式发射出特征波长的荧光，即原子荧光。在一定条件下，荧光强度与样品中某元素的浓度成正比。原子荧光可分为共振荧光、直跃荧光、阶跃荧光等。该方法的优点是谱线简单、灵敏度高，但其只能应用于部分元素的测定，因此测定上存在局限性。

原子荧光光度计（见图 4-8）主要由激发光源、原子化器、蒸汽发生系统（进样系统和气液分离器）、光学系统、检测系统和数据处理系统构成。

图 4-8　原子荧光光度计

1. 激发光源。激发光源是原子荧光光度计的一个重要组成部分，主要种类有空心阴极灯、高性能（双阴极）空心阴极灯、汞的空心阴极灯、无极放电灯和激光光源。现在使用较多的是高性能空心阴极灯和汞的空心阴极灯。高性能空心阴极灯主要由阳极、阴极和辅助电极构成，它的优点是特征谱线强度高、分析灵敏度高、检出限低、预热时间短、稳定性好、结构简单，目前砷、锑、铋、锗、硒等元素的测定主要使用这种灯。空心阴极灯的工作原理：在电场作用下，阴极电子向阳极高速飞溅放电，并与载气原子碰撞，使其电离出电子，载气阳离子在电场中大大加速，轰击阴极表面时将被测元素的原子从晶格中轰击出来，产生溅射。溅射出的原子大量聚集在空心阴极内，经与其他粒子碰撞而被激发，发射出相应元素的特征谱线。

2. 原子化器。原子化器的作用是把试样中的待测元素转化为基态原子，它的好坏直接影响仪器分析的灵敏度。目前，普遍使用的原子化器是低温石英炉原子化器。在石英炉管口安装一圈低温炉丝，反应产生的待测元素的氢化物和氢气被带入到石英炉管口时就可自动点燃形成氩氢火焰，实现待测元素的原子化。由于汞元素特殊，测定汞元素时，不用点燃低温电阻丝，而是采用红外加热的方式，将石英炉原子化器加热到100℃，然后使用低浓度的硼氢化钠（硼氢化钾）与酸性介质的样品溶液反应产生气态汞原子，从而实现原子化。

3. 蒸汽发生系统。蒸汽发生系统是原子荧光光度计的主要应用反应系统。它的基本原理是运用蒸汽发生技术使还原剂（硼氢化钾或硼氢化钠）与酸性介质下的样品溶液发生化学反应，其生成的砷、铋、锗、铅、锑等共价氢化物、镉和锌挥发性有机化合物、蒸汽态汞原子，以及在此过程中产生的氢气经载气（氩气）通入原子化器中形成氩氢火焰，进行原子化。蒸汽发生法包括汞蒸汽发生法、氢化物发生法和挥发物发生法。其中，汞蒸汽发生法中的化学还原-低温蒸汽法测定汞元素是国内外公认并使用的方法，氢化物发生法中的硼氢化物-酸还原体系也开辟了用原子荧光光度计测定样品中砷、铋、锗、铅、锑等元素的新途径。蒸汽发生系统的优点是消除干扰（待测元素与干扰物质基本分离）、提高分析灵敏度（将待测元素充分富集）、可进行元素价态分析（元素不同价态的氰化物发生条件不同）等，其缺点是只能用于能发生蒸汽反应的元素的测定。

4. 光学系统。主要作用是选出所需要测量的荧光谱线，排除其他光谱线的干扰。一般由透镜、反射镜、棱镜和滤光器等多种光学元件组成，根据有无单色器可分为色散型和非色散型。色散型光学系统波长范围广、波长选择方便、可消除色散干扰和光谱干扰，但是原子荧光强度较弱、造价较高、操作较复杂。目前，大部分原子荧光运用的都是非色散型光学系统，其仪器结构简单、光程短、光损失少、可增加荧光信号强度，但易受散射光和光谱干扰，测定的波长范围窄。

5. 检测系统。检测系统的主要作用是将分出的待测元素谱线由光信号转化为电信号，主要由检测器、放大器、变换器、显示记录装置等组成。待测元素光谱线由光电倍增管转变为电信号输送给放大器，经过进一步放大后进入变换器，将光强度转变为吸光度，然后显示在计算机工作站中。

6. 数据处理系统。一般为仪器自带软件，主要包括测量方法的设置、样品名称系列的编写、校正曲线、数据处理、数据存储和帮助等。

八、电感耦合等离子体发射光谱法

原子发射光谱法是根据待测物质的气态原子或离子受热、受电等激发后，激发态的待测元素原子或离子回到基态时所发出的特征光谱进行定性和定量分析的一种方法。而电感耦合等离子体发射光谱法是采用电感耦合等离子体（ICP）作为激发光源的一种原子发射光谱法，可分析金属元素和部分非金属元素，广泛应用于地质、金属合金材料、食品、化工、环保、冶金等领域。等离子体是指电离度超过 0.1%、被电离的气体，这种气体不仅含有中性原子和分子，而且含有大量的电子和离子，电子和正离子的浓度处于平衡状态。等离子体具有环形结构、温度高、电子密度高、惰性气氛等特点，当采用它作为激发光源时，具有检出限低、线性范围广、电离和化学干扰少、准确度和精密度高等优点。该方法具有分析速度快，测定范围广，可多元素同时测定，准确度和精密度高，基体效应小等优点，但却无法达到痕量及超痕量的数量级。

电感耦合等离子体发射光谱仪（ICP-OES）（见图 4-9）主要由进样系统、等离子体光源、分光系统和检测器四部分组成。

图 4-9 电感耦合等离子体发射光谱仪

1. 进样系统。进样系统是电感耦合等离子体发射光谱仪中极为重要的部分，按试样的状态可分为液体进样、气体进样或固体直接进样，应用最多的是液体进样。液体样品通过蠕动泵吸入雾化器，在雾化器中被喷射的压缩气体转化为一种气溶胶，流动的气体再将其带入等离子体。

2. 等离子体光源。等离子体光源是电感耦合等离子体发射光谱仪的核心部分，它主要由石英矩管和高频发射器组成。当高频发射器接通电源后，高频电流通过感应线圈产生交变磁场。高压电火花触发氩气电离的带电粒子在高频交流电场的作用下，高速运动、碰撞，形成"雪崩"放电，产生等离子体气流。在垂直于磁场的方向上将产生感应电流，产生高温，又将气体加热、电离，在管口形成稳定的等离子体焰矩。它的火焰温度可达 6000～10000K，可以使分析物中基态原子激发，产生发射光谱信号。

3. 分光系统。分光系统主要是将辐射出的复合光谱进行筛选，分辨出目的元素的特征谱线，用来进行观察记录，由光室、入射狭缝、反光镜、光栅、出射狭缝和光栅驱动装置组成。等离子体光源发出的复合光经入射狭缝射到反射镜上，再由反射镜反射到光栅上衍射产生单色光，最后由光栅驱动装置将需要的光谱波长反射到出射狭缝进行观测。

4. 检测器。检测器是光电转化器件，主要利用光电效应将光信号转化为电信号，从而可以被记录读取。从电感耦合等离子体发射光谱仪（ICP-OES）诞生以来，先后应用光电倍增管（PMT）检测器、电荷注入器件（CID）检测器及电荷耦合器件（CCD）检测器。

九、电感耦合等离子体质谱法

电感耦合等离子体质谱法（ICP-MS）是 20 世纪 80 年代发展起来的分析测试技术，它将电感耦合等离子体的高温电离特性与质谱仪灵敏快速扫描的优点相结合。自问世以来，因其具有检出限低、动态线性范围宽、分析速度快、精密度高、可多元素同时测定等优点，被广泛应用于环境监测、食品分析、医学研究、矿物探查、材料科学等领域。其原理主要是通过电感耦合等离子体（ICP）产生的高温将样品中的元素电离，形成一价正离子，正离子被传输进质谱仪后，按照不同质荷比（m/z）进行分离，通过检测分离后的离子强度来分析计算出对应元素的含量。

电感耦合等离子体质谱仪（见图 4-10）主要由电感耦合等离子体光源、接口、真空系统、碰撞反应池、光学系统、四极杆质量分析器和检测器等组成。

1. 电感耦合等离子体光源。主要作用是将样品电离产生正离子，并将其送至接口。由射频（RF）发生器和进样系统组成。射频发生器通过工作线圈为等离子体输送能量，维持光源稳定放电，主要有两种震荡类型，即自激式和他激式。进样系统主要将溶液样品转换为气溶胶，使之进入电感耦合等离子体光源并激发光源，它包含雾化器、雾室、矩管、等离子气、辅助气、载气以及各种气路装置系统。

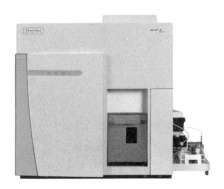

图 4-10　电感耦合等离子体质谱仪

2. 接口。接口一般由采样锥和截取锥组成。采样锥孔径一般为 0.75～1.00mm，经冷却的采样锥靠近等离子矩管，它的锥间孔对准矩管的中心管道，锥顶与矩管口距离为 1cm 左右。在采样锥的后面就是截取锥，外形比采样锥小，锥体比采样锥大。截取锥与采样锥一样，在尖部有一小孔，两锥间的安装距离为 6～7mm，并在同一轴心线上。电感耦合等离子体光源产生的离子就是经接口进入真空室的。

3. 真空系统。电感耦合等离子体质谱仪主要用来检测物质的微量元素甚至痕量元素，而检测环境中含有大量的元素，为了延长检测器的使用寿命，仪器需要在高真空度下运行。真空系统就是用来维持质谱分析器工作中所需的真空度，一般由机械泵和分子涡轮泵组成。

4. 碰撞反应池。主要作用是通过加入氢气与样品产生的离子流进行碰撞来消除基体干扰。

5. 光学系统。一般由离子透镜组成，有离轴设计的，也有非离轴设计的，主要作用是为了避免中性粒子的干扰，达到传输离子并将离子聚焦至四极杆的目的。

6. 四极杆质量分析器。主要作用是使各质荷比的离子得到分离收集。四极杆是由四根截面为双曲面或圆形的棒状电极组成，两组电极间施加一定的直流电压和频率为射频范围内的交流电压。如果使交流电压的频率不变而连续改变直流和交流电压的大小（但要保持它们的比例不变，电压扫描），或保持电压不变而连续地改变交流电压的频率（频率扫描），就可使不同质荷比的离子依次到达检测器而得到质谱图。

7. 检测器。通常采用的是配置电子倍增管的脉冲计数检测器。

第三节 色谱分析方法

一、气相色谱法

气相色谱法是色谱法的一种，利用气体作为流动相，试样气化后被载气带入色谱柱中，试样中各组分因沸点、极性及吸附性质的差异彼此分离，最后对分离出来的组分进行定性和定量分析的方法。根据固定相的不同，气相色谱可分为气固色谱和气液色谱两种。气固色谱的固定相为固体物质；气液色谱的固定相为液体物质，在实际工作中以气液色谱为主。气相色谱法广泛地应用于石油化工、环境监测、医药生物、精细化工等各个领域，是一种分析测定有机物的重要手段。该方法具有灵敏度高、选择性强、分析速度、应用范围广等优点，但只能分析低沸点且在操作条件下热稳定性良好的有机物。

气相色谱仪（GC）（见图 4-11）主要由气路系统、进样系统、分离系统、温控系统及检测系统五部分组成。

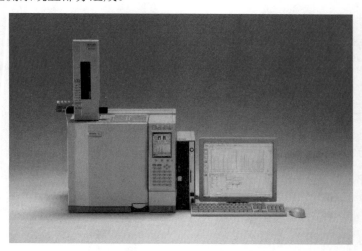

图 4-11　气相色谱仪

1. 气路系统。气路系统主要为气相色谱分析提供高纯度的载气及燃烧气体，包括气源、气体净化及调节装置。常采用氢气、氦气或氮气作为载气，氢气和空气作为燃烧气，这些气体经过净化及调节装置后进入气相色谱仪。

2. 进样系统。进样系统就是把液体样品定量地运送、注入色谱柱。根据不同功能可划分为，①手动进样系统微量注射器：使用微量注射器抽取一定量的气体或液体样品直接注入；②液体自动进样器：用于液体样品的进样，可以实现自动化操作，降低人为的进样误差，适用于批量样品的分析；③顶空进样系统：主要用于固体、半固体、液体样品中挥发性有机物的进样分析；④吹扫捕集进样系统：用于固体、半固体、液体样品中挥发性有机物的富集及进样分析；⑤热解析进样系统：用于气体样品中挥发性有机物的捕集及进样分析；⑥阀进样系统：用于气体、液体样品的进样分析。气体样品采用阀进样系统重复性好，还可以避免空气对样品的污染。

3. 分离系统。分离系统顾名思义就是将气体或液体样品中待测多组分分离成单个组分的装置。分离系统包括气化室及色谱柱，色谱柱是分离系统中的核心部分。色谱柱根据固定相的装载方式不同可分为毛细管色谱柱和填充色谱柱。相对而言，毛细管柱一般具有更高的分离效能，故在气相色谱分析中应用得越来越多。

4. 温控系统。用于控制进样口、色谱柱及检测器等在色谱仪操作时需控制温度的部分装置的温度。

5. 检测系统。检测系统是对分离后组分进行检测的装置，其中检测器是核心部分。目前常用的检测器包括氢火焰离子化检测器（FID）、电子捕获检测器（ECD）、热导池检测器（TCD）、光离子化检测器（PID）、火焰光度检测器（FPD）、氮磷检测器（NPD）、质谱检测器（MSD）等。①氢火焰离子化检测器（FID）：利用有机物燃烧时电离产生的离子流被放大收集从而进行检测分析，是一种高灵敏度通用型检测器。它几乎对所有的有机物都有响应，而对无机物、惰性气体或在火焰中不电离的物质几乎无响应。②电子捕获检测器（ECD）：利用放射性同位素衰变放射的粒子作为电离源，轰击载气分子形成离子流，然后对电负性组分进行捕获，此时离子流明显下降，可通过电子流强度的变化对待测物质进行检测分析。它仅能检测分析那些含有强电负性元素的有机物，如含卤族元素（氟、氯、溴、碘、砹）、氮、氧和硫等杂原子的有机化合物。③热导池检测器（TCD）：利用不同气体具有不同的热导率而进行分析测定的方法。它特别适用于气体混合物的分析，是一种在实际工作中应用最多的气相色谱检测器之一。④光离子化检测器（PID）：原理是待测气体吸收紫外灯发射的高于气体分子电离能的光子，被电离成正、负离子，在外加电场的作用下离子偏移形成微弱电流，而被测气体浓度与光离子化电流呈线性关系，因此可以用来对气体进行测定。⑤火焰光度检测器（FPD）：利用含磷或硫的有机物在燃烧时硫、磷被激发而发射出特征光谱，从而进行测定的方法。该方法具有高选择性，只能应用于含有磷、硫有机物的分析。⑥氮磷检测器（NPD）：利用试样蒸汽通过涂有碱金属盐的陶瓷珠时，含氮、磷的化合物从被还原的碱金属蒸汽上获得电子，从而产生信号而进行检测分析。它只对含氮、磷的有机物有响应，对其他有机物无响应。⑦质谱检测器（MSD）：利用离子源对分离进入质谱的化合物进行电离，产生不同质荷比的离子，经加速电场的作用形成离子束，进入质量分析器而对其进行分析的方法。它是一种通用型检测器，可用于几乎所有有机物的测定。此外，它能够提供色谱峰的质谱信息，这可以与标准图库进行对比，可用于定性分析。

二、液相色谱法

液相色谱法是一种以液体为流动相，通过各混合物在两相中亲和力的不同而达到分离测定的方法，其原理与气相色谱基本相同。根据固定相的不同，可分为液固色谱、液液色谱和键合色谱。根据吸附力的不同，可分为吸附色谱、分配色谱、离子交换色谱和凝胶渗透色谱。液相色谱法广泛应用于生命科学、环境、医药、化工及食品安全等领域，是一种重要且有前途的分析方法。该方法具有柱效高、选择性好、灵敏度高、分析速度快等优点，特别是能对高沸点、热稳定性差、大分子、强极性的有机物进行分离、分析，其应用范围远超气相色谱。目前，应用最多的液相色谱法就是高效液相色谱法。

高效液相色谱仪（见图4-12）一般主要由输出泵、进样装置、色谱柱、梯度冲洗装置、检测系统组成。

1. 输出泵。主要作用是将流动相均匀注入液相色谱系统，形成稳定的流路。它应具备流量稳定、输出压力高、密封性好等性能。根据控制模式的不同可分为恒流泵和恒压泵，现在高效液相色谱仪主要采用恒流泵。

2. 进样装置。常用的进样方式有隔膜进样、阀进样和自动进样器进样等。①隔膜进样是用微量注射器针头穿过橡皮隔膜的一种进样方式，可获得较好的柱效，但不能在高压下使用，重复性差，因而分析使用受到限制。②阀进样是通过进样阀的切换使流动相通过计量管注入试样的进样方式，耐高压，重复性良好，操作方便。③自动进样器进样是由计算机自动控制自动控制定量阀，按预先编制注射样品的操作程序进样的方式，进样样品量可连续调节，进样重复性高，适合大量样品分析，可实现操作自动化。

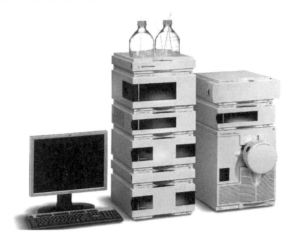

图 4-12　高效液相色谱仪

3. 色谱柱。主要是将试样中存在的各组分分离。根据流动相和固定相相对极性的不同，可分为正相色谱柱和反相色谱柱，目前应用最多的是反向色谱柱。

4. 梯度冲洗装置。梯度冲洗装置可以在分离过程中，把两种或两种以上不同极性的溶剂按照一定程序不断地改变其比例，使流动相的 pH、极性等相关性质发生改变，使分离效率变高并缩短分析时间。

5. 检测系统。主要是将分离出来的组分转化为可读取的信号。目前液相色谱常见的检测器有紫外/可见光度检测器（UV）、光电二极管阵列检测器（DAD）、荧光检测器（FLD）、示差折光检测器（RID）、质谱检测器（MSD）等。①紫外/可见光度检测器（UV）的工作原理是基于被测组分对特定波长紫外光的选择性吸收，其浓度与吸光度的关系遵循朗伯-比尔定律。大部分常见的有机物和部分无机物都具有紫外/可见光吸收基团，故紫外/可见光度检测器（UV）是目前液相色谱仪中应用最广泛的检测器，具有灵敏度高、噪声低、线性范围宽、选择性较好等优点，但对饱和烃类等对紫外/可见光吸收差的化合物灵敏度低，且不能采用对紫外可见光吸收大的溶剂作为流动相。②光电二极管阵列检测器（DAD）是紫外检测器的一个分支，由一组光电二极管组成，它可以对每个组分进行光谱扫描，具有全波长分析能力，可获得三维光谱色谱图。其具有灵敏度高、噪声低、线性范围宽、对流速和温度的波动不灵敏、可获得任意波长的色谱图等优点，但灵敏度比紫外/可见光度检测器（UV）约低一个数量级，对饱和烃类等对紫外/可见光吸收差的化合物灵敏度低。③荧光检测器（FLD）的原理是被测组分受紫外线照射后，具有荧光性能的组分受激发发射出波长更长的光即荧光，受激发后发出的荧光强度与样品浓度成正比。其具有选择性好、灵敏度极高、受外界条件影响小等优点，但其应用范围相对较窄，对背景荧光等干扰非常敏感。④示差折光检测器（RID）是基于光从一种介质进入另一种介质时，由于两种物质的折射率不同而发生折射，连续检测样品流路与参比流路间液体折光指数差值的检测器。其优点是可对一些不能被选择性检测器检测的成分（如糖类、高分子化合物、脂肪烷烃等）进行检测，但对多数物质的灵敏度低，易受环境温度、流动相组成等影响。⑤质谱检测器（MSD）是通过离子源将待测组分轰击成碎片离子，从而进行检测分析的检测器。其具有适用范围广、抗干扰能力强、检测限低等优点，是一种非常有效的通用型检测器。虽然液相色谱-质谱没有标准谱图库，但仍然可以通过准分子离子、碎片离子对组分进行定性分析。

三、离子色谱法

离子色谱是液相色谱的一种，但其与普通液相色谱在结构和分析对象上存在一些差异。离子色谱法（IC）是利用离子交换原理，连续对共存的多种阴离子或阳离子进行分离、定性和定量的方法。待测物质在流动相中电离后的溶质离子与离子色谱柱上可离解的离子之间进行可逆交换，分析物溶质对交换剂亲和力存在不同而被分离，从而进行检测分析。离子色谱法主要应用于环境、食品、电子工业等样品中无机离子的分析，少部分应用于有机离子化合物的分析。该方法具有快速方便、灵敏度高、选择性好、可同时分析多种离子化合物及分离柱稳定性好、容量高等优点。

离子色谱仪（见图4-13）的组成与高效液相色谱仪类似，主要由输液系统、进样系统、分离系统、化学抑制系统、检测器组成。

1. 输液系统。主要包括流动相容器、高压输液泵、流路系统等，其主要作用是保持整个流动相能均匀注入离子色谱系统，保证进样的稳定。

2. 进样系统。离子色谱仪常见的进样系统分为气动进样系统、手动进样系统、自动进样系统。①气动进样系统的气动阀采用一定氦气或氮气气压作为动力，经过两路四通加载定量管后，进行取样和进样；②手动进样系统采用六通阀，将样品首先以低压状态充满定量管，当阀沿顺时针旋转至另一位置时，将贮存于定量管中一定体积的样品送入分离系统；③自动进样系统：在色谱工作站的控制下，自动进样器自动对样品进行取样、进样、清洗等操作，然后将样品按次序进行进样。

3. 分离系统。分离系统是离子色谱的重要部件。它主要由预柱、保护柱和分析柱三部分组成。①预柱又称在线过滤器，其主要作用是保证去除颗粒杂质；②保护柱可消除样品中可能损坏分析柱填料的杂质，其填料与分析柱相同；③分析柱主要用于对样品组分的有效分离。

4. 化学抑制系统。化学抑制系统是离子色谱的核心部件之一，主要用于降低背景电导和提高检测灵敏度。根据结构可分为树脂填充式抑制器、化学薄膜式抑制器和电化学抑制器。

5. 检测器。离子色谱检测器可大致分为电化学检测器和光学检测器。电化学检测器有电导安培、安培、积分安培三种；光学检测器主要有紫外/可见光和荧光两种。其中常用的检测器是电导检测器，主要分为抑制型和非抑制型两种。

图 4-13　离子色谱仪

第五章 鉴别为固体废物的案例

第一节 主要含锌的矿渣、矿灰及残渣

一、热镀锌灰

（一）样品外观形态

样品为土黄色粉末、颗粒及块状物，易掰碎，并可见块状物上镶有类似金属的颗粒物，如图 5-1 所示。抽取原样制备检测样，过 100 目筛，得到筛下浅黄色粉末样（见图 5-2）和筛上灰色片状物（见图 5-3）。

图 5-1　样品　　　　图 5-2　100 目筛下物　　　　图 5-3　100 目筛上物

（二）样品理化特征

1. 元素分析

对筛下浅黄色粉末样品进行 X 射线荧光光谱半定量分析发现，样品主要含有氧化锌（ZnO）、氧化钠（Na₂O）、氯（Cl）、氧化铝（Al₂O₃）、氧化铁（Fe₂O₃）、

氧化钾（K₂O）、二氧化硅（SiO₂）、氧化铋（Bi₂O₃）、氧化锰（MnO）、三氧化硫（SO₃）、氧化铜（CuO）、三氧化二铬（Cr₂O₃），结果见表5-1。

表5-1　样品主要成分及含量（干态、以氧化物计）　　　单位：%

样品主要成分	含量	样品主要成分	含量
ZnO	77.97	SiO₂	0.09
Na₂O	11.62	Bi₂O₃	0.08
Cl	5.02	MnO	0.06
Al₂O₃	4.64	SO₃	0.05
Fe₂O₃	0.30	CuO	0.02
K₂O	0.11	Cr₂O₃	0.02

2. 物相分析

对筛下浅黄色粉末和筛上灰色片状物进行X射线衍射分析，结果见图5-4和图5-5。筛下浅黄色粉末样品的物相组成为 ZnO、Zn₅（OH）₈Cl₂·H₂O、ZnAl₂O₄，筛上灰色片状物的物相组成为 Zn、ZnO、Zn₅（OH）₈Cl₂·H₂O。

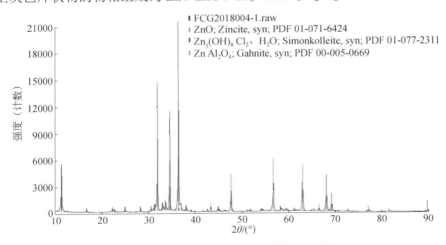

图5-4　筛下浅黄色粉末的X射线衍射图谱

（三）样品可能产生来源分析

热镀锌工艺又称为热浸镀锌工艺，其工艺过程是将经过表面化学处理、去除油污及锈迹后的工件，浸入带有熔融锌液的镀锌锅中，借助锌和铁所引起的冶金反应，形成镀层的过程。热镀锌灰锌渣来源于热镀锌过程。在热镀锌过程中，锌的直接利用率为60%左右，其余形成锌渣和锌灰，一般锌渣占20%左右，锌灰占

20%左右。热镀锌灰是由锌熔体表面被氧化形成的氧化锌及某些含氯的助镀剂进入镀槽和液态锌作用而形成的。锌灰主要成分是氧化锌、金属锌和氯化物，其中锌的质量分数一般在 60%～85%。

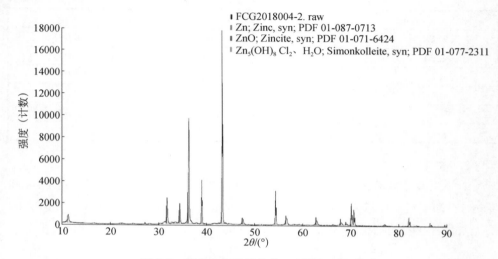

图 5-5　筛上灰色片状物的 X 射线衍射图谱

将热镀锌灰用研钵干法研磨后过 100 目筛，筛下物呈暗黄色粉末，筛上物为灰色颗粒状固体。筛下物的中锌元素主要以 ZnO 的形式存在，还有部分以 $Zn_5(OH)_8Cl_2 \cdot H_2O$ 的形式存在，锌元素含量为 65.45%，氯元素含量为 3.38%；筛上物中锌元素主要以金属锌的形式存在，还有部分以 ZnO 和 $Zn_5(OH)_8Cl_2 \cdot H_2O$ 的形式存在。

本样品的元素组成和物相组成与热镀锌灰的一致，判断样品为热镀锌灰。

（四）样品属性鉴定结论

样品为热镀锌灰，根据《固体废物鉴别标准　通则》（GB 34330—2017）中 4.2 条款，判断样品属于固体废物。

二、锌湿法冶炼浸出渣

（一）样品外观形态

样品为灰绿色粉末，部分结团，结团大小不一，泥状，如图 5-6 所示。

图 5-6 样品

（二）样品理化特征

1. 水分

样品在 105℃下烘干，水分含量为 31.6%。

2. 元素分析

样品主要含有铅（Pb）、砷（As）、铁（Fe）、硫（S）、锌（Zn）、铜（Cu）等元素，如表 5-2 所示。

表 5-2　元素结果
单位：%

样品主要元素	含量	样品主要元素	含量
Pb	30.6	K	1.9
As	8.0	Cd	0.48
Fe	9.5	Mg	0.86
S	8.5	Bi	0.68
Zn	5.7	Al	1.1
Cu	6.6	Ti	0.09
Ca	1.0	Mn	0.02
Si	3.7	Sb	0.45
Cl	0.068	C	0.16
P	0.015	Hg	0.060

3. 物相分析

对样品进行 X 射线衍射分析，如图 5-7 所示，样品主要物相有硫酸铅（$PbSO_4$）、砷酸铁（$FeAsO_4$）、硫酸铜（$CuSO_4$）、硫酸锌（$ZnSO_4$）等。

4. 水浸取分析

对样品进行水浸取实验，取 2g 样品溶于 100mL 水中，所得溶液离子浓度如

表 5-3 所示。结果表明样品含有可溶性铜、锌盐。

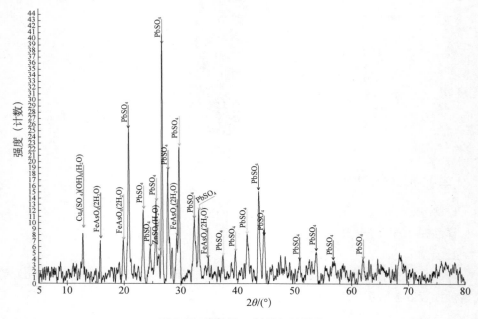

图 5-7　样品的 X 射线衍射图谱

表 5-3　水浸取结果　　　　　　　　　　　　　　　单位：mg/L

样品主要元素	含量	样品主要元素	含量
Pb	8.4	Fe	10.0
As	11.1	Cu	282
Cd	26.0	Zn	347
Hg	0.010		

（三）样品可能产生来源分析

在自然界中，铅与锌密切共生。天然铅矿一般包括自然铅、方铅矿、脆硫锑铅矿、车轮矿、白铅矿、铅矾、铬铅矿、钼铅矿等。天然锌矿一般包括自然锌、闪锌矿、纤锌矿、菱锌矿、水锌矿、硅锌矿、异极矿、红锌矿、钒铅矿、砷铅矿、铅丹、块黑铅矿等。

锌的湿法冶炼主要有中性浸出（一段）、酸性浸出（二段）或再进一步组合成三段浸出工艺，操作上分为连续浸出和间接浸出。中性浸出酸度低，主要溶解锌、铜、镉、钴、镍等氧化物（上清液，中性浸出液），并与脉石成分、铁、硅等分离

（中性渣）。一段法工艺，中性渣送火法冶炼回收铅等。二段或三段法工艺，中性渣继续浸取铁酸锌、硅酸锌、砷酸锌，铁也大量进入溶液，沉降铁及其他杂质后清液返回到中性浸出阶段作为浸出液使用，滤渣（酸性渣）送炼铅厂回收铅，也有的工艺将酸性渣分步分离成铅渣、铜渣、铁渣等。因此，湿法炼锌工艺中只有两种产出：中性浸出产生的上清液和最终排放的渣，矿石中的有价元素锌、铜、镉、钴、镍通过化学富集进入上清液，而铁硅等脉石成分以及铅、银等进入渣中。

上清液通过分离铜（Cu）、镉（Cd）、钴（Co）、镍（Ni）及其他杂质形成可以电积生产金属锌的电解液。Cu、Cd、Co、Ni 的分离化学原理很简单，即加入金属锌及活化剂，一方面置换 Cu、Cd、Co、Ni，另一方面提高电解液中锌的浓度，通过适当的工艺控制，置换的沉降分离物分为铜镉渣和镍钴渣，分别用于生产 Cu、Cd、Co、Ni。总体来说，锌矿石通过化学浸出富集、浸出液净化分离、硫酸锌溶液电积，生成了三类产品：金属锌、铜镉原料（渣）、钴镍原料（渣）。

炼锌渣有湿法炼锌渣和火法炼锌渣两种。湿法炼锌渣为黄钾铁矾法、针铁矿法和赤铁矿法等湿法炼锌过程产出的残渣，常用回转窑处理回收锌和铅，银则保留在窑渣中。火法炼锌渣为竖罐炼锌、平罐炼锌及电热法炼锌过程产出的残渣。锌精矿中的银除少量在炼锌过程中随锌和铅挥发外，绝大部分留在蒸馏残渣中。炼锌渣的典型成分见表 5-4。

表 5-4 锌渣主要成分（质量分数 ω 或质量浓度 ρ）

类别	来源	主要成分						
		ρ（Ag）/（g/t）	ρ（Au）/（g/t）	ω（Cu）/%	ω（Pb）/%	ω（Zn）/%	ω（Fe）/%	ω（S）/%
浸出渣	中国	270～300	0.2～0.25	0.62～0.85	3.2～4.6	19.4～21.6	21.0～27.0	5.0～8.8
浸出渣	日本	432	0.6	0.4	3.8	21.8	27.7	—
黄钾铁矾法渣	芬兰	130	0.7	—	2.5	2.0	30	—
窑渣	中国	250～350	—	0.7～1.2	—	1.0～2.5	0.5～10	—

湿法锌渣中锌矿物主要有：铁酸锌、锌的硫化物、锌的氧化物及微量锌的硅酸物；锌渣中铅矿物主要有：方铅矿，相对含量微量；湿法锌渣中铁矿物主要有：黄铁矿、褐铁矿、磁黄铁矿；其次为赤铁矿，湿法锌渣中铜矿物有：黄铜矿、辉铜矿、铜蓝；湿法锌渣中锰矿物主要为软锰矿，相对含量微量。湿法锌渣中银矿物有：粒间自然银、金银矿、辉银矿、氧化银；湿法锌渣中非金属矿物主要有：石英长石、单质硫、毒砂、白云母等。

铅渣主要化学成分为 SiO_2、FeO、CaO、ZnO。其来源主要有铅阳极泥、铜转炉烟灰矿渣、锌厂废渣。铅阳极泥是粗铅电解精炼过程产出的阳极沉积物，除富集金（Au）、银（Ag）等贵金属外，还含有大量 Pb、Sb 等金属；铜冶炼厂炼铜转炉静电收集烟尘经稀硫酸浸出提取 Zn、Cd、Cu 等有价金属之后的浸出渣含 Pb、Bi、As 等金属，称铅铋渣，铅铋渣一般含 Pb（30%～40%）、As（4%～5%）、Bi（5%～7%），其中 Pb 主要以 $PbSO_4$ 的形式存在。湿法生产锌的浸出过程中 Pb 进入浸出渣中，表 5-5 为锌浸出渣元素分析结果，锌浸出渣的粒度 95%小于 75μm，含铅矿物主要有白铅矿和铅铁矾。

表 5-5　锌浸出渣元素分析结果　　　　　　　　　　单位：%

元素	含量	元素	含量
Zn	4.48	Al_2O_3	3.38
Pb	6.68	Cu	0.14
S	9.66	CaO	3.11
Fe	13.45	MgO	0.31
SiO_2	18.32	Cd	0.14

在鼓风炉冶炼粗铅过程中，除产生粗铅及炉渣外，还产生冰铜和黄渣，黄渣是 Cu、Ni、Co、As 的熔合体，也称砷冰铜。砷冰铜是金属铜与铁的砷化物，冰铜是硫化铁（FeS）与硫化铜（CuS）和硫化亚铜（Cu_2S）共熔体的总称。硫化亚铁（FeS）与吗啉乙磺酸（MeS）共熔体独自成相，称为锍。冰铜中当砷取代硫时，则称砷冰铜，同理还有砷冰镍、砷冰钴等。

铅精矿烧结焙烧—鼓风炉熔炼工艺包括两道主要工序。烧结焙烧是在高温（大于 800℃）下将精矿中的硫化物氧化脱硫生成氧化物，同时烧结产出坚硬多孔烧结块的过程。所以，烧结焙烧有两个重要目的：①将精矿中的硫化铅（PbS）氧化为易于还原的氧化铅（PbO），其他金属硫化物氧化为氧化物，在氧化脱硫的同时，精矿中的砷（As）、锑（Sb）也可顺便部分脱去；②结块。将细粒物料烧结成适合鼓风炉熔炼的、具有一定强度和孔隙度的烧结块。

铅烧结块还原熔炼的目的在于使铅的氧化物还原并与贵金属和铋等聚集进入粗铅，而使各种造渣成分（包括 SiO_2、CaO、FeO、Fe_3O_4 等）及 Zn 等进入炉渣，以达到相互分离的目的。当原料含 Cu 较高时，可产出铅冰铜，将其富集；当原料含 Ni、Co 较高时，则产出黄渣（砷冰铜），将其富集。因此，在特殊情况下，熔炼可产出四种熔体产物，按其比重不同分为四层，由上而下分别为炉渣、铅冰铜

（铅锍）、砷冰铜（黄渣）和粗铅。

《重金属精矿产品中有害元素的限量规范》（GB/T 20424—2006）中规定了铅精矿有害元素控制标准为砷（As）不大于 0.70%，汞（Hg）不大于 0.05%。

综合分析，样品来源于有色金属冶炼过程中产生的浸出渣。

（四）样品属性鉴定结论

根据《固体废物鉴别标准 通则》（GB 34330—2017）4.2 条款，鉴定样品属于固体废物。

三、锌精矿

（一）样品外观形态

样品为红褐色粉末、颗粒、结团的混合物，可见蓝色、白色物质，如图 5-8 所示。灼烧前后样品照片如图 5-9 所示，灼烧后样品发生烧结，坚硬。扫描电子显微镜（SEM）下，样品呈疏松多孔状，部分表面光滑，如图 5-10 所示。

图 5-8　样品

图 5-9　样品灼烧前后

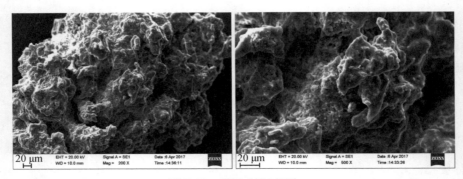

图 5-10 样品 SEM 照片

（二）样品理化特征

1. 烧失量
样品在 1000℃下灼烧，烧失量为-12.50%。

2. 元素分析
样品利用研磨机研磨，利用 X 射线荧光光谱分析样品元素含量，样品主要含有 Cu、Pb 等元素；利用高频燃烧红外吸收法测定样品碳（C）、硫（S）含量；利用电感耦合等离子体发射光谱法测定样品有害元素含量，结果如表 5-6 所示。

表 5-6　样品元素结果　　　　　　　　　　　单位：%

样品元素	含量	样品元素	含量
Cu	56.9	Ca	0.79
Pb	6.6	Al	0.79
C	7.17	Ti	0.047
S	2.86	Cr	0.13
Si	3.9	Mn	0.013
Mg	0.099	Fe	1.30
Na	0.13	Ni	0.075
P	0.016	Cd	<0.0010
Cl	0.17	Hg	<0.0010
K	0.12	As	0.003

3. 物相分析
样品主要物相有氧化亚铜（Cu_2O）、硫酸铅（$PbSO_4$）、碳（C）等，如图 5-11 所示。

分拣出的蓝色样品主要物相有氧化亚铜（Cu_2O）、硫酸铜（$CuSO_4$）等，如图 5-12 所示。

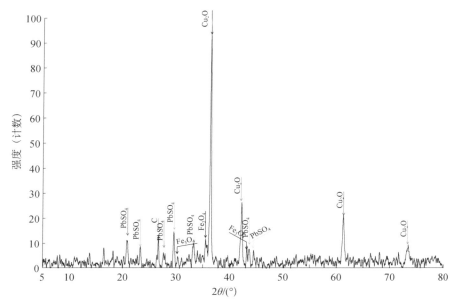

图 5-11　样品的 X 射线衍射图谱

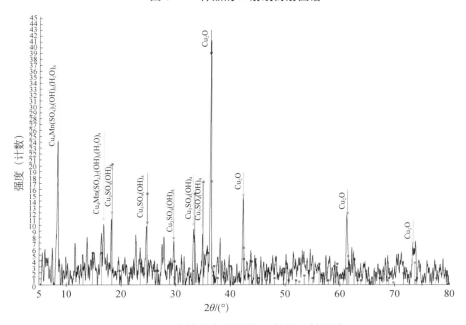

图 5-12　分拣蓝色样品的 X 射线衍射图谱

分拣出的白色样品主要物相有硫酸铅（$PbSO_4$）、水合硫酸钙（$CaSO_4 \cdot H_2O$）

等，如图 5-13 所示。

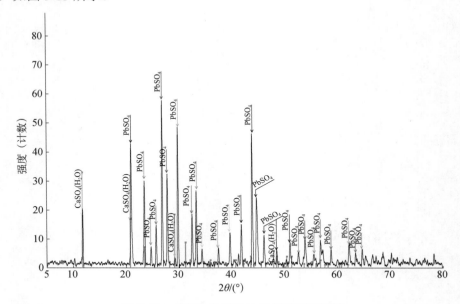

图 5-13　分拣白色样品的 X 射线衍射图谱

（三）样品可能产生来源分析

工业氧化铜粉的制备方法有铜粉氧化法、碳酸氢铵-氨水亚铜浸出法和可溶铜加碱合成法，《氧化铜粉》（GB/T 26046—2010）规定了氧化铜粉的规格要求，氧化铜粉按化学成分和细度分为三个牌号：CuO990、CuO985、CuO980，其化学成分见表 5-7。

表 5-7　氧化铜粉的化学成分　　　　　　　　　　　单位：%

名称	CuO990	CuO985	CuO980
氧化铜（CuO）	≥99.0	≥98.5	≥98.0
盐酸不溶物	≤0.05	≤0.10	≤0.15
氯化物（以 Cl 计）	≤0.005	≤0.010	≤0.015
硫化合物（以 SO_4^{2-} 计）	≤0.01	≤0.05	≤0.1
铁（Fe）	≤0.01	≤0.04	≤0.1
总氮量（TN）	≤0.005	—	—
水溶物	≤0.01	≤0.05	≤0.1

《工业氧化亚铜》（HG/T 2961—2010）规定了氧化亚铜（Cu_2O）的要求，颜色

为橙红色至暗红色粉末，具体见表 5-8。

表 5-8 氧化铜粉的化学成分 单位：%

项目		指标		
		优等品	一等品	合格品
总还原率（以 Cu₂O 计）/%	≥	98.0	97.0	—
金属铜（Cu）ω/%	≤	1.0	2.0	3.0
氧化亚铜（Cu₂O）ω/%	≥	97.0	96.0	95.0
总铜（Cu）ω/%	≥	87.0	86.0	—
氯化物（以 Cl 计）ω/%	≤	0.5	0.5	—
硫酸盐（以 SO₄ 计）ω/%	≤	0.5	0.5	—
水分 ω/%	≤	0.5	0.5	0.5
丙酮溶解物 ω/%	≤	0.5	—	—
稳定性试验后还原率减少量 ω/%	≤	2.0	2.0	—
筛余物（45μm）ω/%	≤	0.3	0.5	1.0
75μm 筛上硝酸不溶物 ω/%	≤	0.1	—	—
非铜金属 ω/%	≤	0.5	—	—

样品主要物相为 Cu_2O，伴有硫酸铅（$PbSO_4$）、C、$CuSO_4$ 等，未发现其他明显脉石成分，灼烧后变为坚硬烧结体，其理化特征不符合天然矿物的特性，也不符合《氧化铜粉》（GB/T 26046—2010）、《工业氧化亚铜》（HG/T 2961—2010）标准，推断其主体可能来源于有色冶炼过程中产生的含铜渣经脱水后还原焙烧后的产物，并掺杂有部分未焙烧物质。

（四）样品属性鉴定结论

根据《固体废物鉴别标准 通则》（GB 34330—2017）4.2 条款，鉴别样品属于固体废物。

四、含锌灰渣

（一）样品外观形态

样品为灰色粉状物，手捻有砂粒感，如图 5-14 所示。原样经粉碎后过 100 目筛得到筛下物样品（编号 1#）和筛上物样品（编号 2#）。

图 5-14 样品

（二）样品理化特征

1. 元素分析

对 1# 样品进行 X 射线荧光光谱半定量分析，结果见表 5-9。

表 5-9 1#样品主要成分及含量（干态，以氧化物计） 单位：%

样品主要成分	含量	样品主要成分	含量
ZnO	47.17	CuO	0.30
Al_2O_3	23.75	SO_3	0.29
Na_2O	7.63	K_2O	0.24
PbO	6.70	NiO	0.13
Fe_2O_3	3.40	MnO	0.12
Cl	3.24	TiO_2	0.09
SiO_2	3.04	Cr_2O_3	0.07
Ga_2O_3	1.86	Sb_2O_3	0.05
CaO	0.75	SnO_2	0.03
MgO	0.73	V_2O_5	0.03
F	0.34	P_2O_5	0.03

2. 物相分析

对 1# 和 2# 样品进行 X 射线衍射分析，结果见图 5-15 和图 5-16。1#样品主要物相为 ZnO，并存在少量的 $Zn_5(OH)_8Cl_2 \cdot H_2O$、$Pb(OH)Cl$、Pb 和 Zn；2#样品主要物相为 Zn，并存在少量的 Al 和 Pb。

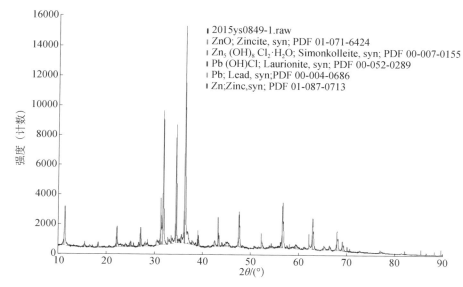

图 5-15　1#样品的 X 射线衍射图谱

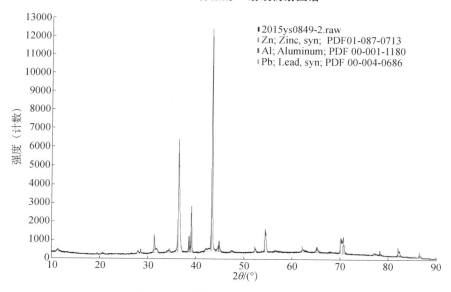

图 5-16　2#样品的 X 射线衍射图谱

（三）样品可能产生来源分析

1. 《副产品氧化锌》（YS/T 73—2011）标准中规定：副产品氧化锌（ZnO）应为白色或灰白色粉末状；ZnO 含量不小于 50%；Cl 含量不大于 0.3%；F 含量不大

于 0.2%；不应带有外来夹杂物。本样品为灰色粉末，ZnO 含量为 47.17%，Cl 含量为 3.24%，F 含量为 0.34%，夹杂有金属锌、铅和铝，可知该样品不符合《副产品氧化锌》（YS/T 73—2011）标准中对 ZnO 的要求。

2. 海关总署于 2009 年 6 月发布第 32 号公告，将电弧炉炼钢灰经加工而得的符合一定指标的粗氧化锌产品归入税则号列 3824.9099。该公告关于粗氧化锌的描述：主要成分为氧化锌（ZnO）、氯化钠（NaCl），并含有少量铁（Fe）、铅（Pb）。具体含量 ZnO 为 72%，NaCl 为 18%，Fe_2O_3 为 4%，Pb 为 5%，H_2O 为 1%。工艺流程：以电弧炉炼钢灰为原料，以焦炭粉为还原剂，在 1200℃反应温度下，使钢灰中大量的 Zn、Pb 等金属被还原成金属单质挥发出来，经重力沉淀分离后，金属蒸汽被氧化成氧化物，即粗氧化锌。本样品中 ZnO 含量为 47.17%，不符合粗氧化锌的要求。

3. 热镀锌工艺又称热浸镀锌工艺。其工艺过程是将工件浸入带有熔融锌液的镀锌锅中，借助 Zn 和 Fe 所引起的冶金反应，形成镀层的过程。热镀锌过程中伴有大量的灰渣产生，其总量占锌消费总量的 20%～60%，主要由 ZnO、Zn、Zn 的氯化物组成，锌含量在 50%～80%。

锌及锌合金在熔铸成金属锭过程中会产生大量的灰渣，该灰渣主要由 ZnO、Zn、Zn 的氯化物组成，锌浮渣中 Zn 的氯化物以 $Zn_5(OH)_8Cl_2 \cdot H_2O$ 形式存在，锌熔铸氧化锌渣的化学成分：Zn（55.2%）、Al（9.25%）、Fe（2.38%）、Cl（3.48%）、Ca（1.86%）。

本样品的主要物相组成为 ZnO、Zn、$Zn_5(OH)_8Cl_2 \cdot H_2O$，与热镀锌或锌及锌合金熔铸过程中产生的灰渣物相组成一致，由此判断送检样品是热镀锌或锌及锌合金熔铸过程中产生的灰渣，样品中含有 Pb(OH)Cl、Al 及 Pb，可能来源于热镀锌或锌及锌合金熔铸过程中添加的金属铝和铅。

（四）样品属性鉴定结论

样品是热镀锌或锌及锌合金熔铸过程中产生的含锌灰渣。根据《固体废物鉴别标准 通则》（GB 34330—2017）鉴别样品为固体废物。

五、电炉炼钢产生的含锌烟尘（黄色）

（一）样品外观形态

样品为土黄色粉末，如图 5-17 所示。

图 5-17 样品

（二）样品理化特征

1. 元素分析

对样品进行 X 射线荧光光谱半定量分析，结果见表 5-10。

表 5-10 样品主要成分及含量（干态，以氧化物计） 单位：%

样品主要成分	含量	样品主要成分	含量
ZnO	37.46	CuO	0.26
Fe_2O_3	29.90	Tb_4O_7	0.13
Na_2O	6.71	CdO	0.10
CaO	6.41	TiO_2	0.09
SiO_2	3.81	Br	0.07
SO_3	2.48	BaO	0.06
MnO	2.35	SnO_2	0.06
PbO	2.31	Ta_2O_5	0.03
K_2O	2.07	NiO	0.02
MgO	1.76	Sb_2O_3	0.02
Cl	1.57	Ag	0.01
Al_2O_3	0.59	V_2O_5	0.01
Cr_2O_3	0.31	Rb_2O	0.01
P_2O_5	0.28		

2. 物相分析

对样品进行 X 射线衍射分析，结果见图 5-18。样品的主要物相组成为 ZnO、ZnFe_2O_4。

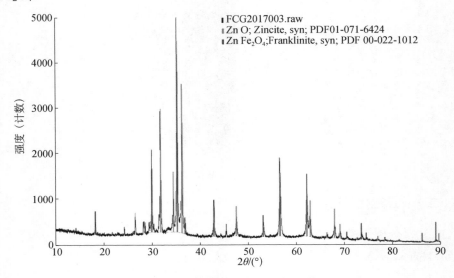

图 5-18　样品的 X 射线衍射图谱

（三）样品可能产生来源分析

目前，世界上有 50%左右的金属锌用在镀钢件上，这些钢铁制品使用之后，大部分以废钢铁形式返回工厂用于电炉炼钢，在炼钢过程中产生大量烟尘，Zn、Na、K 等元素富集在烟尘中，Zn 含量在 20%以上，烟尘中还含有一定量的铁元素。电炉炼钢产生的含锌烟尘中，锌主要以氧化锌（ZnO）的形式存在，少量的锌以铁酸锌（ZnFe_2O_4）的形式存在。该含锌烟尘可用于回收其中的锌。

电炉炼钢烟尘，其成分如表 5-11 和表 5-12 所示，其主要物相组成为 ZnO、ZnFe_2O_4 和 KCl。样品主要成分组成与表 5-11 和表 5-12 中电炉炼钢烟尘成分组成一致，样品的主要物相组成与电炉炼钢烟尘主要物相组成一致，可以推断该样品是电炉炼钢产生的含锌烟尘。

表 5-11　美国电弧炉烟尘的典型成分及含量　　　　　单位：%

工厂	Zn	Pb	Fe	K	Na	Ca	Mg	Cd
CHR	32.3	2.5	15.3	1.6	1.3	10.4	3.7	0.095
JAX	27.4	2.7	28.6	0.6	0.9	3.5	2.6	0.062

续表

工厂	Zn	Pb	Fe	K	Na	Ca	Mg	Cd
KNX	34.1	3.8	20.0	1.8	1.6	3.1	2.3	0.095
WTN	1.9	3.5	21.5	1.3	2.0	4.0	1.9	0.052

表 5-12　德国电弧炉烟尘的典型成分及含量　　　单位：%

典型成分	含量	典型成分	含量
Zn	18～35	FeO	20～30
Pb	2～7	CaO	6～9
Cd	0.03～0.1	SiO$_2$	3～5
F	9.2～0.5	Na$_2$O	1.5～2
Cl	1～4	K$_2$O	1～1.5
C	1～5		

（四）样品属性鉴定结论

样品为电炉炼钢产生的含锌烟尘，根据《固体废物鉴别标准　通则》（GB 34330—2017）4.2 条款，鉴别样品为固体废物。

六、电炉炼钢产生的含锌烟尘（黑色）

（一）样品外观形态

样品为黑色粉末，其中夹杂有大量大小不一的坚硬圆球物质，如图 5-19 所示。

图 5-19　样品

（二）样品理化特征

1. 元素分析

对黑色粉末样品和坚硬圆球物质样品进行 X 射线荧光光谱半定量分析，结果见表 5-13 和表 5-14。

表 5-13　样品主要成分及含量（干态，以氧化物计）　　　单位：%

样品主要成分	含量	样品主要成分	含量
ZnO	31.14	Cr_2O_3	0.36
Fe_2O_3	30.95	P_2O_5	0.33
Na_2O	8.71	Br	0.22
SiO_2	4.85	BaO	0.18
CaO	4.32	SnO_2	0.15
Cl	4.25	TiO_2	0.12
PbO	4.16	Tb_4O_7	0.10
SO_3	3.07	CdO	0.10
K_2O	2.53	Sb_2O_3	0.05
MnO	2.49	NiO	0.02
MgO	1.41	Ag	0.02
Al_2O_3	0.64	SrO	0.01
CuO	0.37		

表 5-14　样品主要成分及含量（干态，以氧化物计）　　　单位：%

样品主要成分	含量	样品主要成分	含量
ZnO	33.93	Cr_2O_3	0.27
Fe_2O_3	26.45	Br	0.21
Na_2O	9.11	F	0.21
CaO	5.39	SnO_2	0.16
SiO_2	5.25	BaO	0.16
PbO	4.82	TiO_2	0.14
Cl	4.46	Tb_4O_7	0.13
SO_3	2.68	CdO	0.12
K_2O	2.39	Sb_2O_3	0.04
MnO	2.14	NiO	0.03
MgO	1.79	CeO_2	0.02
Al_2O_3	0.86	SrO	0.02
CuO	0.36	Ag	0.02
P_2O_5	0.29		

2. 物相分析

对黑色粉末样品和坚硬圆球物质样品进行 X 射线衍射分析，结果见图 5-20 和

图 5-21。样品的物相组成均为 ZnO、（$Zn_{0.35}Fe_{0.65}$）Fe_2O_4、KCl、NaCl 和 Pb（OH）Cl。

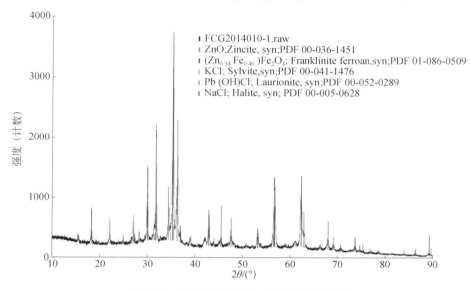

图 5-20　黑色粉末样品的 X 射线衍射图谱

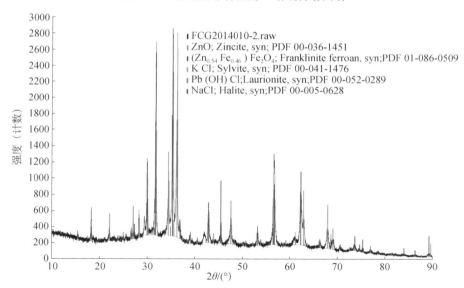

图 5-21　坚硬圆球物质样品的 X 射线衍射图谱

（三）样品可能产生来源分析

1. 《副产品氧化锌》（YS/T 73—2011）标准中规定［具体见本节四（三）］，本样品为黑色粉末和圆球物质，ZnO 含量为 34.79%，Cl 含量为 3.54%，可知该样品不符合《副产品氧化锌》（YS/T 73—2011）标准中对 ZnO 的要求。

2. 对比海关总署于 2009 年 6 月发布第 32 号公告［具体见本节四（三）］，本样品中 ZnO 含量为 34.79%，Fe_2O_3 含量为 27.38%，不符合粗氧化锌的要求。

3. 电炉炼钢烟尘成分：Zn 含量为 18%～35%，Fe 含量为 15%～24%，CaO 含量为 6%～9%，SiO_2 含量为 3%～5%，Cl 含量为 1%～4%，K_2O 含量为 1%～1.5%，Pb 含量为 2%～7%，F 含量为 0.5%～9.2%，Cd 含量为 0.03%～0.1%；电炉炼钢烟尘主要物相为 ZnO、$ZnFe_2O_4$ 和 KCl。本样品中 Zn 含量为 27.95%，Fe 含量为 19.15%，CaO 含量为 4.85%，SiO_2 含量为 5.02%，Cl 含量为 3.54%，K_2O 含量为 2.50%，Pb 含量为 4.39%，F 含量为 0.23%；本样品的主要物相为 ZnO、$(Zn_{0.35}Fe_{0.65})Fe_2O_4$ 和 KCl。可见本样品的元素含量和物相组成与电炉炼钢烟尘的一致，可以推断该样品应该是电炉炼钢产生的含锌烟尘。

样品含有比较高的 Fe 含量及比较低的 Zn 含量，说明该样品没有经过回转窑处理。一般经过回转窑处理得到的次氧化锌中锌含量可达到 55%～60%，铁含量在 2%～3%。

黑色粉末样品和坚硬圆球物质样品的元素组成和物相组成一致，说明样品中的圆球物质是由样品中的粉末通过机械加工制得，含锌烟尘造球是为下一步回转炉处理回收锌做准备。

（四）样品属性鉴定结论

样品为电炉炼钢产生的含锌烟尘，部分被初步加工成圆球物质。根据《固体废物属性鉴别标准 通则》（GB 34330—2017）4.2 条款，鉴别样品为固体废物。

七、冶炼钢铁产生的除尘灰

（一）样品外观形态

样品的外观为潮湿的褐色泥状物，如图 5-22 所示。

图 5-22　样品

（二）样品理化特征

1. 元素分析

用 X 射线荧光光谱仪对样品进行元素半定量分析，结果见表 5-15。

表 5-15　样品主要成分及含量（干态，除部分元素外以氧化物计）　单位：%

样品主要成分	含量	样品主要成分	含量
ZnO	36.76	Cr_2O_3	0.40
Fe_2O_3	35.69	P_2O_5	0.17
Na_2O	6.65	TiO_2	0.14
SiO_2	4.81	Tb_4O_7	0.11
CaO	2.75	K_2O	0.10
PbO	2.63	CdO	0.07
MnO	2.46	SnO_2	0.07
SO_3	2.22	NiO	0.04
Al_2O_3	2.17	V_2O_5	0.03
MgO	1.58	BaO	0.03
Cl	0.60	Ag	0.02
CuO	0.44		

2. 物相分析

对样品进行 X 射线衍射分析，结果见图 5-23。样品的主要物相为氧化锌（ZnO）、铁酸锌（$ZnFe_2O_4$），还含有少量其他物相为异极矿[$Zn_4Si_2O_7(OH)_2 \cdot H_2O$]、$Pb_3(CO_3)_2(OH)_2$、石英（$SiO_2$）。

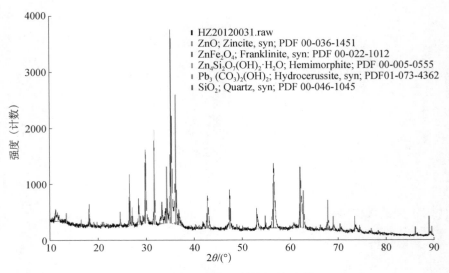

图 5-23　样品的 X 射线衍射图谱

3. 其他分析

抽取样品进行矿相显微镜和偏光显微镜观察及磁选试验。在显微镜下观察到球珠状富氏铁（FeO）、球珠状假象赤铁矿、球珠状氧化铁与硅酸盐黏结相、不规则碎粒状磁铁矿。没有观察到天然红锌矿（ZnO）的光学性质。经弱磁选（100mT），该样品的磁选率为91.6%，可知样品有强磁性。

（三）样品可能产生来源分析

1. 自然界的主要含锌矿物是硫化矿和氧化矿，硫化矿储量远大于氧化矿，是炼锌的主要矿物原料。硫化锌矿的主要物相是闪锌矿（ZnS），氧化锌矿的主要物相有：菱锌矿（$ZnCO_3$）、水锌矿[$Zn_6(CO_3)_2 \cdot (OH)_6$]、硅锌矿（$Zn_2SiO_4$）、异极矿[$Zn_4Si_2O_7(OH)_2 \cdot H_2O$]、红锌矿（ZnO），而红锌矿（ZnO）为稀少矿物，在自然界很难发现。本样品的主要物相是氧化锌（ZnO）和铁酸锌（$ZnFe_2O_4$），而此氧化锌（ZnO）并不是天然的红锌矿（ZnO），因为在显微镜下没有观察到天然红锌矿（ZnO）的光学性质。可见该样品的主要物相与锌矿的主要物相不同，该样品应该不是锌矿。该样品中少量的异极矿[$Zn_4Si_2O_7(OH)_2 \cdot H_2O$]和$Pb_3(CO_3)_2(OH)_2$应是锌化合物和铅化合物在贮存过程中暴露在空气中氧化生成的。

2. 显微镜观察结果。球珠状富氏铁（FeO）、球珠状假象赤铁矿、球珠状氧化铁与硅酸盐黏结相，这些形状的相只能在高温熔炼过程中产生，可知该样品应该是经过高温熔炼后的产物。

3. 查阅相关文献可知，根据铁矿来源不同，在高炉炼铁的生产过程中，可能产生含锌量不等的高炉烟尘。目前世界上有 50% 左右的金属锌用在镀钢件上，这些钢铁制品使用之后，大部分以废钢铁形式返回工厂炼钢，在炼钢过程中产生大量烟尘，锌富集在烟尘中。冶炼钢铁产生的含锌烟尘中的锌主要以氧化锌（ZnO）的形式存在，少量的锌以铁酸锌（$ZnFe_2O_4$）的形式存在。冶炼钢铁产生的含锌烟尘的化学成分见表 5-16。

表 5-16　含锌烟尘的化学成分　　　单位：%

成分 ＼ 烟尘名称	高炉烟尘	高炉洗涤尘	电炉炼钢烟尘	电炉炼钢烟尘	电炉炼钢烟尘	转炉炼钢烟尘	转炉炼钢烟尘
Zn	17.28	6.80	34.90	20.00~26.00	20.00~30.00	0.00~10.00	1.00~6.00
Pb	0.20	1.40	0.46	2.00~4.00	2.00~4.00	0.10~1.00	0.50~1.50
Cd	0.003	—	0.010	0.030~0.100	0.020~0.060	0.005	—
Cr	0.011	—	0.070	—	—	—	—
Fe	21.79	28.10	24.20	25.00~30.00	25.00~30.00	30.00~60.00	55.00~65.00
C	39.95	26.60	—	0.50~1.50	—	—	0.50~2.00
F	—	—	—	0.2~3.0	0.3~0.5	—	—
Cl	—	—	0.26	3.00~7.00	4.00~7.00	—	—
SiO_2	—	6.9	—	2.0~5.0	—	—	—
CaO	—	3.1	7.2	2.0~5.0	—	—	—

该样品的元素组成和物相组成与冶炼钢铁产生的含锌烟尘的元素组成和物相组成吻合，由此推断该样品应是冶炼钢铁产生的除尘灰，可能来自电炉炼钢的除尘灰，并经过水洗。

（四）样品属性鉴定结论

样品应是冶炼钢铁产生的除尘灰。根据《固体废物鉴别标准　通则》（GB 34330—2017）4.2 条款，鉴别样品为固体废物。

八、含锌粉尘收集物

（一）样品外观形态

样品为黑色粉末，如图 5-24 所示。

图 5-24　样品

（二）样品理化特征

1. 元素分析

对样品进行 X 射线荧光光谱半定量分析，结果见表 5-17。

表 5-17　样品主要成分及含量（干态，除卤素外以氧化物计）　　单位：%

样品主要成分	含量	样品主要成分	含量
ZnO	29.18	TiO_2	0.56
SiO_2	26.60	Cl	0.28
Al_2O_3	19.91	Cr_2O_3	0.26
CuO	9.03	SnO_2	0.06
CaO	4.48	MnO	0.06
Fe_2O_3	2.84	ZrO_2	0.05
MgO	2.07	BaO	0.05
P_2O_5	1.95	SrO	0.03
Na_2O	1.89	HfO_2	0.03
SO_3	0.93	TeO_2	0.03
K_2O	0.72	NiO	0.02
PbO	0.58	Er_2O_3	0.01

2. 物相分析

对样品进行 X 射线衍射分析，结果见图 5-25。样品的物相组成为 ZnO、Al₂O₃、SiO₂、CaCO₃、CuO、ZnAl₂O₄。

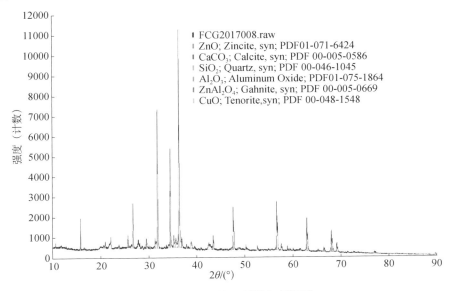

图 5-25　样品的 X 射线衍射图谱

（三）样品可能产生来源分析

1. 对比《副产品氧化锌》（YS/T 73—2011）标准中规定［具体见本节四（三）］，本样品为黑色粉末，ZnO 含量为 29.18%，可知该样品不符合《副产品氧化锌》（YS/T 73—2011）标准中对 ZnO 的要求。

2. 对比海关总署于 2009 年 6 月发布第 32 号公告［具体见本节四（三）］，本样品中 ZnO 含量为 29.18%，不符合粗氧化锌的要求。

3. 含锌、铜等废料经非正规冶炼工艺产生的含锌粉尘收集物，外观为灰黑色粉末颗粒，其成分如表 5-18 所示，其主要物相有 ZnO、SiO₂、ZnAl₂O₄、Al₂O₃、Cu、CaSO₃。样品的外观、成分、物相组成均与此物料相似，可以判断样品为含锌、铜等废料经非正规冶炼工艺产生的含锌粉尘收集物。

表 5-18　含锌、铜等废料经非正规冶炼工艺产生的含锌粉尘收集物成分　　单位：%

成分	含量	成分	含量
ZnO	46.58	MgO	0.42
Al_2O_3	10.52	MnO	0.39
SiO_2	20.07	Cl	0.29
CuO	8.6	TiO_2	0.23
Fe_2O_3	4.39	SnO_2	0.24
CaO	3.63	Cr_2O_3	0.19
SO_3	1.73	F	0.18
PbO	1.06	NiO	0.05
P_2O_5	0.85	Na_2O	0.01
K_2O	0.54		

（四）样品属性鉴定结论

样品为含锌、铜等废料经非正规冶炼工艺产生的含锌粉尘收集物。根据《固体废物鉴别标准　通则》（GB 34330—2017）4.3 条款，鉴别样品为固体废物。

九、黄钾铁矾渣

（一）样品外观形态

样品为潮湿的红褐色颗粒，用手易捏碎，如图 5-26 所示。

图 5-26　样品

（二）样品理化特征

1. 元素分析

对样品进行 X 射线荧光光谱半定量分析，结果见表 5-19。可见样品中除含有 Fe、Zn 等主要元素外，还含有镓（Ga）、铟（In）、锗（Ge）、银（Ag）等稀散金属元素和贵金属元素。

表 5-19 样品主要成分及含量（干态，以氧化物计）　　　　单位：%

样品主要成分	含量	样品主要成分	含量
Fe_2O_3	47.86	MgO	0.23
SO_3	18.71	Sb_2O_3	0.17
ZnO	17.78	P_2O_5	0.14
PbO	2.22	SnO_2	0.11
SiO_2	2.15	CdO	0.08
Al_2O_3	2.05	Cl	0.06
As_2O_3	2.01	In_2O_3	0.05
K_2O	1.76	TiO_2	0.04
CuO	1.43	GeO_2	0.03
Na_2O	0.82	CeO_2	0.03
CaO	0.60	Ag	0.03
MnO	0.41	Cr_2O_3	0.02
Ga_2O_3	0.39	V_2O_5	0.02

2. 物相分析

对样品进行 X 射线衍射分析，结果见图 5-27。样品的主要物相为黄钾铁矾 $[KFe_3(SO_4)_2(OH)_6]$、铁酸锌（$ZnFe_2O_4$）、硅酸锌（Zn_2SiO_4）。

经对样品进行水溶性硫酸盐测定，硫酸根（SO_4^{2-}）含量为 5.36%。

（三）样品可能产生来源分析

目前锌冶炼主要采用湿法炼锌工艺，常用湿法炼锌工艺包括 5 道工序：硫化锌精矿焙烧、锌焙砂浸出、浸出溶液净化、电解沉积、阴极锌熔铸。

硫化锌精矿焙烧是在空气或富氧环境中，在高温条件下使锌精矿中的 ZnS 氧化成 ZnO 和 $ZnSO_4$ 的一种作业。在这一过程中，ZnO 还与 Fe_2O_3 生成 $ZnFe_2O_4$，ZnO 与 SiO_2 生成 Zn_2SiO_4，$ZnFe_2O_4$ 和 Zn_2SiO_4 是难溶物质。

锌焙砂浸出由中性浸出和酸性浸出两段组成。浸出是为了使 ZnO 转变成 $ZnSO_4$，以便锌电解沉积。一段中性浸出产生的矿浆经分离，上清液净化除杂质，合格净化液电解生产电锌，底流送二段酸性浸出。二段酸性浸出产生的浸出液返回中性浸出，所得浸出渣再用黄钾铁矾法处理（处理过程中常采用锌焙砂作中和剂），得到富含锌的浸出液并返回中性浸出，溶液中有害的铁生成 $KFe_3(SO_4)_2(OH)_6$ 进入渣中，整个浸出过程中未溶解的 $ZnFe_2O_4$ 和 Zn_2SiO_4 也进入渣中，同时有部分可溶性硫酸盐也进入渣中，最终形成黄钾铁矾渣，此渣富集了 Ga、In、Ge、Ag 等稀散金属元素和贵金属元素。黄钾铁矾渣为环境污染物。

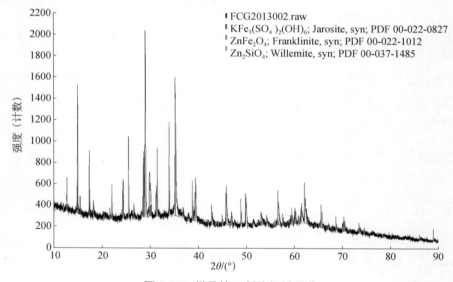

图 5-27 样品的 X 射线衍射图谱

查阅相关文献资料可知，黄钾铁矾渣中 Fe 含量为 28%～30%，Zn 含量为 8%～12%，渣中富集 Ga、In、Ge、Ag 等稀散金属元素和贵金属元素，物相组成主要有黄钾铁矾 $[KFe_3(SO_4)_2(OH)_6]$ 和铁酸锌（$ZnFe_2O_4$）等。对比本样品的元素和物相分析结果可知，本样品与黄钾铁矾渣的元素组成和物相组成相似，可以判定该样品应是湿法炼锌过程中产生的黄钾铁矾渣。该样品中存在可溶性硫酸根离子（SO_4^{2-}），佐证了样品应是酸性浸出的渣。

（四）样品属性鉴定结论

样品为含锌物料经湿法冶炼过程产生的冶炼渣（浸出渣），根据《固体废物鉴别标准 通则》（GB 34330—2017）4.2 条款，鉴别样品为固体废物。

十、湿法炼锌浸出渣（粉末、颗粒物）

（一）样品外观形态

样品为红褐色粉末和颗粒物，颗粒物易捏碎为粉末，如图 5-28 所示。

图 5-28　样品

（二）样品理化特征

1. 元素分析

对样品进行 X 射线荧光光谱半定量分析，结果见表 5-20。可见样品中除含有 Fe（31.24%）、Zn（23.21%）等主要元素外，还含有 Ga、In、Ag 等稀散金属元素和贵金属元素。

表 5-20　样品主要成分及含量（干态，以氧化物计）　　　单位：%

样品主要成分	含量	样品主要成分	含量
Fe$_2$O$_3$	44.66	BaO	0.16
ZnO	28.89	CdO	0.14
SiO$_2$	7.10	K$_2$O	0.13
PbO	5.29	In$_2$O$_3$	0.09
SO$_3$	4.78	SnO$_2$	0.08
Na$_2$O	2.67	TiO$_2$	0.08
Al$_2$O$_3$	1.48	Sb$_2$O$_3$	0.07
MnO	1.41	Tl	0.05
Ga$_2$O$_3$	1.11	SrO	0.04
CaO	0.99	Ag	0.03
CuO	0.77	Bi$_2$O$_3$	0.03
As$_2$O$_3$	0.52	Cl	0.03
P$_2$O$_5$	0.19		

2. 物相分析

对样品进行 X 射线衍射分析，结果见图 5-29。样品主要物相为铁酸锌（$ZnFe_2O_4$），并含有少量 $PbSO_4$ 和 ZnS。

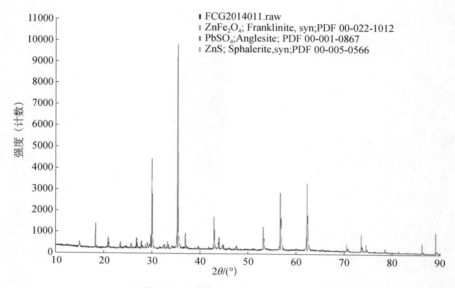

图 5-29　样品的 X 射线衍射图谱

（三）样品可能产生来源分析

1. 自然界的主要含锌矿物是硫化矿和氧化矿，硫化矿储量远大于氧化矿。硫化锌矿主要是闪锌矿（ZnS），氧化锌矿主要有：菱锌矿（$ZnCO_3$）、水锌矿 $[Zn_6(CO_3)_2 \cdot (OH)_6]$、硅锌矿（$Zn_2SiO_4$）、异极矿 $[Zn_4Si_2O_7(OH)_2 \cdot H_2O]$。闪锌矿（$ZnS$）常与方铅矿（$PbS$）共生形成硫化铅锌矿石，并常伴生黄铁矿（$FeS_2$）、黄铜矿（$CuFeS_2$）、铅矾（$PbSO_4$）等硫化矿物和石英、方解石、云母等脉石矿物。样品的主要物相铁酸锌（$ZnFe_2O_4$）与锌矿的主要物相不符，因此判断样品不是锌矿。

2. 对比湿法炼锌工艺 [具体见本节九（三）]，根据本样品的元素和物相分析结果可知，本样品与湿法炼锌酸性浸出渣的元素组成和物相组成一致，可以判定该样品应是湿法炼锌酸性浸出渣。

（四）样品属性鉴定结论

样品为湿法炼锌过程中产生的浸出渣。根据《固体废物鉴别标准　通则》（GB 34330—2017）4.2 条款，鉴别样品为固体废物。

十一、湿法炼锌浸出渣（泥状物）

（一）样品外观形态

样品的外观为潮湿的红褐色泥状物，见图 5-30。

图 5-30 样品

（二）样品理化特征

1. 元素分析

用 X 射线荧光光谱仪对样品进行元素半定量分析，结果见表 5-21。

表 5-21 样品主要成分及含量（干态，除部分元素外以氧化物计） 单位：%

样品主要成分	含量	样品主要成分	含量
Fe_2O_3	29.90	Sb_2O_3	0.06
SO_3	11.32	CdO	0.05
ZnO	32.25	Cl	0.06
As_2O_3	1.29	P_2O_5	0.10
Al_2O_3	1.97	SnO_2	0.70
PbO	10.31	TiO_2	0.05
SiO_2	8.17	Cr_2O_3	0.02
K_2O	1.00	Tb_4O_7	0.12
CuO	0.84	Ag	0.05
Ga_2O_3	1.08	MoO_3	0.01
MnO	0.50	Rb_2O	0.0048
CaO	2.23	NiO	0.01
MgO	1.64	SrO	0.0048

2. 物相分析

对样品进行 X 射线衍射分析，结果如图 5-31 所示。样品的主要物相为硅酸锌（Zn_2SiO_4）、异极矿[$Zn_4Si_2O_7(OH)_2 \cdot H_2O$]、黄钾铁矾[$(K_{0.78}Na_{0.26})Fe_3(SO_4)_2(OH)_6$]、铁酸锌（$Zn_{1.1}Fe_{1.9}O_4$）。

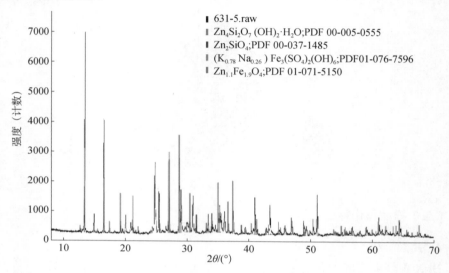

图 5-31　样品的 X 射线衍射图谱

3. 其他分析

经对样品进行水溶性硫酸盐进行测定，样品中硫酸根（SO_4^{2-}）含量为 3.4%。

（三）样品可能产生来源分析

1. 天然锌矿有硫化矿，如闪锌矿（ZnS），也有菱锌矿（$ZnCO_3$）、红锌矿（ZnO）、硅锌矿（Zn_2SiO_4）、锰硅锌矿[$(ZnMn)_2SiO_4$]、异极矿[$Zn_4Si_2O_7(OH)_2 \cdot H_2O$]等氧化矿，一般与铅共生。其中 Zn_2SiO_4、$(ZnMn)_2SiO_4$ 也可由冶炼生成。锌精矿一般是由天然锌矿石经破碎、球磨、泡沫浮选等工艺生产出的达到国家标准的含锌量较高的矿石。天然锌矿不含水溶性硫酸盐。

从样品的主要物相可以看出，样品含有必须经过冶炼才能生成的物质铁酸锌（$Zn_{1.1}Fe_{1.9}O_4$），且样品含有水溶性硫酸盐。因此样品不是锌精矿。

2. 对比湿法炼锌工艺[具体见本节九（三）]，根据本样品的元素和物相分析结果可知，本样品与湿法炼锌过程产生的浸出渣的元素组成和物相组成一致，可判定该样品应是湿法炼锌浸出渣。

（四）样品属性鉴定结论

样品是含锌物料经湿法冶炼过程产生的浸出渣。参照我国《禁止进口固体废物名录》中第 16 项"含其他锌的矿渣、矿灰及残渣"进行判断，该样品属于我国目前禁止进口的固体废物。

十二、含锌火法冶炼渣

（一）样品外观形态

样品为灰白色块状物，坚硬，表面有气孔，并吸附有褐色粉末物，如图 5-32 所示。105℃下测得样品水分为 0.31%，550℃下测得烧失量为 8.85%。

图 5-32　样品

（二）样品理化特征

1. 元素分析

用 X 射线荧光光谱仪对原样品及水洗后样品进行元素半定量分析，结果见表 5-22 和表 5-23。

表 5-22　样品主要成分及含量（干态，除部分元素外以氧化物计）　单位：%

样品主要成分	含量	样品主要成分	含量
ZnO	50.87	Al$_2$O$_3$	0.62
PbO	13.94	V$_2$O$_5$	0.51
Fe$_2$O$_3$	8.79	P$_2$O$_5$	0.44
SiO$_2$	6.68	MnO	0.26
Na$_2$O	5.49	CuO	0.23
CaO	5.20	Cl	0.05

续表

样品主要成分	含量	样品主要成分	含量
SO₃	3.88	TiO₂	0.04
Ga₂O₃	2.25	CdO	0.03
MgO	0.65	K₂O	0.03

表5-23 水洗后样品主要成分及含量（干态，除部分元素外以氧化物计） 单位：%

水洗后样品主要成分	含量	水洗后样品主要成分	含量
CaO	44.28	MnO	0.07
SiO₂	26.35	P₂O₅	0.06
Al₂O₃	13.92	ZrO₂	0.05
SO₃	5.42	BaO	0.05
MgO	2.69	ZnO	0.04
Fe₂O₃	0.99	PbO	0.04
TiO₂	0.30	Na₂O	0.04
SrO	0.16	CuO	0.02
V₂O₅	0.12		

2. 物相分析

对原样品和水洗后样品进行 X 射线衍射分析，结果如图 5-33 和图 5-34 所示。原样品的主要物相为 ZnO、$PbZnSiO_4$、$ZnFe_2O_4$、$Zn_4(CO_3)(OH)_6 \cdot H_2O$、$PbCO_3$、$CaSO_4 \cdot 2H_2O$，水洗后样品主要物相为 $Ca_2Al_2SiO_7$、Ca_2SiO_4、$CaSiO_3$、$CaCO_3$、$Ca_{12}Al_{14}O_{33}$、Fe_2O_3。

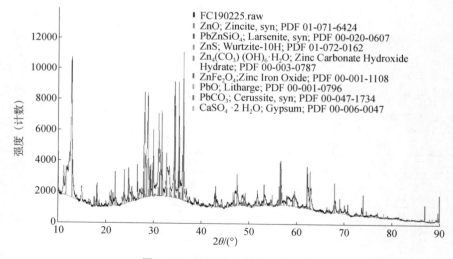

图 5-33 样品的 X 射线衍射图谱

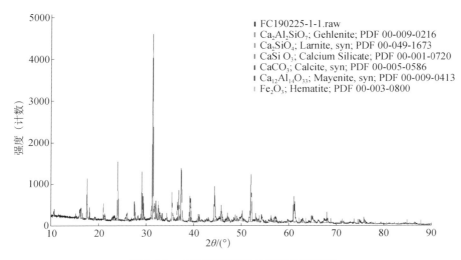

图 5-34　水洗后样品的 X 射线衍射图谱

（三）样品可能产生来源分析

1. 自然界的主要含锌矿物是硫化锌矿和氧化锌矿，硫化锌矿储量远大于氧化锌矿。硫化锌矿主要是闪锌矿（ZnS），氧化锌矿主要有：菱锌矿（$ZnCO_3$）、水锌矿[$Zn_6(CO_3)_2•(OH)_6$]、硅锌矿（Zn_2SiO_4）、异极矿[$Zn_4Si_2O_7(OH)_2•H_2O$]。闪锌矿（ZnS）常与方铅矿（PbS）共生形成硫化铅锌矿石，并常伴生黄铁矿（FeS_2）、黄铜矿（$CuFeS_2$）、铅矾（$PbSO_4$）等硫化矿物和石英、方解石、云母等脉石矿物。异极矿产于铅锌硫化物矿床氧化带，常与菱锌矿、水锌矿、白铅矿、褐铁矿等铅锌矿床次生矿物共生。硅锌矿同菱锌矿一样主要产生于铅锌矿床氧化带，是锌的次生矿物，常与白铅矿、异极矿、针铁矿等共生。氧化锌矿中的脉石矿物主要是石英、石灰石、滑石、白云石、黏土、铁质胶体等。

样品主要物相为 ZnO、$PbZnSiO_4$、$Zn_4(CO_3)(OH)_6·H_2O$、$ZnFe_2O_4$、$PbCO_3$、$CaSO_4·2H_2O$ 等，样品的物相组成与硫化锌矿、氧化锌矿不吻合，可以判断样品不是锌矿。

2. 高炉冶炼生铁产生的高炉渣外观浅而白，主要有 CaO、SiO_2、Al_2O_3、MgO 四种成分，约占总重量的 95%，高炉渣主要就是由这四种氧化物的硅酸盐和铝酸盐组成。高炉渣中的矿物主要有镁黄长石（$2CaO·MgO·2SiO_2$）、硅酸二钙（$2CaO·SiO_2$）、钙铝黄长石（$2CaO·Al_2O_3·SiO_2$）、钙长石（$CaO·Al_2O_3·2SiO_2$）、尖晶石（$MgO·Al_2O_3$）、假硅灰石（$CaO·SiO_2$）等。水洗后样品的成分及物相组成与高炉渣相符，推断坚硬块状多孔样品可能为高炉渣。

3. 根据样品水洗前后成分及物相的差异，判断硬块状多孔样品吸附的褐色粉末主要为含锌的粉末，物相主要为 ZnO、$ZnFe_2O_4$、$PbZnSiO_4$ 等。高炉渣显热回收处理含锌粉尘法的特征是以钢铁厂含锌粉尘为主要原料，配加一定量的还原剂、黏结剂、熔剂和水，充分混合后经压球机压制成球，经烘干或养护后送入炉渣滞留室内，利用炉渣显热，使含锌粉尘团块发生自还原反应，通过气体除尘装置回收粗锌产品。由此推断送检样品可能来源于高炉渣处理含锌粉尘后的炉渣，硬块状多孔样品吸附的褐色粉末应该为钢铁冶炼过程产生的含锌烟尘。

（四）样品属性鉴定结论

样品为火法冶炼过程产生的含锌冶炼渣，依据《固体废物鉴别标准 通则》（GB 34330—2017）中 4.2 条款"在有色金属冶炼或加工过程中产生的锌渣等火法冶炼渣"进行判定，样品属于固体废物。

十三、含锌回收尘

（一）样品外观形态

样品为灰绿色粉末，可见金色发亮物，掺杂有纤维状物质，如图 5-35 所示。灼烧前后样品照片如图 5-36 所示，灼烧后样品发生烧结，坚硬。在扫描电子显微镜（SEM）下样品成长片状，并有切削痕迹，如图 5-37 所示。纤维状物质成细圆柱状，表面粘有颗粒，如图 5-38 所示。

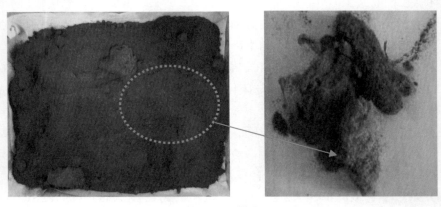

图 5-35　样品

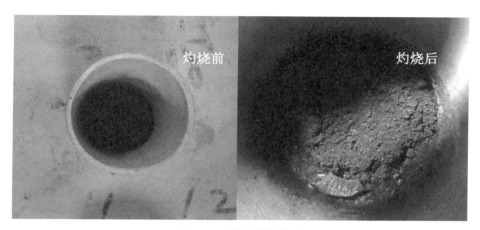

图 5-36　样品灼烧前后

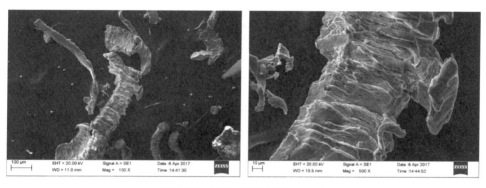

图 5-37　样品 SEM 照片（一）

图 5-38　样品 SEM 照片（二）

（二）样品理化特征

1. 烧失量

样品在 1000℃下灼烧，烧失量为 13.91%。

2. 元素分析

样品利用研磨机研磨，利用 X 射线荧光光谱分析样品元素含量，样品主要含有铜、锌等元素；利用高频燃烧红外吸收法测定样品碳、硫含量；利用电感耦合等离子体发射光谱法测定样品有害元素含量，结果如表 5-24 所示。

表 5-24 样品元素分析结果   单位：%

元素	含量	元素	含量
Cu	32.6	Al	5.48
Zn	28.7	Ti	0.057
C	1.46	Cr	0.12
S	0.038	Mn	0.12
Si	6.89	Fe	1.57
Mg	0.18	Ni	0.24
Na	—	Cd	0.003
P	0.12	Hg	<0.0010
Cl	0.44	As	0.004
K	0.14	Pb	1.70
Ca	0.84		

3. 物相分析

样品主要物相有铜锌合金、氧化锌（ZnO）、氧化铜（CuO）、二氧化硅（SiO$_2$）等，如图 5-39 所示。

（三）样品可能产生来源分析

1. 氧化铜标准及氧化锌标准

（1）氧化铜标准见本节三（三）。

（2）氧化锌产品标准如表 5-25 所示。《副产品氧化锌》（YS/T 73—2011）化学成分如表 5-26 所示。

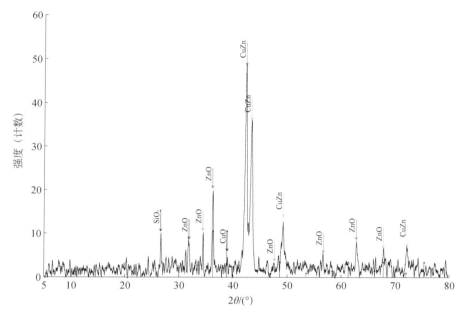

图 5-39 样品的 X 射线衍射图谱

表 5-25 氧化锌标准

标准及编号	规定
《工业活性氧化锌》（HG/T 2572—2006）	氧化锌含量：95.0%～98.0%
《直接法氧化锌》（GB/T 3494—1996）	氧化锌含量：ZnO-X1 99.5%，ZnO-X2 99.0%，ZnO-T1 99.5%，ZnO-T2 99.0%，ZnO-T3 98.0%
《纳米氧化锌》（GB/T 19589—2004）	氧化锌含量：1 类大于 99.0%，2 类大于 97.0%，3 类大于 95.0%
《副产品氧化锌》（YS/T 73—2011）（适用于含锌的合金和冶炼渣料经综合回收所得的氧化锌）	按化学成分为五个级别，ZnO-90 级 ZnO 不小于 90%，按 10% 递减至 ZnO-50 级 ZnO 不小于 50%。F、Cl 杂质均做相应的要求。不应带有外来夹杂物，为白色或灰白色粉末状
《氧化锌：（间接法）》（GB/T 3185—1992）	优级品氧化锌、一级品氧化锌、合格品氧化锌含量分别不小于 99.70%、99.50%、99.40%
《软磁铁氧体用氧化锌》（HG/T 2834—2009）	Ⅰ型氧化锌、Ⅱ型氧化锌、Ⅲ型氧化锌含量分别不小于 99.75%、99.65%、99.50%
《工业基准试剂 氧化锌》（GB 1260—2008）	氧化锌含量：99.95%～100.00%
《转底炉法粗锌粉》（YB/T 4271—2012）（适用于转底炉回收的粗锌粉）	按锌含量分为四个级别，品级 1：锌含量不小于 55%，品级 2：锌含量不小于 45%，品级 3：锌含量不小于 35%，品级 4：锌含量不小于 25%

表 5-26 副产品氧化锌化学成分

级别	化学成分/%		
	ZnO≥	杂质≤	
		F	Cl
ZnO-90	90	0.08	0.1
ZnO-80	80	0.1	0.2
ZnO-70	70	0.1	0.3
ZnO-60	60	0.2	0.3
ZnO-50	50	0.2	0.3

《工业氧化亚铜》（HG/T 2961—2010）规定了氧化亚铜的要求，颜色为橙红色至暗红色粉末，如表 5-27 所示。

表 5-27 氧化铜粉的化学成分 单位：%

项目		指标		
		优等品	一等品	合格品
总还原率（以 Cu_2O 计）	≥	98.0	97.0	—
金属铜（Cu）ω	≤	1.0	2.0	3.0
氧化亚铜（以 Cu_2O 计）ω	≥	97.0	96.0	95.0
总铜（Cu）ω	≥	87.0	86.0	
氯化物（以 Cl 计）ω	≤	0.5	0.5	—
硫酸盐（以 SO_4 计）ω	≤	0.5	0.5	—
水分 ω	≤	0.5	0.5	0.5
丙酮溶解物 ω	≤	0.5	—	—
稳定性试验后还原率减少量 ω	≤	2.0	2.0	—
筛余物（45μm）ω	≤	0.3	0.5	1.0
75μm 筛上硝酸不溶物 ω	≤	0.1		
非铜金属 ω	≤	0.5		

2. 铜/锌合金

铜合金是以纯铜为基体加入一种或几种其他元素所构成的合金。纯铜呈紫红色，又称紫铜。纯铜密度为 8.96，熔点为 1083℃，具有优良的导电性、导热性、延展性和耐蚀性，主要用于制作发电机、母线、电缆、开关装置、变压器等电工器材和热交换器、管道、太阳能加热装置的平板集热器等导热器材。常用的铜合金分为黄铜、青铜、白铜三大类。黄铜是以锌作为主要添加元素的铜合金，具有美观的黄色，统称黄铜，其铜含量一般在 56%～97%。青铜包括锡青铜、铝青铜、锰青铜和硅青铜。锡青铜中锡含量一般在 2.5%～7.0%；铝青铜中铝含量一般在 4.0%～10.0%；锰青铜中锰含量一般在 1.2%～5.5%；硅青铜中硅含量一般在 0.6%～3.5%。白铜中镍和钴含量一般在 0.57%～16.5%，铁含量一般在 0.2%～1.5%，铅含量一般在 1.4%～2.0%，硅含量一般在 0.1%～0.3%。

锌合金是以锌为基体加入其他元素组成的合金。常加的合金元素有铝、铜、镁、镉、铅、钛等低温锌合金。锌合金熔点低，流动性好，易熔焊，钎焊和塑性加工，在大气中耐腐蚀，残废料便于回收和重熔；但蠕变强度低，易发生自然时效引起的尺寸变化。锌合金采用熔融法制备，压铸或压力加工成材。按制造工艺可分为铸造锌合金和变形锌合金。标准锌合金成分含量如表 5-28 所示。

表 5-28　标准锌合金成分含量　　　　　　　　　　单位：%

标准合金成分	铝	铜	镁	铁	铅	镉	锡	锌
Zamak 2	3.8～4.3	2.7～3.3	0.035～0.06	<0.020	<0.003	<0.003	<0.001	余量
Zamak 3	3.8～4.3	<0.030	0.035～0.06	<0.020	<0.003	<0.003	<0.001	余量
Zamak 5	3.8～4.3	0.7～1.1	0.035～0.06	<0.020	<0.003	<0.003	<0.001	余量
ZA8	8.2～8.8	0.9～1.3	0.02～0.035	<0.035	<0.005	<0.005	<0.001	余量
Superloy	6.6～7.2	3.2～3.8	<0.005	<0.020	<0.003	<0.003	<0.001	余量
AcuZinc5	2.8～3.3	5.0～6.0	0.025～0.05	<0.075	<0.00	<0.004	<0.003	余量

在锌及含锌合金中加入少量铝，合金表面会形成坚固的氧化膜，提高合金对气体、溶液、海水的耐腐蚀性；含有 5%以上的铜、镁、铝、铁等元素的锌合金可明显提高其硬度，并使其切削性能得到改善。合金在熔炼及浇铸过程中不可避免地会氧化，熔液中含有氧化物夹杂，故锌及其合金在浇铸前必须进行有效的脱氧除渣。为了提高高强度合金的铸造性能和改善力学性能，熔炼时的细化处理和随后的热处理是提高合金强度和改善组织的重要途径之一，常用的细化剂主要有 Al-Ti-B、稀土、Cr、Zr、V、K_2TiF_6、K_2NaAlF_6 等。

从样品的物理化学特征来看，样品主要物相应包括铜锌合金、氧化锌、氧化铜、二氧化硅等，该样品既不属于天然的矿产品，也不属于已知的含锌的合金制品。

样品掺杂有过滤棉，由此判断样品可能是锌或锌合金企业切削加工过程产生的粉尘经过滤而得到。

（四）样品属性鉴定结论

根据《固体废物鉴别标准 通则》（GB 34330—2017）4.2 条款，鉴定样品为固体废物。

十四、冶炼炉灰

（一）样品外观形态

样品为黑色粉末、块状混合物，强磁性，如图 5-40 所示。灼烧前后样品照片如图 5-41 所示，灼烧后样品发生烧结，坚硬，周围渗有绿色物质。扫描电子显微镜（SEM）下样品为颗粒、片状物，粒度可达纳米级，如图 5-42 所示。

图 5-40　样品

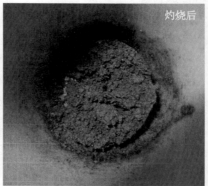

图 5-41　样品灼烧前后

图 5-42 样品 SEM 照片

（二）样品理化特征

1. 烧失量

样品在 1000℃下灼烧，烧失量为 7.98%。

2. 元素分析

样品利用研磨机研磨，利用 X 射线荧光光谱分析样品元素含量，样品主要含有 Cu、Zn、Si、Fe 等元素；利用高频燃烧红外吸收法测定样品中 C、S 含量；利用电感耦合等离子体发射光谱法测定样品有害元素含量，结果如表 5-29 所示。

表 5-29 样品主要成分及含量　　　　　　　　　　单位：%

样品主要成分	含量	样品主要成分	含量
Cu	17.7	Ca	0.46
Zn	27.3	Al	1.67
C	0.89	Ti	0.071
Si	11.9	Cr	0.94
Pb	1.63	Mn	0.15
Mg	0.13	Fe	18.4
S	0.045	Ni	0.11
P	0.067	Cd	0.003
Cl	0.32	Hg	<0.0010
K	0.21	As	0.005

3. 物相分析

样品主要物相有氧化锌（ZnO）、硅酸锌（$ZnSiO_4$）、二氧化硅（SiO_2）、四氧化三铁（Fe₃O₄）、氧化亚铁（FeO）、碱式碳酸铜[CuCO₃（OH）₂]等，如图 5-43 所示。

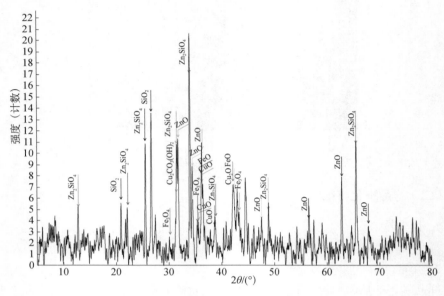

图 5-43　样品的 X 射线衍射图谱

（三）样品可能产生来源分析

1. 氧化铜标准及氧化锌标准

（1）氧化铜标准见本节三（三）。

（2）氧化锌标准见本节十三（三）。

2. 锌精矿、铜/铅/铁冶炼烟尘

以氧化锌为主矿物的矿石为红锌矿，颜色橙黄、暗红或褐红，金刚光泽。脉石一般为石英、长石、方解石、白云石等。

锌焙砂为锌精矿焙烧后所得的产物，主要含氧化锌、硫酸锌、硫化锌以及本来就存在的脉石，为褐色颗粒状，是中间产品，作为生产直接法氧化锌、电解锌、电炉锌粉的生产原料。

火法炼铜过程中，硫化铜矿和冰铜中所含杂质元素一般比铜优先氧化，产生氧化物大部分造渣，少部分进入烟灰。烟灰在烟气逸出过程中与烟气中的氧气（O₂）和二氧化硫（SO₂）等气体接触而被氧化成硫酸盐。因此，烟灰中的有价金属基本上是以金属氧化物和硫酸盐形态存在。

目前，铅冶炼企业的主要冶炼工艺为底吹氧化—液态高铅渣直接还原，铅精矿在底吹氧化熔池熔炼过程中，原料中的 Pb、Zn、Cd 等有价金属易在高温下挥发，在高浓度二氧化硫烟气中生成氧化物或硫酸盐进入烟尘。高温易挥发金属在底吹氧化熔炼过程中的烟尘中富集明显。

含铁尘泥是钢铁工业种类最多、成分最杂的废弃物，是钢铁企业在原料准备、烧结、制备球团、炼铁、炼钢和轧钢等工艺过程中所排烟尘进行干法除尘、湿法除尘和废水处理后的固态废物，其总铁含量一般在 20%～70%，可用作炼铁原料，主要包括烧结尘泥、球团尘泥、高炉尘泥、炼钢尘泥、轧钢污泥、原料场集尘、出铁场集尘等。含铁尘泥主要物相为磁性铁物质（Fe_3O_4、FeO、Fe），其次为赤铁矿和脉石矿物（长石、石英、白云矿、炭黑等）。由于锌的沸点相对较低，在采用锌含量较高的物料炼铁或炼钢时，高炉尘泥、炼钢尘泥中锌的含量会较高，有时可达到 50% 以上。锌在 900℃ 挥发，上升后冷凝沉积于炉墙中，使炉墙膨胀，破坏炉壳。

转底炉主要工艺过程：高炉瓦斯泥、转炉 OG 泥经浓缩、脱水、烘干后与各种除尘灰和黏结剂按比例配料经润磨、造球、筛分，合格生球，经干燥后均匀分布到转底炉环形台车上，在转底炉内约 1300℃ 高温、还原性气氛及球团中碳的共同作用下，在 10～20min 内，将大部分氧化铁还原为金属化铁，同时将大部分氧化锌还原为锌，并被气化随烟气一并排出。还原后生成的金属化球团经螺旋排料装置从转底炉排出，进入圆筒冷却机冷却。圆筒冷却机内加氮气，对高温（1100℃）金属球团进行保护，防止其被氧化。圆筒冷却机外备有喷淋系统，通过喷水对筒体降温来冷却筒内金属球团，冷却后金属球团温度降到 300℃。冷却金属球团经成品筛分，合格品进入成品料仓并送入高炉，筛下物返回烧结。从转底炉出来的高温烟气先通过余热蒸汽锅炉进行热量回收，然后通过热交换器对余热进行再回收，最后烟气再由袋式除尘器净化后外排，含锌粉尘则通过余热蒸汽锅炉、热交换器、袋式除尘器时分别被回收。

（四）样品属性鉴定结论

根据《固体废物鉴别标准 通则》（GB 34330—2017）4.2 条款，鉴别样品为固体废物。

十五、废催化剂

（一）样品外观形态

样品为灰色多孔大块，断面呈绿色，镶嵌有金属铜块或粒，如图 5-44 所示。灼烧前后样品照片如图 5-45 所示，灼烧后样品发生烧结，坚硬，周围渗有绿色物质。扫描电子显微镜（SEM）下样品表面呈叠加、多孔状，如图 5-46 所示。

图 5-44　样品

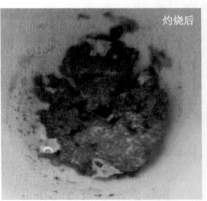

图 5-45　样品灼烧前后

（二）样品理化特征

1. 烧失量
样品在 1000℃下灼烧，烧失量为 1.83%。

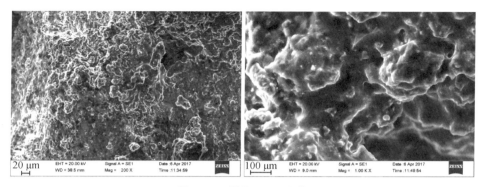

图 5-46　样品 SEM 照片

2. 水浸取实验

样品经水浸取，浸取液经结晶，主要物相为 NaCl，如图 5-47 所示。

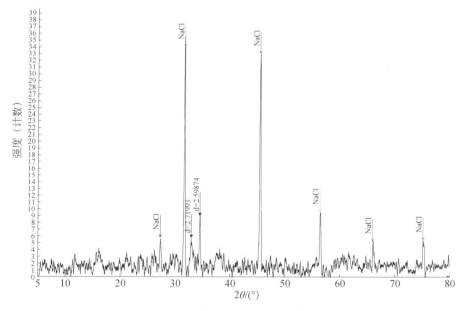

图 5-47　样品水浸取后结晶物 X 射线衍射图谱

3. 元素分析

　　样品利用研磨机研磨，金属铜无法研细，因此仅对细粉进行分析。利用 X 射线荧光光谱分析所得细粉样品元素含量，样品主要含有 Zn、Cu 等元素；利用高频燃烧红外吸收法测定样品 C、S 含量；利用电感耦合等离子体发射光谱法测定样品有害元素含量，结果如表 5-30 所示。

表 5-30　样品主要成分及含量　　　　　　　　　　　单位：%

样品主要成分	含量	样品主要成分	含量
Cu	2.0	Ca	1.27
Zn	47.6	Al	0.26
Na	16.2	Cr	0.023
Si	1.64	Fe	0.81
Pb	0.42	Mn	0.047
Mg	0.070	Ni	0.013
S	1.22	Cd	<0.0010
P	0.015	Hg	<0.0010
Cl	0.29	As	<0.0050
K	0.018	C	0.44

4. 物相分析

结合样品形态外观，样品主要物相有 ZnO、Cu、ZnS 等，如图 5-48 所示。

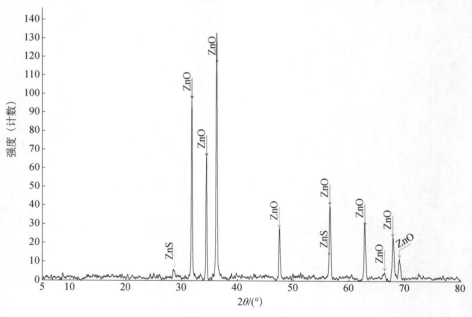

图 5-48　样品的 X 射线衍射图谱

（三）样品可能产生来源分析

根据《铜冶炼工艺》和《矿产原料手册》，含金属铜品位达到当地可开采价值的岩石称为铜矿石，是铜矿物、其他金属矿物和脉石的聚合体。目前开采品位铜0.5%左右，部分矿山品位铜已降到0.25%，国内规定铜含量大于2%即为富矿。工业上铜矿物主要有黄铜矿、斑铜矿、辉铜矿、孔雀石等，脉石主要有石英、方解石、长石、云母、绿泥石、黄铁矿、铁矿等。《铜精矿》（YS/T 318—2007）规定五级品铜含量≥13%。

ZnO 的生产主要为间接法，其次有直接法和化学湿法。①间接法是以纯的金属锌为原料，在高温下蒸发形成锌蒸汽，锌蒸汽在空气中被氧气氧化产生氧化锌，随后氧化锌颗粒通过一根冷却传送管被收集。②直接法以不纯的含锌化合物如锌焙砂或含锌冶炼渣为原料，原料先用碳（如无烟煤）加热还原生成锌蒸汽，接着锌蒸汽用间接法氧化成氧化锌。③化学湿法是指以纯的锌盐水溶液为原料通过化学反应产生碳酸锌或氢氧化锌沉淀，沉淀经过过滤、洗涤、干燥后在 800℃ 左右的温度下焙烧得到氧化锌。

间接法和直接法都是利用高温反应。间接法生产中，金属锌熔化过程中会有少量氧化锌附在锌熔液上形成浮渣，在气化氧化过程中少量外层的锌蒸汽会冷凝形成锌片，也有少量生成的氧化锌颗粒会夹裹锌蒸汽形成大颗粒落到炉底，这些物料共同组成氧化锌渣。直接法由于原料不纯，会形成更多的浮渣。这些渣的主要组分为氧化锌和金属锌，以及少量的二氧化硅、氧化铝、氧化铁等其他杂质（原料本身或耐火材料、灰尘带入）。浮渣一般经过碾压、过筛以回收氧化锌，筛下部分主要含 ZnO，筛上部分除 ZnO 大颗粒外还含有明显可见的金属锌片等。

氧化锌标准见本节十三（三）。

铜-锌催化剂是指以天然气为原料的合成氨厂使用的低温变换催化剂、低压合成甲醇或联醇催化剂等，这些催化剂用量大、寿命短，更换周期快，使用周期一般为1～2年。其主要成分含量高，国内主要类型催化剂含量如表 5-31、表 5-32 所示。

工业铜-氧化锌催化剂对甲醇具有很高的催化活性和反应选择性，Cu 可单独用作甲醇合成的催化剂，但如果有 ZnO 做载体，其催化活性会大大增加。

表 5-31　甲醇合成催化剂主要成分　　　　　　　　单位：%

催化剂型号	主要成分（质量分数）				
	CuO	ZnO	Al₂O₃	Cr₂O₃	其他
0710	40.12	32.82	—	27.00	—
C301	45～60	25～30	2～6	—	—
C301-1	45～55	25～35	2～6	—	—
LC302	250	30	10	—	—

续表

催化剂型号	主要成分（质量分数）				
	CuO	ZnO	Al₂O₃	Cr₂O₃	其他
C302①	57	29	2	—	—
C303	36	37	—	20	—
C303-1	≥50	≥30	≥1	—	—
C207	38~42	38~43	5~6	—	10
C306	45~60	20~30	5~10	—	少量
C307	55~60	35~45	8~10	—	少量

注：①V_2O_5 为 5%（质量分数）。

表 5-32　低温变换催化剂主要成分　　　　　单位：%

催化剂型号	主要成分（质量分数）		
	CuO	ZnO	Al₂O₃
B202	≥29	41~47	8.4~10.0
B203	17~19	28~31	—
B204	35~40	36~41	8~10
B205	28~29	47~51	9~10
B206	34~41	34~41	6.5~10.5

废铜-锌催化剂主要含有 Cu、Zn、Al，一般不含有其他杂质，其主要组分有 ZnO、Al_2O_3、Cu、Cu_2O、CuS、ZnS 等。回收工艺有酸浸、氨浸和酸浸-电解工艺。废催化剂预处理的关键是在 800~1000℃进行焙烧，其目的有：①去除有机物；②脱硫；③使其中的 Al_2O_3 或 Cr_2O_3 转化为难溶性的晶型；④使 Cu 或 Cu_2O 转化为 CuO。预处理后的废催化剂可通过硫酸酸浸-锌还原法回收活性 ZnO 和 $CuSO_4 \cdot 5H_2O$；通过硫酸酸浸-亚硫酸根还原法回收活性 ZnO 和 CuCl；通过硝酸酸浸-锌还原法制备硝酸盐；通过硫酸-硝酸联合酸浸法制备胆矾和铝铵矾；通过 $NH_4^+ - NH_3$ 复合氨浸回收 Cu_2O 和 ZnO；通过硫酸酸浸-电解回收单质 Cu。

样品主要物相为 ZnO、Cu，因此样品不可能为天然铜矿物，也不可能来源于 ZnO 生产工艺过程。综合样品物理化学特征，判断样品可能来源于废铜-锌催化剂等回收加工后的产物。

（四）样品属性鉴定结论

根据《固体废物鉴别标准　通则》（GB 34330—2017）4.2 条款，鉴别样品为固体废物。

十六、锌合金加工回收物

（一）样品外观形态

样品为黑色粉末、块状混合物，伴有少许纤维状物质、铜丝，质轻，弱磁性，如图 5-49 所示。灼烧前后样品如图 5-50 所示，灼烧后样品发生烧结，坚硬，周边渗出绿色物质。扫描电子显微镜（SEM）下样品为极细颗粒状，达纳米级范围，并掺杂有片子物，如图 5-51 所示。

图 5-49　样品

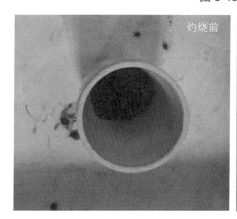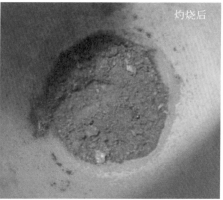

图 5-50　样品灼烧前后

图 5-51　样品 SEM 照片

（二）样品理化特征

1. 烧失量

样品在 1000℃下灼烧，烧失量为 3.31%。

2. 元素分析

样品利用研磨机研磨，利用 X 射线荧光光谱分析样品元素含量，样品主要含有 Cu、Zn 等元素；利用高频燃烧红外吸收法测定样品 C、S 含量；利用电感耦合等离子体发射光谱法测定样品有害元素含量，结果如表 5-33 所示。

表 5-33　样品主要成分及含量　　　　　单位：%

样品主要成分	含量	样品主要成分	含量
Cu	22.3	Ca	0.90
Zn	37.1	Al	2.66
C	4.62	Ti	0.067
Si	4.25	Cr	0.052
Pb	2.24	Mn	0.084
Mg	0.16	Fe	1.94
S	0.10	Ni	0.13
P	0.063	Cd	0.011
Cl	1.56	Hg	<0.0010
K	0.15	As	0.003

3. 物相分析

样品主要物相有 ZnO、铜锌合金、Zn_2SiO_4、C 等，如图 5-52 所示。

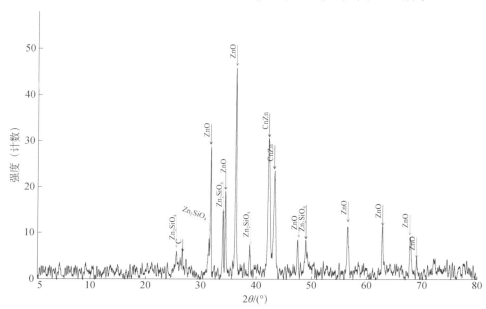

图 5-52 样品的 X 射线衍射图谱

（三）样品可能产生来源分析

对比氧化铜标准见本节三（三），氧化锌标准见本节十三（三），从样品的物理化学特征来看，样品主要物相应为 ZnO、铜锌合金、Zn_2SiO_4、C 等，该样品既不属于天然的矿产品，也不属于已知的含锌的合金制品。

经分析，样品可能是锌或锌合金冶金加工过程中产生的废弃物，也可能混有锌或锌合金机械加工过程中产生的粉末或边角料，或利用石英砂去除表面氧化物所得产物，或者是所得产物与铜合金机械加工产生的碎屑的混合物。

（四）样品属性鉴定结论

根据《固体废物鉴别标准 通则》（GB 34330—2017）4.2 条款，鉴定样品为固体废物。

第二节　主要含铜的矿渣、矿灰及残渣

一、含铜废水处理污泥

（一）样品外观形态

样品有 3 种：①1#样品为褐色粉末和颗粒，颗粒易捏碎，如图 5-53 所示；②2#样品为灰绿色颗粒，颗粒易捏碎，如图 5-54 所示；③3#样品为绿色颗粒，颗粒易捏碎，如图 5-55 所示。

图 5-53　1#样品　　　　　　图 5-54　2#样品　　　　　　图 5-55　3#样品

（二）样品理化特征

1. 元素分析

对 1#、2#和 3#样品进行 X 射线荧光光谱半定量分析，结果见表 5-34～表 5-36。

表 5-34　1#样品主要成分及含量（干态，以氧化物计）　　　　　　单位：%

样品主要成分	含量	样品主要成分	含量
CuO	47.29	NiO	0.99
Fe_2O_3	10.60	BaO	0.90
SnO_2	8.89	MnO	0.85
CaO	5.80	MgO	0.63
SiO_2	5.76	ZnO	0.29

续表

样品主要成分	含量	样品主要成分	含量
Al_2O_3	5.55	TiO_2	0.08
SO_3	4.70	Er_2O_3	0.07
P_2O_5	1.50	Br	0.06
Cl	1.33	Cr_2O_3	0.06
Na_2O	1.10	K_2O	0.04

表 5-35　2#样品主要成分及含量（干态，以氧化物计）　　　单位：%

样品主要成分	含量	样品主要成分	含量
CuO	26.12	MgO	0.33
P_2O_5	18.44	K_2O	0.28
Al_2O_3	15.53	TiO_2	0.22
SnO_2	8.14	ZnO	0.19
SO_3	7.63	WO_3	0.15
Na_2O	7.51	BaO	0.11
Fe_2O_3	3.52	MnO	0.06
CaO	2.52	PbO	0.06
SiO_2	2.33	CdO	0.03
Cl	0.65	Cr_2O_3	0.03
NiO	0.59		

表 5-36　3#样品主要成分及含量（干态，以氧化物计）　　　单位：%

样品主要成分	含量	样品主要成分	含量
CuO	30.14	K_2O	0.21
P_2O_5	21.87	WO_3	0.15
Al_2O_3	16.31	MgO	0.13
SnO_2	8.60	NiO	0.11
Na_2O	6.58	TiO_2	0.11
SO_3	4.95	ZnO	0.09
Fe_2O_3	2.35	MnO	0.02
CaO	1.87	V_2O_5	0.01
SiO_2	1.38	Cr_2O_3	0.01
Cl	0.61		

2. 物相分析

对样品进行 X 射线衍射分析，结果见图 5-56、图 5-57、图 5-58。3 个样品的结晶程度差，$1^{\#}$样品可匹配的物相有 $Cu_2(CO_3)(OH)_2$、$CaPO_3(OH)\cdot2H_2O$、$CaCO_3$、CuO、$Cu_3(PO_4)_2\cdot3H_2O$，$2^{\#}$样品可匹配的物相有 $CaSO_4\cdot0.5H_2O$、SnO_2、CuO、$NaCuPO_4$，$3^{\#}$样品可匹配的物相有 $Cu_3(PO_4)_2\cdot3H_2O$、Na_2SO_4、SnO_2。

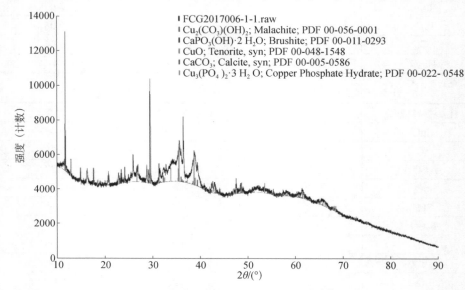

图 5-56 $1^{\#}$样品的 X 射线衍射图谱

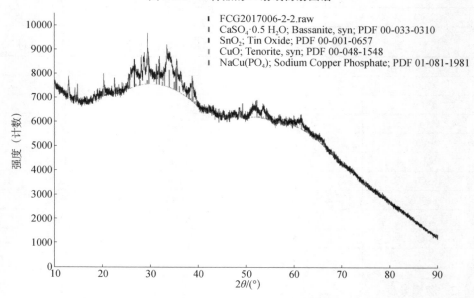

图 5-57 $2^{\#}$样品的 X 射线衍射图谱

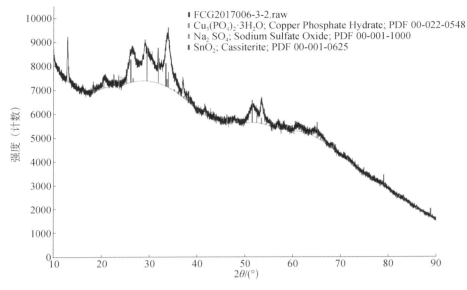

图 5-58 3#样品的 X 射线衍射图谱

（三）样品可能产生来源分析

（1）铜精矿的主要物相为黄铜矿（$CuFeS_2$），并伴生有黄铁矿（FeS_2）及脉石矿物。3 个样品的物相组成均不符合铜精矿的物相组成特征，判断 3 个样品均不是铜精矿。

（2）电镀工艺和印刷线路板生产过程中产生大量的含铜废液，这些废液含铜量很高，直接排放将会污染环境，常采用一些处理方法使废液中铜元素沉淀形成污泥并去除，从而达到排放要求。在电镀工艺中需要使用磷酸盐，因此，废水处理污泥中含有大量的磷。3 个样品中均含有磷元素，且 3 个样品的物相组成中存在磷酸盐物质，这与废水处理污泥特征相符。3 个样品的结晶程度差，说明样品来自水溶液中的沉淀物，这与废水处理污泥特征相符。

铜锡为主的电镀污泥，其主要成分：CuO 为 47.16%，P_2O_5 为 18.45%，SnO_2 为 9.39%，Al_2O_3 为 7.11%，Na_2O 为 6.78%，Fe_2O_3 为 2.77%，SiO_2 为 2.48%，SO_3 为 2.45%，CaO 为 1.36%，K_2O 为 1.23%，其主要物相为 $Cu_5P_2O_{10}$、$CuO·3H_2O$、SnO_2。2#样品和 3#样品的成分和物相与此相符。

3 个样品中铜来自线路板腐蚀过程或铜镀件或含铜镀液，铁来自废水处理的含铁絮凝剂和铜腐蚀液，铝来自废水处理的含铝絮凝剂，锡来自线路板处理过程或 Cu-Sn 合金镀液，钙来自废水处理过程中和剂。

综上所述，推断 3 个样品为电镀工艺中或印刷线路板生产中的含铜废水经处理得到的污泥。

（四）样品属性鉴定结论

3 个样品是电镀工艺中或印刷线路板生产中的含铜废水经处理得到的污泥。根据《固体废物鉴别标准 通则》（GB 34330—2017）4.3 条款，鉴别样品为固体废物。

二、含铜废液经处理产生的污泥

（一）样品外观形态

样品为 2 袋不同外观的样品：1 袋为黄褐色颗粒，颗粒易捏碎，编号为 1#；另 1 袋为黑色粉末，其中夹杂有灰白色颗粒，颗粒易捏碎，编号为 2#。如图 5-59 所示。

1#样品　　　　　　　　　　2#样品

图 5-59　样品

（二）样品理化特征

1. 元素分析

对样品进行 X 射线荧光光谱半定量分析，结果见表 5-37 和表 5-38。

表 5-37　1#样品主要成分及含量（干态，以氧化物计）　　　　单位：%

样品主要成分	含量	样品主要成分	含量
Fe₂O₃	43.32	SnO₂	0.35
CuO	25.91	NiO	0.35

续表

样品主要成分	含量	样品主要成分	含量
SO_3	4.79	Er_2O_3	0.26
Al_2O_3	4.42	K_2O	0.21
SiO_2	4.42	BaO	0.17
CaO	3.42	TiO_2	0.16
P_2O_5	2.16	Cr_2O_3	0.10
Na_2O	2.05	Tb_4O_7	0.06
ZnO	1.28	SrO	0.02
MgO	0.84	PbO	0.01
MnO	0.58	Ag	0.01
Cl	0.55		

表 5-38   2#样品主要成分及含量（干态，以氧化物计）   单位：%

样品主要成分	含量	样品主要成分	含量
CuO	28.48	SnO_2	0.66
Fe_2O_3	25.17	MnO	0.60
Na_2O	10.02	NiO	0.50
Al_2O_3	8.01	K_2O	0.36
CaO	7.75	Tb_4O_7	0.14
SO_3	7.13	Er_2O_3	0.13
SiO_2	5.68	Cr_2O_3	0.12
P_2O_5	2.94	TiO_2	0.06
MgO	1.92	MoO_3	0.04
Cl	1.27	BaO	0.04
F	1.00	CeO_2	0.03
ZnO	0.92	In_2O_3	0.01

2. 物相分析

对样品进行 X 射线衍射分析，结果见图 5-60 和图 5-61。1#样品的结晶度很差，可匹配的物相为 $CaCO_3$。2#样品的主要物相为 Fe_3O_4、$CaCO_3$、Na_2SO_4、Cu_2O、$Ca_9MgNa(PO_4)_7$。

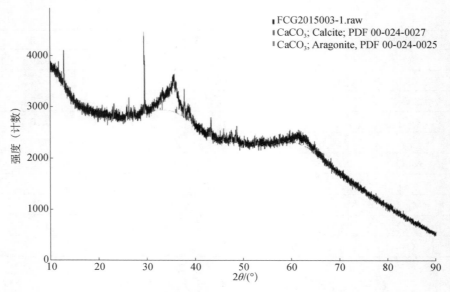

图 5-60　1#样品的 X 射线衍射图谱

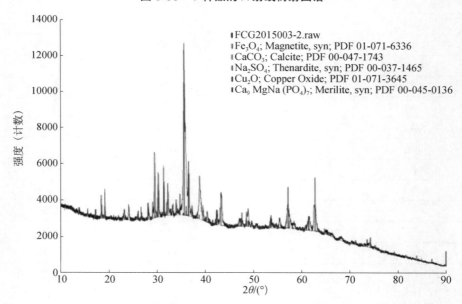

图 5-61　2#样品的 X 射线衍射图谱

（三）样品可能产生来源分析

1. 天然铜矿主要是硫化铜矿，经浮选富集后得到铜精矿，主要物相为黄铜矿

（CuFeS₂）。1#和 2#样品的物相组成中未见有 CuFeS₂ 物相，可以判断 1#和 2#样品不是铜精矿。

2. 从 1#和 2#样品物相组成中未见有金属相，且其外观不像金属粉末和颗粒，可以判断 1#和 2#样品不是废五金。

3. 货主提供货物来源：货物产生来源于国外金属生产加工过程中经过机械对金属原料打磨加工所产生的粉尘。如果送检样品属于此来源，其应该是金属粉末，但是 1#和 2#样品物相组成中未见有金属相，且其外观不像金属粉末和颗粒，可以判断 1#和 2#样品不是国外金属生产加工过程中经过机械对金属原料打磨加工所产生的粉尘。

4. 含铜废液主要来源于印刷线路板生产中产生的蚀刻液和电镀过程中产生的废液，这些废液含铜量很高，并且含有其他重金属元素，直接排放将会污染环境。可采用一些处理方法使废液中铜和其他金属元素沉淀除去，从而达到排放要求，常用的方法是石灰沉淀法。石灰沉淀法在废液中投加石灰进行中和，生成难溶的铜的氢氧化物、铁的氢氧化物、碳酸钙等化合物，铁的氢氧化物具有絮凝作用，促使难溶物沉淀分离，得到含铜污泥。这种处理方法往往结晶条件不好，铜的氢氧化物和铁的氢氧化物常以非晶态存在。这类含铜污泥中铜和铁元素含量较高。

上海某电子厂生产印刷线路板产生的污泥呈褐色，成分见表 5-39。某印刷线路板厂石灰中和沉淀，其烘干后的成分见表 5-40。重庆某厂电镀污泥呈红棕色，成分见表 5-41。广东某公司处理的含铜电镀污泥主要来自省内金属表面处理、印刷电路板业、电镀业、电池制造业及电线电缆废水处理过程中产生的重金属污泥，颜色有棕褐色、棕色、棕黄色、墨绿色等，其成分见表 5-42。

表 5-39　上海某电子厂污泥中的金属主要成分及含量（干基）　　　　单位：%

成分	含量	成分	含量
Cu	16.77	Mg	0.12
Fe	31.12	Cr	0.08
Al	1.33	Mn	0.05
Ni	0.38	Zn	0.03
Ca	0.25		

表 5-40　某印刷线路板厂污泥中的金属主要成分及含量（干基）　　　　单位：%

成分	含量	成分	含量
Cu	12.10	Al	7.20
Sn	4.80	Ca	32.40
Fe	18.30	Au	0.06

表 5-41　重庆某厂干电镀污泥主要成分及含量　　　　　　　　　单位：%

成分	含量	成分	含量
Cu	13.25	Ca	0.4
Fe	33.47	Pb	0.59
Ti	0.25		

表 5-42　含铜电镀污泥主要成分及含量　　　　　　　　　　　单位：%

成分	含量	成分	含量
Cu	9～15	Zn	2.5
Fe	22	S	1.3
SiO$_2$	24	Ni	0.5
CaO	8	Cr	0.5
Na	2		

　　1#样品的主要组分与表 5-39～表 5-42 的含铜污泥成分相似，1#样品结晶程度差，含有非晶态物质（推测为铜的氢氧化物和铁的氢氧化物），可匹配的结晶物相为 CaCO$_3$，这与含铜污泥的特征相符，综合判断 1#样品是含铜废液经处理产生的污泥。

　　2#样品的主要组分与表 5-39～表 5-42 的含铜污泥成分相似，推断 2#样品是含铜废液经处理产生的污泥。但是 2#样品与 1#样品的物相组成有区别，可能是 2#样品经高温处理引起的，因为 2#样品中物相 Fe$_3$O$_4$ 由铁的氢氧化物在高温下转变而得，2#样品中物相 Cu$_2$O 由铜的氢氧化物在高温下转变而得。样品经高温处理是为了除去其中水分，并没有除去其中有害重金属元素。

（四）样品属性鉴定结论

　　样品均来源于含铜废液经处理产生的污泥。根据《固体废物鉴别标准　通则》（GB 34330—2017）4.3 条款，鉴别样品为固体废物。

三、含铜废液处理产物

（一）样品外观形态

　　样品为外观呈淡黄色颗粒物，其中夹杂有黑色坚硬颗粒，见图 5-62。

图 5-62　样品

（二）样品理化特征

1. 元素分析

用 X 射线荧光光谱仪对样品进行元素半定量分析，结果如表 5-54 所示。

表 5-43　样品主要成分及含量（干态，除部分元素外以氧化物计）　　单位：%

样品主要成分	含量	样品主要成分	含量
Fe_2O_3	36.54	PbO	0.47
CuO	24.96	Cl	0.41
CaO	13.62	Al_2O_3	0.33
SO_3	4.14	Tb_4O_7	0.24
ZnO	3.40	Er_2O_3	0.19
MgO	3.26	Na_2O	0.15
SiO_2	2.67	Cr_2O_3	0.07
P_2O_5	1.86	K_2O	0.05
MnO	1.17	NiO	0.04
SnO_2	0.93	TiO_2	0.01
BaO	0.49		

2. 物相分析

用 X 射线衍射仪对样品进行物相分析，衍射图谱见图 5-63，含有明显的非晶包，只见到少量晶态衍射峰，表明样品中含有非晶态物质和晶态物质。分析知样品中含有的晶态物质主要是 $CaCO_3$ 和少量的 $CaPO_3(OH)\cdot 2H_2O$。推测样品中含有的非晶态物质主要是含铜化合物和含铁化合物。

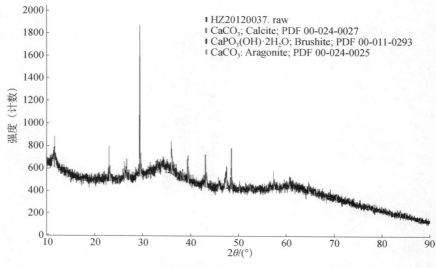

图 5-63　样品的 X 射线衍射图谱

（三）样品可能产生来源分析

1. 天然铜矿有硫化铜矿和氧化铜矿两种，硫化铜矿主要是黄铜矿（$CuFeS_2$），氧化铜矿主要是孔雀石[$Cu_2CO_3(OH)_2$]，都以晶态存在。而样品的 X 射线衍射物相分析结果与此不符，可以判断该样品应不是铜矿。

2. 含铜废液的来源很多，如有色金属冶炼过程中产生的废液、印刷线路板生产中产生的蚀刻液等，这些废液含铜量很高，并且含有其他重金属元素，直接排放将会污染环境。可采用一些处理方法使废液中铜和其他金属元素沉淀除去，从而达到排放要求，常用的方法是石灰沉淀法。石灰法是在废液中投加石灰进行中和，生产难溶的氢氧化铁[$Fe(OH)_3$]、碱式碳酸铜[$CuCO_3·Cu(OH)_2$]、碳酸钙（$CaCO_3$）等化合物，氢氧化铁具有絮凝作用，促使难溶物沉淀分离，其间根据需要可能会加入铁盐，与重金属元素生成难溶络合物沉淀除去。这种处理方法往往结晶条件不好，极易形成非晶态化合物，也即无定形化合物。

样品的 X 射线衍射物相分析结果与含铜废液经石灰沉淀处理得到的沉淀物相似，可以判断该样品应是含铜废液经石灰沉淀处理得到的沉淀物。

（四）样品属性鉴定结论

样品不是铜矿，应是含铜废液经沉淀处理得到的产物。根据《固体废物鉴别标准 通则》（GB 34330—2017）4.3 条款，鉴别样品为固体废物。

四、铜冶炼转炉渣（黑色）

（一）样品外观形态

样品为黑色坚硬块状物（表面有气孔），并散落有黑色颗粒和粉末，如图 5-64 所示。抽取一部分样品制备检测样，分别得到黑色粉末检测样（编号 1#）和 100 目筛上物样品（编号 2#）。

图 5-64　样品

（二）样品理化特征

1. 元素分析

对 1#样品进行 X 射线荧光光谱半定量分析，结果见表 5-44。

表 5-44　1#样品主要成分及含量（干态，除卤素外以氧化物计）　　单位：%

样品主要成分	含量	样品主要成分	含量
Fe_2O_3	44.57	CoO	0.12
SO_3	17.53	PbO	0.09
SiO_2	15.87	TiO_2	0.06
CuO	14.72	MnO	0.06
Al_2O_3	1.78	BaO	0.04
ZnO	1.64	NiO	0.03
MgO	1.40	SeO_2	0.01
CaO	1.06	As_2O_3	0.01
Na_2O	0.51	MoO_3	0.0073
Cr_2O_3	0.28	Ag	0.0072
K_2O	0.22	ZrO_2	0.0019

2. 物相分析

对 1#和 2#样品进行 X 射线衍射分析，结果见图 5-65 和图 5-66。1#样品的主要物相为 Fe$_2$SiO$_4$、Fe$_3$O$_4$、Cu$_5$FeS$_4$、Cu$_{1.1}$Fe$_{1.1}$S$_2$、Cu$_2$S、Cu$_2$O、ZnS、SiO$_2$，1#样品 X 射线衍射图谱中 30°处存在非晶包，说明 1#样品中还存在非晶态物质。2#样品的物相为金属铜（Cu）。

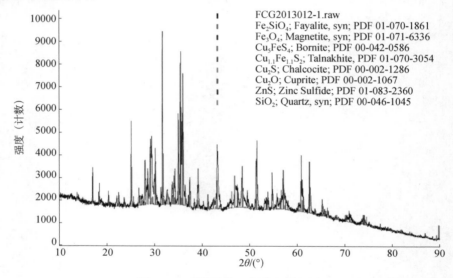

图 5-65　1#样品的 X 射线衍射图谱

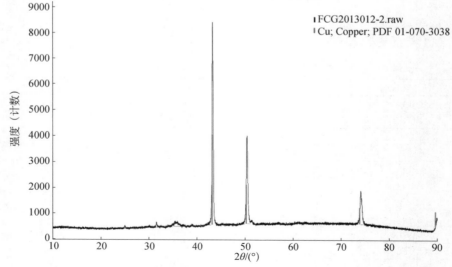

图 5-66　2#样品的 X 射线衍射图谱

（三）样品可能产生来源分析

铜冶炼方法主要有火法和湿法两种。火法炼铜占铜产量的 80%，处理的矿石主要是硫化矿。火法炼铜的过程是将铜精矿熔炼成为铜锍（冰铜），然后将铜锍转炉吹炼成为粗铜。粗铜一般通过电解提纯得到精制的铜产品。

铜锍是冶炼铜时的中间产物，是金属硫化物的共熔体。铜锍主要成分为 Cu、Fe、S，Si 含量很少，因为 Si 是造渣元素，大部分进入炉渣中。铜锍的主要物相为 Cu_2S、FeS，同时还含有其他金属硫化物，不含有 Fe_2SiO_4。

铜锍转炉吹炼，是要除去铜锍中的铁和硫以及其他杂质，从而获得粗铜。转炉吹炼时，经过风口向熔融锍中鼓入空气，并加入石英熔剂，在高温下使铜锍中 FeS 成分全部氧化，大部分生成 FeO 并与石英结合造渣生成 Fe_2SiO_4，少部分进一步氧化成 Fe_3O_4 进入炉渣中，Cu_2S 氧化脱硫生成金属铜，最后铜与炉渣分离分别得到粗铜和转炉渣。转炉渣含铜较高，可高达 13% 或者更高，可将其返回到熔炼配料系统进行冶炼，回收其中的铜。

查阅相关文献可知，铜转炉渣中 Fe、Si 元素含量高；铁元素主要以 Fe_2SiO_4 和 Fe_3O_4 形态存在；铜元素主要以铜的硫化物（如 Cu_5FeS_4、Cu_2S 等）和金属铜形态存在，并有少量的铜元素以 Cu_2O 形态存在；铜转炉渣中还存在玻璃质炉渣黏结相（非晶态）。

样品中 Si 含量很高，且存在大量的硅酸铁物相，这与铜锍的元素特征和物相特征不符合，推断所送样品应该不是铜锍，而是来源于铜火法冶炼炉渣。

样品中 Fe、Si 元素含量高。样品中铁元素主要以 Fe_2SiO_4 和 Fe_3O_4 形态存在；样品中铜元素主要以铜的硫化物（Cu_5FeS_4、$Cu_{1.1}Fe_{1.1}S_2$、Cu_2S）和金属铜（Cu）形态存在，并有少量的铜元素以 Cu_2O 形态存在；样品中还存在非晶态物质（推测为玻璃质炉渣黏结相）。这与铜转炉渣的元素特征和物相特征符合，推断样品来源于铜冶炼转炉渣。

（四）样品属性鉴定结论

样品为铜冶炼转炉渣。参照我国《限制进口类可用作原料的固体废物目录》第 12 项"含铜大于 10% 的铜冶炼转炉渣"进行判断，样品属于目前我国限制进口类可用作原料的固体废物。

五、铜冶炼转炉渣（黑灰色）

（一）样品外观形态

样品为黑灰色块状物（编号 1#）和黑灰色粉粒物（编号 2#），如图 5-67、图 5-68 所示。105℃下测得样品的水分分别为 0.25%、1.84%，550℃下测得干基样品烧失量分别为-4.12%、-4.90%。1#样挑选出部分有气孔块状物（编号 1-1#），及带有金属铜色泽的块状物（编号 1-2#），如图 5-69、图 5-70 所示。

图 5-67　1#样品

图 5-68　2#样品

图 5-69　1-1#样品

图 5-70　1-2#样品

（二）样品理化特征

1. 元素分析

用 X 射线荧光光谱仪对 1#、1-1#、1-2#样品、1#样品筛上物及 2#样品进行元素半定量分析，结果如表 5-45～表 5-49 所示。

表 5-45　1#样品主要成分及含量（干态，除部分元素外以氧化物计）单位：%

样品主要成分	含量	样品主要成分	含量
SiO_2	46.01	Co_3O_4	0.12
Fe_2O_3	31.82	Cr_2O_3	0.10
CuO	7.53	PbO	0.08
Al_2O_3	4.48	MnO	0.06
S	3.48	NiO	0.05
MgO	1.95	Cl	0.03
CaO	1.64	WO_3	0.02
K_2O	0.87	Gd_2O_3	0.02
ZnO	0.73	MoO_3	0.01
Na_2O	0.59	SrO	0.01
TiO_2	0.20	ZrO_2	0.01
P_2O_5	0.14	BaO	0.01

表 5-46　1-1#样品主要成分及含量（干态，除部分元素外以氧化物计）　单位：%

样品主要成分	含量	样品主要成分	含量
Fe_2O_3	31.36	MnO	0.07
SiO_2	28.44	Co_3O_4	0.07
CuO	20.03	NiO	0.05
S	8.07	PbO	0.04
Al_2O_3	4.20	WO_3	0.04
MgO	3.15	SrO	0.02
CaO	2.68	BaO	0.02
K_2O	0.40	Cl	0.02
ZnO	0.38	MoO_3	0.01
TiO_2	0.37	Gd_2O_3	0.01
Na_2O	0.26	ZrO_2	0.01
P_2O_5	0.17	V_2O_5	0.01
Cr_2O_3	0.08		

表 5-47　1-2#样品主要成分及含量（干态，除部分元素外以氧化物计）　单位：%

样品主要成分	含量	样品主要成分	含量
CuO	68.51	NiO	0.08
SiO_2	15.85	SeO_2	0.04
Fe_2O_3	6.62	ZnO	0.03
Al_2O_3	3.03	MnO	0.03
S	2.32	Cr_2O_3	0.03
MgO	1.55	TeO_2	0.02
CaO	1.07	Ag_2O	0.02
K_2O	0.36	P	0.02
Cl	0.28	PbO	0.01
TiO_2	0.09	Er_2O_3	0.01

表 5-48　1#样品筛上物主要成分及含量（干态，除部分元素外以氧化物计）　单位：%

样品主要成分	含量	样品主要成分	含量
CuO	68.51	NiO	0.08
SiO_2	15.85	SeO_2	0.04
Fe_2O_3	6.62	ZnO	0.03
Al_2O_3	3.03	MnO	0.03
S	2.32	Cr_2O_3	0.03
MgO	1.55	TeO_2	0.02
CaO	1.07	Ag_2O	0.02
K_2O	0.36	P	0.02
Cl	0.28	PbO	0.01
TiO_2	0.09	Er_2O_3	0.01

表 5-49　2#样品筛上物主要成分及含量（干态，除部分元素外以氧化物计）　单位：%

样品主要成分	含量	样品主要成分	含量
SiO_2	52.40	Cr_2O_3	0.18
Fe_2O_3	13.44	P_2O_5	0.16
CuO	12.87	Cl	0.15
Al_2O_3	7.04	WO_3	0.05

续表

样品主要成分	含量	样品主要成分	含量
S	6.24	MnO	0.05
CaO	2.20	PbO	0.05
K$_2$O	1.79	Co$_3$O$_4$	0.04
MgO	1.76	NiO	0.04
Na$_2$O	0.81	BaO	0.03
ZnO	0.34	SrO	0.02
TiO$_2$	0.30	ZrO$_2$	0.02

2. 物相分析

用 X 射线衍射仪对 1#、1-1#、1-2#样品、1#样品筛上物及 2#样品进行物相分析，1#样品主要物相为石英（SiO$_2$）、铁橄榄石（Fe$_2$SiO$_4$）、磁铁矿（Fe$_3$O$_4$），1-1#样品主要物相为铁橄榄石（Fe$_2$SiO$_4$）、石英（SiO$_2$）、辉铜矿（Cu$_2$S）、磁铁矿（Fe$_3$O$_4$），1-2#样品主要物相为铜（Cu）、石英（SiO$_2$）、赤铜矿（Cu$_2$O），1#样品筛上物主要物相为石英（SiO$_2$）、铜（Cu）、铁橄榄石（Fe$_2$SiO$_4$）、磁铁矿（Fe$_3$O$_4$），2#样品主要物相为石英（SiO$_2$）、铁橄榄石（Fe$_2$SiO$_4$）、磁铁矿（Fe$_3$O$_4$），X 射线衍射图谱分别如图 5-71～图 5-75 所示。

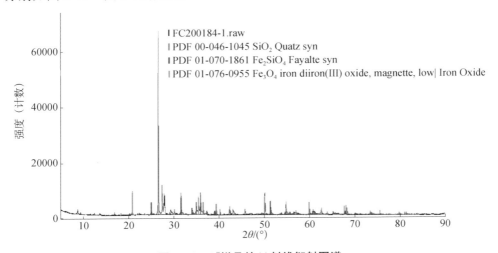

图 5-71　1#样品的 X 射线衍射图谱

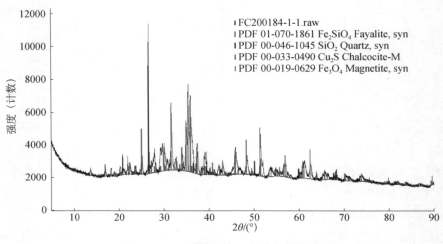

图 5-72　1-1#样品的 X 射线衍射图谱

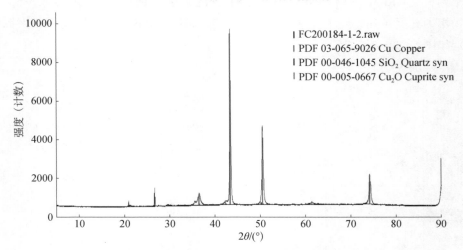

图 5-73　1-2#样品的 X 射线衍射图谱

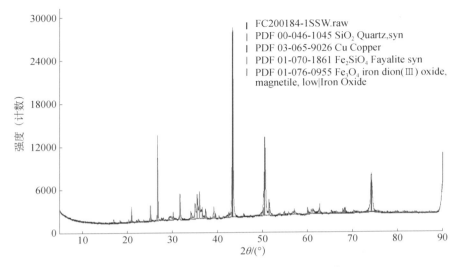

图 5-74　1#样品筛上物的 X 射线衍射图谱

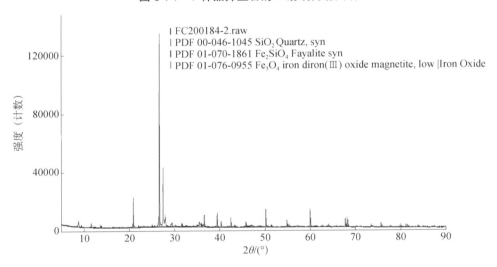

图 5-75　2#样品的 X 射线衍射图谱

（三）样品可能产生来源分析

1. 天然铜矿物有硫化铜矿和氧化铜矿两种，硫化铜矿主要有黄铜矿（$CuFeS_2$）、斑铜矿（Cu_5FeS_4）及辉铜矿（Cu_2S）等；氧化铜矿主要有孔雀石[$Cu_2CO_3(OH)_2$]、蓝铜矿[$Cu_3(OH)_2(CO_3)_2$]、氯铜矿[$Cu_2Cl(OH)_3$]、水胆矾[$Cu_4SO_4(OH)_6$]及赤铜矿（Cu_2O）等。铜矿中除含有上述硫化铜矿物和氧化铜矿物等含铜矿物外，还伴生有脉石矿物和其他金属矿物，脉石矿物主要有石英、云母、绿泥石、高岭土及方解石等，其他金属矿物主要有黄铁矿、针铁矿、赤铁矿、方铅矿及闪锌矿等。

样品的物相为铁橄榄石（Fe_2SiO_4）、石英（SiO_2）、辉铜矿（Cu_2S）、磁铁矿（Fe_3O_4）、铜（Cu）、赤铜矿（Cu_2O），与铜矿的矿物组成特征不符，推断样品不属于铜矿。

2. 铜冶炼方法主要有火法和湿法两种。火法炼铜的过程是将铜精矿熔炼成为铜锍（冰铜），然后将铜锍转炉吹炼成为粗铜。粗铜一般通过电解提纯得到精制的铜产品。铜锍转炉吹炼，是要除去铜锍中的铁和硫以及其他杂质，从而获得粗铜。转炉吹炼时，经过风口向熔融锍中鼓入空气，并加入石英熔剂，在高温下使铜锍中 FeS 成分全部氧化，大部分生成 FeO 并与石英结合造渣生成 Fe_2SiO_4，少部分进一步氧化成 Fe_3O_4 进入炉渣中，Cu_2S 氧化脱硫生成金属铜，最后铜与炉渣分离分别得到粗铜和转炉渣。转炉渣含铜较高，可高达 13%或者更高，可将其返回到熔炼配料系统进行冶炼，回收其中的铜。

查阅相关文献可知，铜转炉渣中 Fe、Si 元素含量高；铁元素主要以 Fe_2SiO_4 和 Fe_3O_4 形态存在；铜元素主要以铜的硫化物（如 Cu_5FeS_4、Cu_2S 等）和金属铜形态存在，并有少量的铜元素以 Cu_2O 形态存在；铜转炉渣中还存在玻璃质炉渣黏结相（非晶态）。

样品的物相为铁橄榄石（Fe_2SiO_4）、石英（SiO_2）、辉铜矿（Cu_2S）、磁铁矿（Fe_3O_4）、铜（Cu）、赤铜矿（Cu_2O），与铜转炉渣组成特征相符，推断样品为铜冶炼转炉渣。

（四）样品属性鉴定结论

样品不是铜矿，而是铜冶炼转炉渣。依据《固体废物鉴别标准 通则》（GB 34330—2017）中 4.2）条款"在有色金属冶炼或加工过程中产生的铜渣、铅渣、锡渣、锌渣、铝灰（渣）等火法冶炼渣"进行判定，样品属于固体废物。

六、铜精矿中夹杂铜冶炼转炉渣

（一）样品外观形态

样品为黑色粉末，其中夹杂有黑色坚硬块状物，块状物能砸碎，如图 5-76 所示。抽取黑色粉末样品制备检测样，得到黑色粉末检测样（编号 1#）和 100 目筛上物碎片状样品（编号 2#）。抽取黑色坚硬块状物样品制备检测样（编号 3#）。

黑色粉末样品

黑色坚硬块状物

图 5-76　样品

（二）样品理化特征

1. 元素分析

对 1#样品和 3#样品进行 X 射线荧光光谱半定量分析，结果见表 5-50 和表 5-51。

表 5-50　1#样品主要成分及含量（干态，除卤素外以氧化物计）　　　单位：%

样品主要成分	含量	样品主要成分	含量
SO_3	35.24	Cl	0.11
Fe_2O_3	27.16	MoO_3	0.08
CuO	22.19	TiO_2	0.06
SiO_2	7.85	PbO	0.06
ZnO	2.63	Cr_2O_3	0.06
Al_2O_3	1.35	Tb_4O_7	0.05
Na_2O	0.99	Sb_2O_3	0.04
MgO	0.67	P_2O_5	0.04
CaO	0.62	MnO	0.02
As_2O_3	0.33	SeO_2	0.01
K_2O	0.25	Ag	0.01
Er_2O_3	0.16		

表 5-51　3#样品主要成分及含量（干态，除卤素外以氧化物计）　　　单位：%

样品主要成分	含量	样品主要成分	含量
CuO	32.56	MoO_3	0.12
Fe_2O_3	27.05	Sb_2O_3	0.09

续表

样品主要成分	含量	样品主要成分	含量
SO_3	21.38	PbO	0.08
SiO_2	11.10	TiO_2	0.08
ZnO	1.97	Tb_4O_7	0.06
Al_2O_3	1.70	P_2O_5	0.05
Na_2O	0.92	Ho_2O_3	0.04
MgO	0.85	Cr_2O_3	0.03
As_2O_3	0.61	MnO	0.03
CaO	0.54	SrO	0.01
K_2O	0.39	SeO_2	0.01
Er_2O_3	0.16	Gd_2O_3	0.01
Cl	0.14		

2. 物相分析

对 1#、2#和 3#样品进行 X 射线衍射分析，结果见图 5-77～图 5-79。1#样品的主要物相为 $CuFeS_2$ 和 FeS_2，其他物相为 Cu_2S、Fe_2SiO_4、Fe_3O_4、SiO_2。2#样品的物相为金属铜（Cu）。3#样品的主要物相为 Fe_2SiO_4、Fe_3O_4、Cu_5FeS_4、Cu_2S，其他物相为 $CuFeS_2$、FeS_2，3#样品的衍射图谱中存在非晶峰、峰形弥散，说明 3#样品结晶度不好，存在非晶态物质。

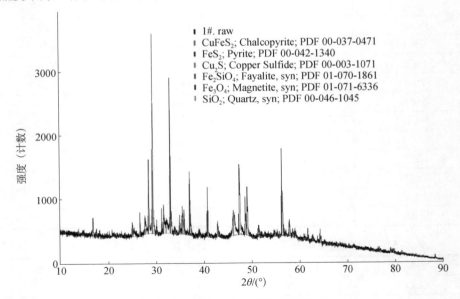

图 5-77　1#样品的 X 射线衍射图谱

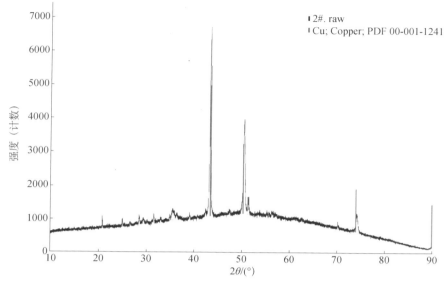

图 5-78 2#样品的 X 射线衍射图谱

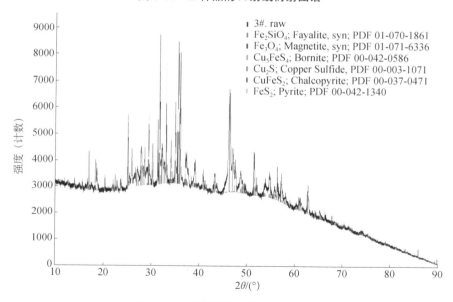

图 5-79 3#样品的 X 射线衍射图谱

（三）样品可能产生来源分析

天然铜矿主要是硫化铜矿，经浮选富集后得到铜精矿，主要物相为黄铜矿

（$CuFeS_2$）和黄铁矿（FeS_2）。铜冶炼方法主要有火法和湿法两种。火法炼铜占铜产量的 80%，处理的矿石主要是硫化矿。火法炼铜的过程是将铜精矿熔炼成为铜锍，然后将铜锍转炉吹炼成为粗铜。粗铜一般通过电解提纯得到精制的铜产品。铜锍转炉吹炼，除去铜锍中的铁和硫以及其他杂质，从而获得粗铜。转炉吹炼时，经过风口向熔融锍中鼓入空气，并加入石英熔剂，在高温下使铜锍中 FeS 成分全部氧化，大部分生成 FeO 并与石英结合造渣生成 Fe_2SiO_4，少部分进一步氧化成 Fe_3O_4 进入炉渣中，Cu_2S 氧化脱硫生成金属铜，最后铜与炉渣分离，分别得到粗铜和转炉渣。转炉渣含铜量较高，可高达 13%或者更高，可将其返回到熔炼配料系统进行冶炼，回收其中的铜。

铜转炉渣的主要物相为 Fe_2SiO_4 和 Fe_3O_4；铜转炉渣中铜元素主要以铜的硫化物、Cu_2O、金属铜等形态存在；铜转炉渣中还存在玻璃质炉渣黏结相（非晶态）。

1#样品的主要物相为 $CuFeS_2$ 和 FeS_2，与铜精矿的物相组成一致，判断 1#样品为铜精矿。1#样品含有的 Cu_2S、Fe_2SiO_4、Fe_3O_4、Cu 等物相应该是黑色粉末中夹杂的较细颗粒铜转炉渣带入的。

3#样品的主要物相为 Fe_2SiO_4、Fe_3O_4、Cu_5FeS_4、Cu_2S，并且存在非晶态物质，与铜转炉渣的物相特征符合，判断 3#样品为铜转炉渣。由于坚硬块状物表面黏有黑色粉末，3#样品含有的 $CuFeS_2$、FeS_2 等物相应该是黑色粉末样带入的。

（四）样品属性鉴定结论

样品为夹杂铜冶炼转炉渣的铜精矿。根据《固体废物鉴别标准 通则》（GB 34330—2017）4.2 条款，鉴别样品为固体废物。

七、黄渣

（一）样品外观形态

原样品主要为尺寸较小的黑色质轻坚硬块状物（编号 1#，如图 5-80 和图 5-81 所示），发现其中夹杂一块尺寸较大的银色质重块状物（编号 2#，如图 5-82 所示）。1#样品表面可见气孔，2#样品表面黏有一层易剥离的金属薄层（编号 3#，如图 5-83 所示），该金属层表面又黏有一层易剥离的黑色疏松状物质（编号 4#，如图 5-83 所示），4#样品在制备检测样时，过 100 目筛得到 100 目筛下物样品（编号 4-1#）和 100 目筛上物样品（编号 4-2#）。

图 5-80　样品 1#

图 5-81　样品 1#

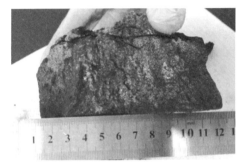

图 5-82　样品 2#

图 5-83　样品 3#

（二）样品理化特征

1. 元素分析

用 X 射线荧光光谱仪对样品 1#、2#、3#、4-1#、4-2#进行元素半定量分析，结果见表 5-52～表 5-56。

表 5-52　1#样品主要成分及含量（干态，除 Cl 和 Ag 外以氧化物计）　　单位：%

样品主要成分	含量	样品主要成分	含量
SO₃	33.67	CoO	0.16
CuO	27.82	SiO₂	0.12
Fe₂O₃	24.59	SeO₂	0.11
PbO	6.84	Cl	0.07
ZnO	4.08	Sb₂O₃	0.06
Na₂O	0.96	K₂O	0.05

样品主要成分	含量	样品主要成分	含量
As_2O_3	0.39	CaO	0.05
NiO	0.31	Ag	0.04
MnO	0.26	MoO_3	0.02
SnO_2	0.20	TiO_2	0.01
Er_2O_3	0.20		

表 5-53　2#样品主要成分及含量（干态，除 Cl 和 Ag 外以氧化物计）　　单位：%

样品主要成分	含量	样品主要成分	含量
Fe_2O_3	34.33	Na_2O	0.25
As_2O_3	19.19	Al_2O_3	0.22
CuO	15.01	Ir	0.16
SO_3	9.41	CaO	012
NiO	8.42	Tb_4O_7	0.09
CoO	2.83	Eu_2O_3	0.08
PbO	2.74	Cl	0.04
SnO_2	1.74	MnO	0.02
Sb_2O_3	1.69	Ag	0.02
MgO	1.41	K_2O	0.02
ZnO	0.77	Gd_2O_3	0.02
MoO_3	0.72	Cr_2O_3	0.01
SiO_2	0.64	TiO_2	

表 5-54　3#样品主要成分及含量（干态，除 Cl 和 Ag 外以氧化物计）　　单位：%

样品主要成分	含量	样品主要成分	含量
Pb	84.22	Ti	0.12
Fe	0.64	Hg	0.07
Cu	0.57	Ni	0.05
Sb	0.36	Co	0.04
Bi	0.31	Pt	0.04
As	0.30	Si	0.03
Ag	0.24	Zn	0.03
S	0.16	Sr	0.02

表 5-55　4-1#样品主要成分及含量（干态，除 Cl 和 Ag 外以氧化物计）　单位：%

样品主要成分	含量	样品主要成分	含量
Fe_2O_3	22.98	MnO	0.31
SO_3	19.93	CoO	0.21
CuO	19.90	K_2O	0.20
PbO	17.66	Ga_2O_3	0.19
SiO_2	6.11	Cr_2O_3	0.19
ZnO	4.20	P_2O_5	0.16
CaO	1.88	MoO_3	0.09
Al_2O_3	1.56	Cl	0.09
As_2O_3	1.29	TiO_2	0.07
Na_2O	0.82	Ag	0.04
NiO	0.65	Tb_4O_7	0.03
SnO_2	0.49	Bi_2O_3	0.03
Sb_2O_3	0.43	H_2O_3	0.02
MgO	0.43		

表 5-56　4-2#样品主要成分及含量（干态，除 Cl 和 Ag 外以氧化物计）　单位：%

样品主要成分	含量	样品主要成分	含量
PbO	34.84	Sb_2O_3	0.29
Fe_2O_3	14.51	SnO_2	0.22
SO_3	11.77	MnO	0.21
CuO	11.29	CoO	0.19
SiO_2	2.83	K_2O	0.15
ZnO	2.60	Cr_2O_3	0.12
CaO	1.62	Bi_2O_3	0.07
P_2O_5	0.97	Ag	0.07
Al_2O_3	0.89	MoO_3	0.06
NiO	0.37	TiO_2	0.05

2. 物相分析

用 X 射线衍射仪对样品 1#、2#、3#、4-1#、4-2#进行物相分析，结果如图 5-84～图 5-88 所示。1#样品物相组成为 FeS、Cu_5FeS_4、$CuFeS_2$、PbS；2#样品物相组成为（$Co_{0.4}Fe_{1.6}$）As、$Cu_2Ni_5Sn_5S_{16}$、Pb、Cu_3As、AsSb；3#样品物相组成为 Pb、PbO；4-1#样品物相组成为 Cu_5FeS_4、FeS、PbO、Pb、SiO_2；4-2#样品物相组成为 Pb、PbO、FeS、Cu_5FeS_4、SiO_2。

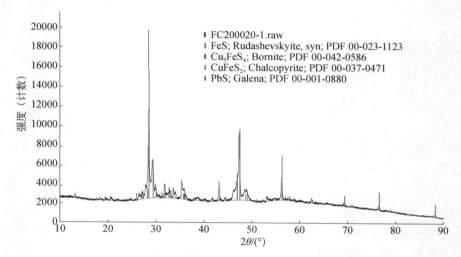

图 5-84   1#样品的 X 射线衍射图谱

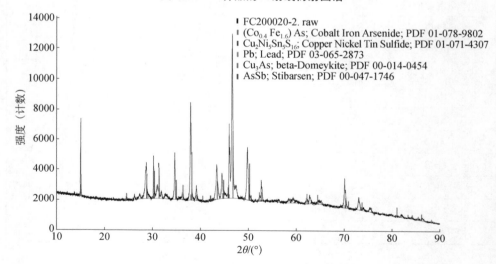

图 5-85   2#样品的 X 射线衍射图谱

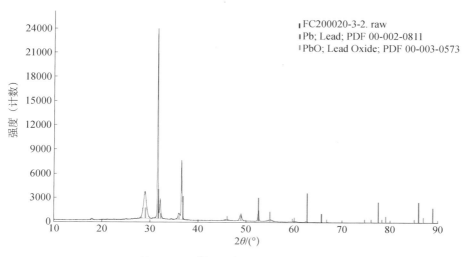

图 5-86　3#样品的 X 射线衍射图谱

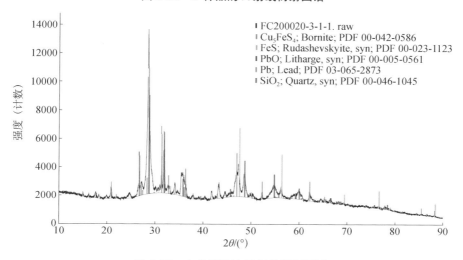

图 5-87　4-1#样品的 X 射线衍射图谱

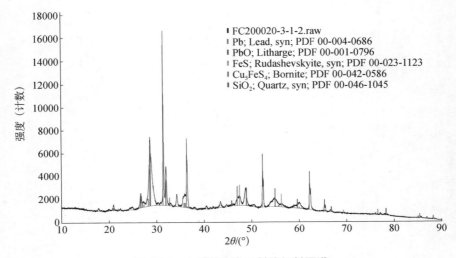

图 5-88　4-2#样品的 X 射线衍射图谱

（三）样品可能产生来源分析

1. 火法炼铜工艺过程见本节六（三）。经分析，铜锍（冰铜）是冶炼铜时的中间产物，是金属硫化物的共熔体。铜锍主要成分为 Cu、Fe、S，主要物相为 Cu_2S、FeS。《冰铜》（YS/T 921—2013）是现行关于冰铜的产品质量标准，该标准对冰铜的描述为经熔炼得到的由硫化亚铜和硫化亚铁组成的含铜在 15%～70%的中间产品，具体要求见表 5-57。

表 5-57　冰铜化学成分要求　　　　　　　　　　　　　　　单位：%

品级	化学成分（质量分数）					
	铜含量	杂质含量，不大于				
		Pb	Zn	As	MgO	Sb+Bi
一级	＞50	3	2	0.15	1	0.3
二级	≥35～50	4	3	0.3	2	0.4
三级	≥15～35	8	4	0.5	3	0.5

注：供需双方如对产品有特殊要求时，由供需双方协商并在合同中注明。

《进出口税则——商品及品目注释》中对海关 HS 编码 7401000090 铜锍的注释为："该产品是通过熔融焙烧过的硫化铜矿，使硫化铜从脉石和其他金属中分离制得。这些其他金属在铜锍表面形成一层浮渣。铜锍主要由铜和铁的硫化物组成，通常呈黑色或棕色小颗粒状（通过将熔融铜锍倒入水中制得）或者为一种颜色暗淡，具有金属外观的粗团块。"

1#样品主要成分为 Cu、Fe、S，物相组成为铜、铁的硫化物，符合铜锍的组成特征，判断 1#样品为铜锍；2#样品主要成分为 Fe、As、Cu，As 含量较高，物相组成为金属砷化物和锑化物，不符合铜锍的组成特征，判断 2#样品不是铜锍。

2. 铅鼓风炉还原熔炼，其原料可以是铅精矿的烧结矿，也可以是铜浮渣（粗铅火法精炼熔析除铜和加硫除铜的产物）等含铅废料。含铅废料经鼓风炉还原熔炼，可产出四种熔体产物，按其比重的不同分为四层，由上而下分别为炉渣、冰铜、黄渣和粗铅。

黄渣是鼓风炉炼铅在处理含砷、锑较高的原料时产出的金属砷化物与锑化物的共熔体。存在于物料中砷的氧化物、锑的氧化物及其盐类，在鼓风炉还原熔炼过程中被还原为 As、Sb，然后与铜族元素和铁族元素形成许多砷化物和锑化物，如 MAs、M_3As_2、M_5As_2、M_3As、MSb_2、M_3Sb 等（其中 M 可能是 Cu、Fe、Ni、Co）。这些砷化物、锑化物在高温下互相熔融，形成鼓风炉的黄渣。进入黄渣中金属元素的难易顺序是 Ni、Co 最容易，而 Cu、Fe 次之。炼铅鼓风炉所产黄渣成分的实例如表 5-58 所示。

表 5-58 炼铅鼓风炉所产黄渣成分的实例 单位：%

编号	As	Sb	Fe	Pb	Cu	S	Ni+Co	Au	Ag
1	17～18	1～2	25～35	6～15	20～34	1.3	0.5～1.0	0.012	0.2
2	23.4	6.5	17.8	11.2	24.3	3.5	11.3	0.001	0.077
3	35.00	0.6	43.3	4.6	7.8	4.4	—	0.0007	0.134

2#样品含有 Fe、As、Cu、Ni、Co、Sb 等元素，As 含量较高，物相主要为 $(Co_{0.4}Fe_{1.6})As$、Cu_3As、$AsSb$ 等砷化物和锑化物，符合黄渣的组成特征，判断 2#样品为黄渣。

3. 企业提供货物生产工艺来源：含铜物料经鼓风炉熔炼生成铜锍，再经破碎得到。由检测数据可知，2#样品表面黏有一层易剥离的金属层，该金属为金属铅；金属层表面又黏有一层易剥离的黑色疏松状物质，该物质含有金属铅。综合推断，送检样品来源于含铅、铜的物料（如铅烧结矿、铜浮渣等）经鼓风炉还原熔炼粗铅过程中产生的铜锍和黄渣的混合物。

（四）样品属性鉴定结论

送检样品来源于含铅、铜的物料（如铅烧结矿、铜浮渣等）经鼓风炉还原熔炼粗铅过程中产生的铜锍和黄渣的混合物。1#样品为铜锍，满足《冰铜》

（YS/T 921—2013）的要求，不属于固体废物。2#样品为黄渣，依据《固体废物鉴别标准 通则》（GB 34330—2017）4.2 条款中"在有色金属冶炼或加工过程中产生的铜渣、铅渣等火法冶炼渣"和《国家危险废物名录》（2016 年版）中"321-017-48 炼铅鼓风炉产生的黄渣"进行判定，2#样品属于固体废物。

八、铜浮渣

（一）样品外观形态

样品为黑色坚硬多孔块状物，散落有黑色粉末，样品中夹杂有金属片，如图 5-89 所示。制样过程得到三种检测样：黑色粉末综合样（编号 1#）、100 目筛上物样品（编号 2#）和 5mm 筛上物样品（编号 3#）。5mm 筛上物样品为金属片，柔软易折断，断口呈银白色。

图 5-89　样品

（二）样品理化特征

1. 元素分析

对 1#样品进行 X 射线荧光光谱半定量分析，结果见表 5-59。

表 5-59　1#样品主要成分及含量（干态，除卤素外以氧化物计）　　　单位：%

样品主要成分	含量	样品主要成分	含量
PbO	33.42	Al_2O_3	0.11
CuO	31.89	Bi_2O_3	0.09
SO_3	13.84	SeO_2	0.07
Fe_2O_3	6.41	Ag	0.07

续表

样品主要成分	含量	样品主要成分	含量
SnO_2	4.24	CoO	0.04
Sb_2O_3	2.80	K_2O	0.03
ZnO	1.63	Cl	0.03
As_2O_3	1.56	Ir	0.03
NiO	1.46	In_2O_3	0.02
Na_2O	1.32	Cr_2O_3	0.02
SiO_2	0.66	MnO	0.01
CaO	0.20		

2. 物相分析

对 $1^\#$、$2^\#$ 和 $3^\#$ 样品进行 X 射线衍射分析，结果如图 5-90～图 5-92 所示。$1^\#$ 样品的主要物相为 PbO、Pb、Cu_6Sn_5、Zn_3As_2，$1^\#$ 样品 X 射线衍射图谱中 30° 处存在非晶包，说明 $1^\#$ 样品中还存在非晶态物质。$2^\#$ 样品的主要物相为金属铜（Cu），并存在少量的 Pb 和 PbO。$3^\#$ 样品的主要物相为金属铅（Pb），并存在少量的 PbO 和 Cu_3Sn，可知 5mm 筛上物金属片主要是金属铅（Pb）。

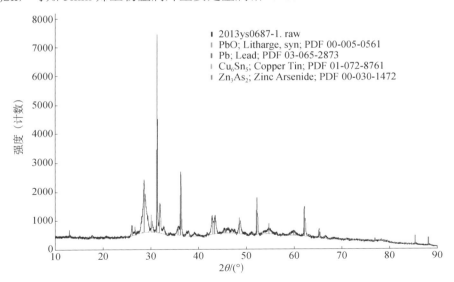

图 5-90　$1^\#$ 样品的 X 射线衍射图谱

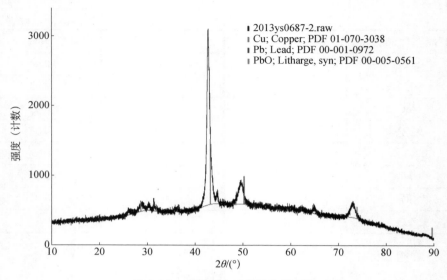

图 5-91　2#样品的 X 射线衍射图谱

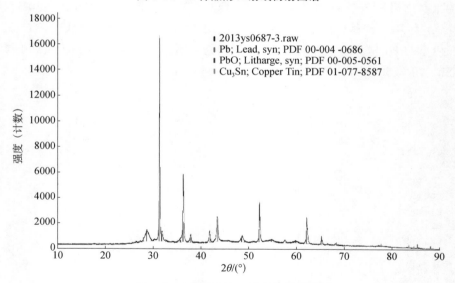

图 5-92　3#样品的 X 射线衍射图谱

（三）样品可能产生来源分析

1. 《进出口税则——商品及品目注释》中对海关 HS 编码 74010000.90 铜锍的注释见本节七（三）。本样品的主要物相为 PbO、Pb、Cu、Cu_6Sn_5、Zn_3As_2、

Cu₃Sn，与"铜锍主要由铜和铁的硫化物组成"不符，样品应该不属于海关 HS 编码 74010000.90 铜锍一类。

2. 从文献看，粗铅精炼过程中产生的铜浮渣含有 Pb、Cu、Zn、Sb、Sn、As、Fe、S 等元素，与本样品元素组成类似。铜浮渣中铅主要以金属铅（Pb）和氧化铅（PbO）形态存在，铜主要以金属铜（Cu）和铜合金存在，与本样品的物相组成符合。推测本样品应该是粗铅精炼过程中产生的铜浮渣。

（四）样品属性鉴定结论

样品不是铜锍，而是粗铅精炼过程中产生的铜浮渣。根据《固体废物鉴别标准 通则》（GB 34330—2017）4.2 条款，鉴别样品为固体废物。

九、铜矿经湿法冶炼得到的浸出渣

（一）样品外观形态

样品为褐色潮湿颗粒物，用手可捏碎，如图 5-93 所示。

图 5-93　样品

（二）样品理化特征

1. 元素分析

对样品进行 X 射线荧光光谱半定量分析，结果见表 5-60。

表 5-60　样品主要成分及含量（干态，以氧化物计）　　　单位：%

样品主要成分	含量	样品主要成分	含量
SO_3	55.56	Al_2O_3	0.19
Fe_2O_3	32.06	K_2O	0.13
SiO_2	5.31	Tb_4O_7	0.08
CuO	2.02	TeO_2	0.04
CaO	1.94	ZnO	0.03
MgO	1.08	CeO_2	0.02
Na_2O	0.87	PbO	0.01
Bi_2O_3	0.35	MnO	0.01
Cl	0.27	WO_3	0.01

2. 物相分析

对样品进行 X 射线衍射分析，结果见图 5-94。样品主要物相为硫黄（S）、草黄铁矾 [$Fe_2(SO_4)_2(OH)_5(H_2O)$]、褐铁矿 [$FeO(OH)$]、石膏（$CaSO_4 \cdot 0.5H_2O$）、黄铜矿（$CuFeS_2$）、磁黄铁矿（$Fe_{1-x}S$）、黄铁矿（FeS_2）。

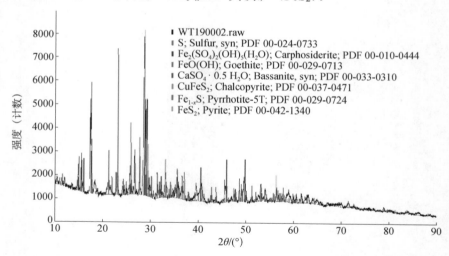

图 5-94　样品的 X 射线衍射图谱

3. 其他分析

取少量粉末检测样置于烧杯中，加入适量水搅拌过滤，得到无色透明滤液。取一份滤液加入 $AgNO_3$ 溶液，有少量白色沉淀产生，取另一份滤液加入 $MgCl_2$ 溶液，无沉淀产生，然后加入 $BaCl_2$ 溶液后产生白色沉淀，证明样品中存在氯离子及水溶性硫酸根。测定滤液的 pH 为 2.6。

（三）样品可能产生来源分析

1. 天然铜矿物有硫化铜矿和氧化铜矿两种，硫化铜矿主要有黄铜矿（$CuFeS_2$）、斑铜矿（Cu_5FeS_4）、辉铜矿（Cu_2S）及铜蓝（CuS）等，氧化铜矿主要有孔雀石 $[Cu_2CO_3(OH)_2]$、氯铜矿 $[Cu_2Cl(OH)_3]$、水胆矾 $[Cu_4SO_4(OH)_6]$、赤铜矿（Cu_2O）及黑铜矿（CuO）等。铜原矿中除含有上述硫化铜矿物和氧化铜矿物等含铜有用矿物外，还伴生有脉石矿物和其他金属矿物，脉石矿物主要有石英、云母、绿泥石、高岭土及方解石等，其他金属矿物主要有黄铁矿、针铁矿、赤铁矿、方铅矿及闪锌矿等。

样品中含有单质硫，不符合铜矿的物相组成，判断样品不是铜矿。

2. 低品位的氧化铜矿采用水热硫化浮选试验方法：将一定细粒度原氧化铜矿与硫黄粉（硫黄用量为理论用量的 1.4 倍）混合之后装到高压反应釜中，经过反应后过滤、烘干得到铜的硫化物（CuS）——铜粗精矿以及未反应的单质硫黄。

样品中未发现有 CuS，而且铜含量较低，判断样品不是低品位的氧化铜矿经过硫化后得到的硫化铜矿。

3. 从硫化铜矿中提铜所采用的方法主要是火法冶炼，特别是以黄铜矿为主要矿物成分的硫化矿采用传统的选冶工艺仍是最合理的选择。但是，火法炼铜对铜精矿的品位和杂质含量都有严格的要求，不能单独处理品位低或杂质不合格的铜精矿。目前采用综合回收 Au、Ag、Cu、S 等元素的湿法冶金工艺，即采用硫酸浸出铜，浸铜渣回收 S、Au、Ag。控制一定的温度和压力，主要载金矿物——黄铜矿（$CuFeS_2$）、黄铁矿（FeS_2）等金属硫化物矿可以被氧化，铜和铁等贱金属可以溶于硫酸溶液中。矿物中主要元素在浸出液及浸铜渣中的具体分布形式如下：铜基本上全部以硫酸铜（$CuSO_4$）存在于浸出液中，渣中铜控制得尽量少并且以黄铜矿存在，从而保证下一步金银氰化浸出的顺利进行；大部分硫被氧化为单质硫（S）存在于渣中或以黄铁矿形式存在于渣中未被氧化，少量被氧化为硫酸（H_2SO_4）；少量铁以二价或三价铁离子存在于浸出液中，大部分以 Fe_2O_3 或黄铁矿等形式存在于渣中。

某铜湿法冶炼厂铜金精矿经过常压化学氧化浸出的浸渣元素组成和矿物组成见表 5-61。

表 5-61　铜浸出渣元素组成和矿物组成

铜浸出渣元素组成					
元素	S	TS	Cu	Ag	Au	TFe
含量/%	12.33	33.14	2.17	113.3	31.78	28.5
铜浸出渣的矿物组成					
矿物	赤铁矿	黄铁矿	黄铜矿	硫及硫酸盐	绢云母及角闪石	斜长石、石英等
含量/%	10.62	29.20	1.55	47.43	1.93	9.27

浮选金精矿热压酸浸处理渣,渣中金属矿物主要为黄铜矿(质量分数为 35%～36%),次之为黄铁矿及磁黄铁矿(质量分数为 12%～13%)、褐铁矿(质量分数为 14%～15%)、少量的白铁矿、毒砂、闪锌矿、方铅矿、辉铅铋矿,偶见斑铜矿、铜蓝、自然金、银金矿。非金属矿物主要为石英(质量分数为 17%～18%),少量的方解石、长石、云母等。渣中 Au、Ag、Cu 的质量分数较高,硫质量分数较高而钙、镁的较低,属于典型的酸性渣。其元素组成见表 5-62。

表 5-62　浮选金精矿热压酸浸处理渣成分及含量　　　　单位:g/t

成分	含量	成分	含量
Au	46.25	Na_2O	0.38
Ag	85.69	K_2O	0.77
Cu	13.68	TiO_2	0.30
TFe	28.16	Zn	0.13
Fe(II)	11.74	As	0.10
S[①]	26.33	Sb	0.06
SiO_2	15.70	Ni	0.02
Al_2O_3	6.05	Mn	0.02
MgO	0.74	Pb	0.01
CaO	0.38	质量损失	16.33

①单质硫(S)质量分数为 15%～16%。

样品含有黄铜矿、磁黄铁矿、褐铁矿、单质硫等浸铜渣特征物相,样品中 Cu、Fe、S 元素含量与浸铜渣的一致。样品潮湿,样品中含有 $Fe_2(SO_4)_2(OH)_5H_2O$(铁元素与硫酸反应产物),存在水溶性硫酸根,pH 呈酸性,佐证了样品经过酸性浸出。由此判断样品为铜矿湿法提铜后的浸出渣。

氰化法提金银必须在碱性环境中进行,样品呈酸性,所以样品不是浸铜渣提金银后的渣,样品中金银含量低,故 X 射线荧光光谱半定量分析方法未检出。

（四）样品属性鉴定结论

样品不是铜原矿，而是铜矿经湿法冶炼得到的浸出渣。根据《固体废物鉴别标准　通则》（GB 34330—2017）4.2 条款，鉴别样品为固体废物。

第三节　主要含铅的矿渣、矿灰及残渣

一、含铅酸浸渣（黄色）

（一）样品外观形态

样品为潮湿黄色粉末，并存在结块，结块易捏碎成粉末，如图 5-95 所示。

图 5-95　样品

（二）样品理化特征

1. 元素分析

对样品进行 X 射线荧光光谱半定量分析，结果见表 5-63。

表 5-63　样品主要成分及含量（干态，以氧化物计）　　　　单位：%

样品主要成分	含量	样品主要成分	含量
SO_3	31.39	CuO	0.16
PbO	25.84	Ca_2O_3	0.13
SiO_2	21.54	MnO	0.13

续表

样品主要成分	含量	样品主要成分	含量
CaO	8.52	Sb_2O_3	0.10
ZnO	4.54	Ag	0.10
Fe_2O_3	3.62	Cl	0.06
Al_2O_3	2.47	TiO_2	0.05
MgO	0.54	Cr_2O_3	0.02
K_2O	0.47	Bi_2O_3	0.02
Na_2O	0.45	Re	0.01
CdO	0.22	As_2O_3	0.01
Tl	0.21	Rb_2O	0.01
BaO	0.18		

2. 物相分析

对样品进行 X 射线衍射分析，结果见图 5-96。样品物相组成为 $PbSO_4$、$CaSO_4\cdot2H_2O$、$CaSO_4\cdot0.5H_2O$。

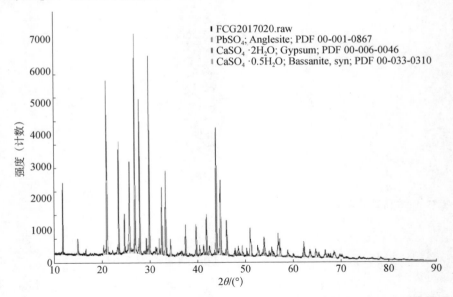

图 5-96 样品的 X 射线衍射图谱

3. 其他分析

取少量样品置于烧杯中，加入适量水搅拌过滤，取一份滤液先加入 $MgCl_2$ 溶液，无白色沉淀，再加入 $BaCl_2$ 溶液后产生白色沉淀，滴加稀盐酸（HCl）白色沉淀不溶解，证明样品中存在水溶性硫酸根（SO_4^{2-}），取一份滤液用 pH 试纸测得 pH 为 2.5。

（三）样品可能产生来源分析

1. 铅矿分为硫化矿和氧化矿两类，硫化矿的主要矿物是方铅矿（PbS），氧化矿的主要矿物是白铅矿（$PbCO_3$）。铅冶金主要使用的原料为硫化铅矿，氧化铅矿炼铅不具有重要意义。铅矿中常伴生闪锌矿（ZnS）、黄铁矿（FeS_2）、黄铜矿（$CuFeS_2$）等。样品的主要物相为 $PbSO_4$，与铅矿的物相组成不符，判断样品不是铅矿。

2. 湿法炼锌过程会产生含铅量较高的酸浸渣，湿法炼锌采用硫酸浸取，可溶的金属大多进入溶液中，渣中金属含量最高的是铅（Pb），主要以硫酸铅（$PbSO_4$）的形式存在，同时会富集银（Ag）、铟（In）等贵金属元素及镉（Cd）、铊（Tl）、砷（As）等重金属元素。

湿法炼锌酸浸渣，其一般成分如表 5-64 所示，渣中铅含量为 28.29%～33.58%，主要以硫酸铅（$PbSO_4$）的形式存在。

表 5-64　酸浸渣成分及含量　　　　　单位：%

成分	含量	成分	含量
Zn	11.34～20.36	Mn	0.40～0.44
Pb	28.29～33.58	In	0.27～0.40
Cd	0.21～0.34	S	4.73～9.21
Si	0.97～1.08	SO_4^{2-}	37.80～46.95
Cu	0.18～0.30	Ca	1.41～1.69
Fe	2.16～7.28		

锌浸出渣经挥发窑处理产出氧化锌（ZnO），浸出后得到铅泥，其主要成分见表 5-65，其中铅以 $PbSO_4$ 的形式存在。

表 5-65　铅泥成分及含量

成分	含量	成分	含量
Pb	36.0%	As	0.6%
Zn	7.0%	SiO_2	4.5%
Fe	5.0%	CaO	0.6%
S	9.1%	Ag	310g/t

可见，湿法炼锌过程产生的含铅酸浸渣的元素组成主要为铅（Pb）、硫（S）、锌（Zn）、铁（Fe）、银（Ag）等，物相主要是 $PbSO_4$，样品的元素组成及物相组成与此相符，样品中存在水溶性硫酸根且呈酸性，佐证了样品经过硫酸浸出，可以判断样品为湿法炼锌过程产生的含铅酸浸渣。

（四）样品属性鉴定结论

样品不是铅矿砂，而是湿法炼锌过程产生的含铅酸浸渣。根据《固体废物鉴别标准 通则》（GB 34330—2017）4.2 条款，鉴别样品为固体废物。

二、含铅酸浸渣（灰黑色）

（一）样品外观形态

样品为灰黑色颗粒和粉末，如图 5-97 所示。

图 5-97　样品

（二）样品理化特征

1. 元素分析

对样品进行 X 射线荧光光谱半定量分析，结果见表 5-66。

表 5-66　样品主要成分及含量（干态，以氧化物计）　　　　单位：%

样品主要成分	含量	样品主要成分	含量
SO_3	36.18	K_2O	0.31
PbO	16.12	As_2O_3	0.28
Fe_2O_3	14.01	Tl	0.23
SiO_2	11.51	CdO	0.15

续表

样品主要成分	含量	样品主要成分	含量
ZnO	10.26	TiO_2	0.11
CuO	3.20	Ta_2O_5	0.06
CaO	2.00	P_2O_5	0.05
Na_2O	1.95	Cl	0.02
Al_2O_3	1.65	MnO	0.02
MgO	1.43	Cr_2O_3	0.01
Ga_2O_3	0.41		

2. 物相分析

对样品进行 X 射线衍射分析,结果如图 5-98 所示。样品物相组成为 $PbSO_4$、FeS_2、$Pb(Fe_{1.98}Al_{0.09}Cu_{0.27}Zn_{0.75})(SO_4)_2(OH)_6$、$ZnSO_4 \cdot H_2O$、$CaSO_4 \cdot 2H_2O$。

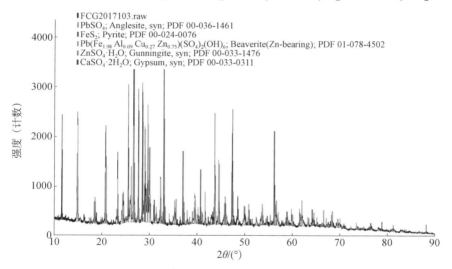

图 5-98 样品的 X 射线衍射图谱

3. 其他分析

取少量样品置于烧杯中,加入适量水搅拌过滤,取一份滤液先加入 $MgCl_2$ 溶液,无白色沉淀,再加入 $BaCl_2$ 溶液后产生白色沉淀,滴加稀盐酸白色沉淀不溶解,证明样品中存在水溶性硫酸根,取一份滤液用 pH 试纸测得 pH 为 2.5。

(三)样品可能产生来源分析

经分析,铅矿及湿法炼锌具体见本节一(三),样品的元素组成及物相组成与湿法炼锌产物相符，样品中存在水溶性硫酸根且呈酸性，佐证了样品经过硫酸浸出，可以判断样品为湿法炼锌过程产生的含铅酸浸渣。

（四）样品属性鉴定结论

样品不是铅矿，而是湿法炼锌过程产生的含铅酸浸渣。根据《固体废物鉴别标准 通则》（GB 34330—2017）4.2 条款，鉴别样品为固体废物。

三、含铅冶炼渣混合物

（一）样品外观形态

样品为褐色粉末和颗粒物，颗粒物易捏碎成粉末，可见褐色颗粒物由褐色粉末团聚而成，样品中夹杂黑色坚硬块状物，块状物表面有气孔，如图 5-99 所示。

样品　　　　　　　　　褐色粉末和颗粒物　　　　　　　黑色坚硬块状物

图 5-99　样品图片

（二）样品理化特征

1. 元素分析

对样品进行 X 射线荧光光谱半定量分析，结果见表 5-67 和表 5-68。

表 5-67　褐色粉末和颗粒物主要成分及含量（干态，除卤素外以氧化物计）　　单位：%

样品主要成分	含量	样品主要成分	含量
Fe_2O_3	43.13	ZnO	0.18
SO_3	28.30	Sb_2O_3	0.17
PbO	11.00	TiO_2	0.13
SiO_2	7.18	BaO	0.12
CaO	2.39	As_2O_3	0.12

续表

样品主要成分	含量	样品主要成分	含量
Na_2O	2.15	Cr_2O_3	0.09
Al_2O_3	1.62	Tb_4O_7	0.09
MgO	1.23	NiO	0.08
CuO	0.44	Cl	0.06
MnO	0.35	SeO_2	0.06
K_2O	0.31	Gd_2O_3	0.02
SnO_2	0.30	V_2O_5	0.02
Tl	0.21	P_2O_5	0.02

表 5-68　黑色坚硬块状物主要成分及含量（干态，除卤素外以氧化物计）　　单位：%

样品主要成分	含量	样品主要成分	含量
Fe_2O_3	32.84	Tb_4O_7	0.21
SiO_2	22.52	TiO_2	0.17
SO_3	18.88	CuO	0.17
PbO	8.67	SnO_2	0.17
CaO	5.44	Cl	0.17
Al_2O_3	3.08	P_2O_5	0.06
MgO	2.86	V_2O_5	0.06
Na_2O	2.04	NiO	0.04
BaO	0.60	Sb_2O_3	0.04
ZnO	0.55	SeO_2	0.03
Cr_2O_3	0.55	Br	0.03
MnO	0.54	As_2O_3	0.03
K_2O	0.27	SrO	0.01

2. 物相分析

对样品进行 X 射线衍射分析，结果如图 5-100 和图 5-101 所示。褐色粉末和颗粒物的主要物相为草黄铁矾$[Fe_2(SO_4)_2(OH)_5(H_2O)]$、黄铅铁矾$[PbFe_6(SO_4)_4(OH)_{12}]$、铅钒（$PbSO_4$）及 $CaSO_4 \cdot 2H_2O$。黑色坚硬块状物的主要物相为 $Ca_{0.82}Fe_{0.18}SiO_3$、Fe_2SiO_4、Fe_3O_4、SiO_2、PbS、Pb。

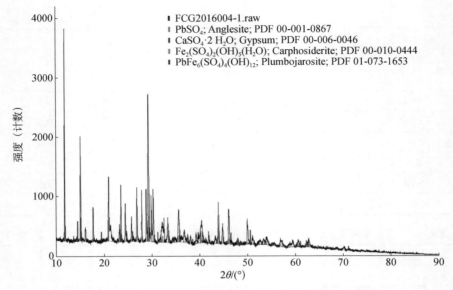

图 5-100　样品（褐色粉末和颗粒物）的 X 射线衍射图谱

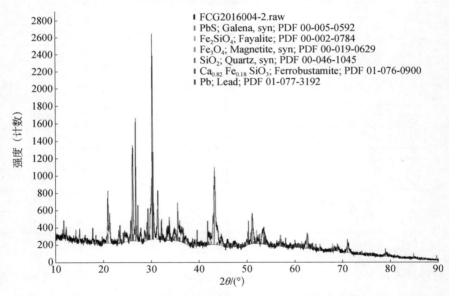

图 5-101　样品（黑色坚硬块状物）的 X 射线衍射图谱

3. 其他分析

取少量褐色粉末和颗粒物样品置于烧杯中，加入适量水搅拌过滤，滤液中加入 $MgCl_2$ 溶液，无白色沉淀，滤液中加入 $BaCl_2$ 溶液后产生白色沉淀，滴加稀盐酸白色沉淀不溶解，证明褐色粉末和颗粒物样品中存在水溶性硫酸根。

（三）样品可能产生来源分析

1. 从样品外观和物相组成可知，褐色粉末和颗粒物样品及黑色坚硬块状物样品为不同来源的样品。

褐色粉末和颗粒物样品的主要物相为草黄铁矾[$Fe_2(SO_4)_2(OH)_5(H_2O)$]、黄铅铁矾[$PbFe_6(SO_4)_4(OH)_{12}$]、铅钒（$PbSO_4$），草黄铁矾[$Fe_2(SO_4)_2(OH)_5(H_2O)$]和黄铅铁矾[$PbFe_6(SO_4)_4(OH)_{12}$]，在天然铅矿中极为少见。褐色粉末和颗粒物样品的物相组成与铅矿的物相组成[具体见本节一（三）]不符，判断褐色粉末和颗粒物样品不是铅矿。

黑色坚硬块状物样品的主要物相为 $Ca_{0.82}Fe_{0.18}SiO_3$、Fe_2SiO_4、Fe_3O_4、SiO_2、PbS、Pb。$Ca_{0.82}Fe_{0.18}SiO_3$、Fe_2SiO_4、Pb，在天然铅矿中极为少见，$Ca_{0.82}Fe_{0.18}SiO_3$、Fe_2SiO_4 主要存在于火法冶炼渣中。黑色坚硬块状物样品的物相组成与铅矿的物相组成不符，判断黑色坚硬块状物样品不是铅矿。

2. 湿法炼锌工艺中产生很多冶炼渣，这些冶炼渣中含有锌、铅等多种有价组分，工业上大多会采用一些处理工艺回收其中的锌、铅等有价组分。采用两段硫酸浸出工艺浸出此类冶炼渣中锌，得到含锌的浸出液返回湿法炼锌工艺中，并得到含铅的浸出渣，该浸出渣中主要物相为硫酸铅、黄铅铁矾及草黄铁矾。

褐色粉末和颗粒物样品的主要物相为草黄铁矾[$Fe_2(SO_4)_2(OH)_5(H_2O)$]、黄铅铁矾[$PbFe_6(SO_4)_4(OH)_{12}$]、铅钒（$PbSO_4$），与上述含铅浸出渣相符。样品中存在水溶性硫酸根，佐证了样品经过硫酸浸出。样品中铅（Pb）、铁（Fe）含量高，锌（Zn）含量低，佐证了样品应该被回收了其中的锌（Zn）。推断样品应是湿法炼锌过程中产生的含铅浸出渣。

3. 火法炼铅通常采用铅精矿烧结焙烧—鼓风炉还原熔炼工艺。在铅精矿烧结焙烧阶段，铅精矿被烧结成铅铁氧化物烧结块；在鼓风炉还原熔炼阶段，铅铁氧化物烧结块中铅氧化物被还原成金属铅，铁氧化物被转变成 Fe_2SiO_4 和 Fe_3O_4 形成炉渣，金属铅和炉渣分离后产出粗铅和炉渣。鼓风炉炼铅炉渣含铅 10.35%、含铁 21.34%，含有的物相有金属铅、磁铁矿、方铅矿、硅铅钙铁矿、含铁铝钙硅酸盐、石英等。黑色坚硬块状物样品中铁含量为 22.97%、铅含量为 8.05%，主要物相为 $Ca_{0.82}Fe_{0.18}SiO_3$（含铁钙硅酸盐）、Fe_2SiO_4（含铁硅酸盐）、Fe_3O_4（磁铁矿）、SiO_2（石英）、PbS（方铅矿）、Pb（金属铅），主要元素含量和物相组成与鼓风炉炼铅炉渣相符。黑色坚硬块状物样品表面有气孔，佐证了该样品经过火法冶炼。推断黑色坚硬块状物样品应是鼓风炉炼铅炉渣。

（四）样品属性鉴定结论

样品不是铅矿，样品中褐色粉末和颗粒物应是湿法炼锌过程中产生的含铅浸出渣，样品中黑色坚硬块状物应是火法炼铅过程中产生的含铅炉渣。根据《固体废物鉴别标准 通则》（GB 34330—2017）4.2 条款，鉴别样品为固体废物。

四、铅膏

（一）样品外观形态

样品为灰色粉末，如图 5-102 所示。

图 5-102　样品

（二）样品理化特征

1. 元素分析

对样品进行 X 射线荧光光谱半定量分析，结果见表 5-69。

表 5-69　样品主要成分及含量（干态，以氧化物计）　　单位：%

样品主要成分	含量	样品主要成分	含量
PbO	73.22	K_2O	0.17
SO_3	20.69	As_2O_3	0.12
Na_2O	2.07	CdO	0.09
Cl	1.09	Hg	0.06
Sb_2O_3	0.99	SiO_2	0.06

续表

样品主要成分	含量	样品主要成分	含量
SnO_2	0.77	ZnO	0.04
Br	0.31	CuO	0.03
Fe_2O_3	0.18	Tl	0.03

2. 物相分析

对样品进行 X 射线衍射分析,结果如图 5-103 所示。样品的物相组成为 $PbSO_4$、$Pb_2(SO_4)O$(即 $PbO \cdot PbSO_4$)、$Na_3Pb_2(SO_4)_3Cl$。

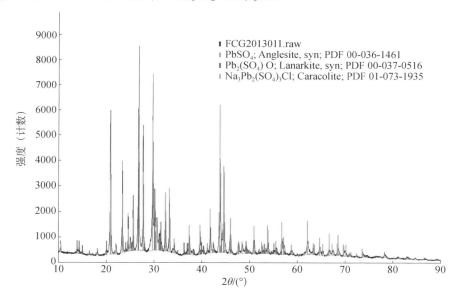

图 5-103 样品的 X 射线衍射图谱

(三)样品可能产生来源分析

1. 铅酸蓄电池是各类电池中产量最大、用途最广的一种电池,它所消耗的铅占全球总耗铅量的 82%。废铅酸蓄电池主要由 4 部分组成:废电解液(11%~30%)、铅或铅合金板栅(24%~30%)、铅膏(30%~40%)和高分子塑料(22%~30%)。其中铅膏是腐蚀后的极板和填充料组成的浆料或渣泥,其化学组成(质量分数)为 Pb(72%~75%)、Sb(0.5%~0.8%)、S(0~6%),其中铅主要以 $PbSO_4$、$Pb_2(SO_4)O$、PbO_2 形式存在,还有少量的 PbO 和 Pb。铅膏可作为提炼铅的原料,在提炼过程中会产生铅蒸气、铅尘,污染环境。

2. 本样品中 Pb 含量约为 67.97%、S 含量约为 8.29%、Sb 含量约为 0.83%，其主要物相组成为 $PbSO_4$、$Pb_2(SO_4)O$、$Na_3Pb_2(SO_4)_3Cl$。样品的元素组成和物相组成与废铅酸蓄电池中铅膏的元素组成和物相组成吻合，可以推断该样品应来源于废铅酸蓄电池中的铅膏。

（四）样品属性鉴定结论

样品不是氧化铅，而是来源于废铅酸蓄电池中的铅膏。根据《固体废物鉴别标准 通则》（GB 34330—2017）4.3 条款，鉴别样品为固体废物。

五、含铅烟尘

（一）样品外观形态

样品为灰白色粉末以及颗粒物，颗粒物易捏碎，如图 5-104 所示。

图 5-104　样品

（二）样品理化特征

1. 元素分析

对样品进行 X 射线荧光光谱半定量分析，结果见表 5-70。

表 5-70　样品主要成分及含量（干态，以氧化物计）　　　单位：%

样品主要成分	含量	样品主要成分	含量
PbO	57.10	Br	0.78
SO_3	11.69	Ga_2O_3	0.42
ZnO	11.61	Tl	0.15
Cl	8.56	Fe_2O_3	0.13

样品主要成分	含量	样品主要成分	含量
CdO	2.18	SnO$_2$	0.12
Na$_2$O	2.12	Bi$_2$O$_3$	0.05
As$_2$O$_3$	1.89	CuO	0.05
F	1.68	CaO	0.04
K$_2$O	1.33	Re	0.04

2. 物相分析

对样品进行 X 射线衍射分析，结果如图 5-105 所示。样品物相组成为 PbSO$_4$、PbFCl、Pb$_2$（SO$_4$）O、Pb（OH）Cl、ZnO、Pb。

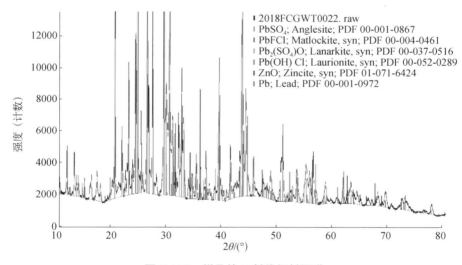

图中图例：

- 2018FCGWT0022. raw
- PbSO$_4$; Anglesite; PDF 00-001-0867
- PbFCl; Matlockite, syn; PDF 00-004-0461
- Pb$_2$(SO$_4$)O; Lanarkite, syn; PDF 00-037-0516
- Pb(OH) Cl; Laurionite, syn; PDF 00-052-0289
- ZnO; Zincite, syn; PDF 01-071-6424
- Pb; Lead; PDF 00-001-0972

图 5-105　样品的 X 射线衍射图谱

3. 其他分析

取少量样品置于烧杯中，加入纯水搅拌过滤，得到透明滤液。用综合参数测定仪测得滤液 pH 为 5.84；另外取一份样品滤液，加入 AgNO$_3$ 溶液，有明显白色沉淀，证明样品中有水溶性氯离子。再取另一份滤液中加入 MgCl$_2$ 溶液无变化，再加入 BaCl$_2$ 溶液无明显白色沉淀产生，说明样品中无水溶性硫酸根。

（三）样品可能产生来源分析

1. 样品的物相组成与铅矿的物相组成[具体见本节一（三）]不符，判断样品不是铅矿。

2. 含铅、含锌烟尘：氧化锌烟尘主要来自锌精矿焙烧烟尘、铅火法熔炼烟尘、钢铁冶炼烟灰、锌冶炼渣和二次资源的火法处理烟尘。铅冶炼系统一般采用烟化法对炼铅炉渣进行贫化处理。烟化过程产生的氧化锌烟尘中 F、Cl 含量较高。当 PbO 与 $ZnCl_2$ 在同一体系中时，PbO 会与 $ZnCl_2$ 发生氯化反应生成 $PbCl_2$ 而发生挥发，而锌的挥发量很少。氧化锌烟尘通过挥发，实现 In、Cd、Pb 等有价资源分离，同时脱除 ZnO 中 F、Cl 元素。烟化烟尘中的 In、Pb 得到有效富集，焙砂中 ZnO 中的 F、Cl 可得到有效脱除。

样品主要含有 $PbSO_4$、$PbFCl$、$Pb_2(SO_4)O$、$Pb(OH)Cl$、ZnO、Pb，与冶炼副产物氧化锌烟尘进行脱除 Pb、F、Cl 后产生的烟尘（主要为 PbX_2，X 为 F 和 Cl）比较吻合，属于利用初级副产物提取所需物料后得到的二级副产物。

（四）样品属性鉴定结论

样品不是铅矿，推断样品来源为提取氧化锌烟尘中所需成分、脱除不需要成分（Pb、F、Cl 等）而产生的烟尘。根据《固体废物鉴别标准 通则》（GB 34330—2017）4.3 条款，鉴别样品为固体废物。

第四节　主要含镍的矿渣、矿灰及残渣

一、镍渣（易碎）

（一）样品外观形态

样品呈绿色粉末和块状，块状用手易捏碎，如图 5-106 所示。

图 5-106　样品

（二）样品理化特征

1. 元素分析

对样品进行 X 射线荧光光谱半定量分析，结果见表 5-71。

表 5-71　样品主要成分及含量（干态，除卤素外以氧化物计）　　　　单位：%

样品主要成分	含量	样品主要成分	含量
Al_2O_3	76.69	Cl	0.17
NiO	6.80	CoO	0.09
Na_2O	6.43	MgO	0.08
P_2O_5	2.30	K_2O	0.07
V_2O_5	2.11	ZnO	0.04
Fe_2O_3	1.76	TiO_2	0.04
SiO_2	1.60	PbO	0.02
MoO_3	0.52	CuO	0.02
SO_3	0.49	Ga_2O_3	0.01
CaO	0.26	MnO	0.01

2. 物相分析

对样品进行 X 射线衍射分析，结果如图 5-107 所示。样品物相组成为 $NaAl_{11}O_{17}$、Al_2O_3、$NiAl_2O_4$。

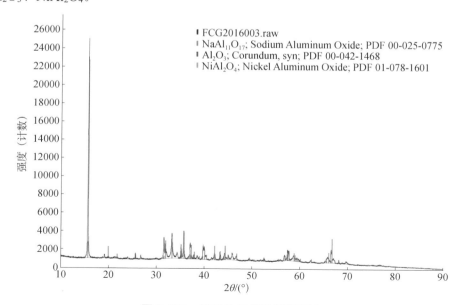

图 5-107　样品的 X 射线衍射图谱

（三）样品可能产生来源分析

铝基催化剂是指以氧化铝（Al_2O_3）为载体，将活性成分 Ni、Co、Mo、V 等金属元素固着于 Al_2O_3 上的一种催化剂，主要用于石油炼制工业和化学工业中加氢裂化催化。催化剂在使用过程中，由于焦炭沉积在催化剂孔隙内及原料中的钒等金属和硫酸根吸附在催化剂的表面，而使催化剂永久中毒，这类废催化剂为环境污染物。废催化剂中含有一定量的 Ni、Co、Mo、V 和 Al，这些金属元素可回收。这类含 Ni、Co、Mo、V 元素的废铝基催化剂通常采用碱浸，Mo 和 V 进入浸出液进行回收，Ni 和 Co 则进入浸出渣形成一种绿色粉末状固体颗粒镍渣，再从该镍渣中回收 Ni 和 Co。

废铝基催化剂经碱浸回收 Mo 和 V 得到镍渣，其外形为深绿色粉末状固体颗粒，Ni 含量约 5%，Al_2O_3 含量为 70%～75%，并含有少量 Fe、Mo、V 等。废催化剂回收 Mo、V 后的镍渣外形为深绿色粉末状固体颗粒，Ni 含量为 4.77%，Co 含量为 0.346%，Mo 含量为 1.189%，V 含量为 0.552%，Al_2O_3 含量为 63.95%，Al 主要以 Al_2O_3 的形式存在，Ni 主要以 $NiAl_2O_4$ 的形式存在。废催化剂提取 Mo 和 V 之后的镍渣外形为灰绿色粉末状并有结团结块现象，Ni 含量为 3.68%，Co 含量为 1.21%，Mo 含量为 0.68%，V 含量为 1.25%，Al_2O_3 含量为 66.83%，主要物相有 Al_2O_3 和 $NaAl_7O_{11}$。

样品中 Ni 含量为 5.34%，Co 含量为 0.071%，Mo 含量为 0.35%，V 含量为 1.18%，Al_2O_3 含量为 76.69%，主要物相组成为 $NaAl_{11}O_{17}$、Al_2O_3、$NiAl_2O_4$。样品的外形、元素组成、物相组成均与上述的镍渣一致，可以判断样品为废铝基催化剂提取 Mo、V 之后的镍渣。

（四）样品属性鉴定结论

样品为废铝基催化剂提取 Mo、V 之后的镍渣。根据《固体废物鉴别标准 通则》（GB 34330—2017）4.1 条款，鉴别样品为固体废物。

二、镍渣

（一）样品外观形态

样品为绿色粉末和块状物，如图 5-108 所示。

图 5-108　样品

（二）样品理化特征

1. 元素分析

对样品进行 X 射线荧光光谱半定量分析，结果见表 5-72。

表 5-72　样品主要成分及含量（干态，以氧化物计）　　　单位：%

样品主要成分	含量	样品主要成分	含量
Al_2O_3	28.54	CoO	0.84
CaO	14.16	F	0.50
SO_3	12.72	PbO	0.44
NiO	9.51	MoO_3	0.40
Cr_2O_3	7.68	Cl	0.14
SiO_2	4.11	SnO_2	0.14
Na_2O	3.95	K_2O	0.06
P_2O_5	3.01	Bi_2O_3	0.05
CuO	2.63	ZrO_2	0.04
ZnO	1.64	TiO_2	0.04
MgO	1.49	As_2O_3	0.03
Fe_2O_3	1.42	SrO	0.01
V_2O_5	1.24		

2. 物相分析

对样品进行 X 射线衍射分析，结果如图 5-109 所示。样品物相组成为 Al_2O_3、$CaSO_4 \cdot 0.5H_2O$、（$Mg_{0.06}Ca_{0.94}$）CO_3、NiO 和 SiO_2。

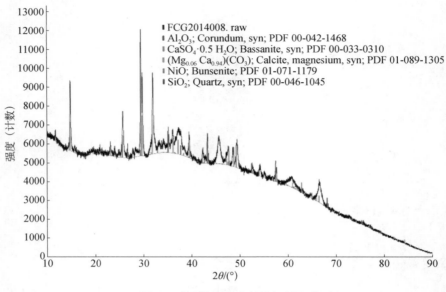

图 5-109　样品的 X 射线衍射图谱

（三）样品可能产生来源分析

含 Mo、V、Ni、Co 废铝基催化剂[具体见本节一（三）]经碱浸后，Mo、V 进入浸出液进行回收，Ni、Co 则进入浸出渣形成一种绿色粉末状固体颗粒镍渣，其中 Ni 含量为 4.77%，Al 含量为 33.85%，另含有少量 Mo、Co、V 等元素及其他杂质元素，铝主要以 Al_2O_3 形式存在，镍以铝酸镍（$NiAl_2O_4$）、氧化镍（NiO）及硫化镍（NiS）等形式存在。

样品为绿色粉末；Ni 含量为 7.47%，Al 含量为 15.11%，并含有少量的 V、Co、Mo；主要物相中含有 Al_2O_3 和 NiO 特征相。可见，样品的外观、元素组成和物相组成都与含 Mo、V、Ni、Co 的废铝基催化剂提取 Mo、V 后的镍渣基本接近。样品中 Al 含量较低，可能是废催化剂在回收 Mo、V 的碱浸过程中有部分 Al 溶于碱液中。可以判定该样品应是含 Mo、V、Ni、Co 的废铝基催化剂提取 Mo、V 后的镍渣。

（四）样品属性鉴定结论

样品应是含 Mo、V、Ni、Co 的废铝基催化剂提取 Mo、V 后的镍渣。根据《固体废物鉴别标准　通则》（GB 34330—2017）4.1 条款，鉴别样品为固体废物。

三、含 Ni、Co、Mo、V 的废催化剂经过处理的产物

（一）样品外观形态

两袋样品（见图 5-110）：一袋为黑色粉末和块状物，块状物可用手捏碎，该样品编号为 1#，从该样品中能挑出大量硬质圆球状物质和少量的硬质圆柱状物质；另一袋为土黄色粉末和块状物，块状物可用手捏碎，该样品编号为 2#。

| 1#样品 | 硬质圆球状和硬质圆柱状物质 | 2#样品 |

图 5-110 样品

（二）样品理化特征

1. 元素分析

对样品进行 X 射线荧光光谱半定量分析，结果见表 5-73～表 5-75。

表 5-73 1#样品主要成分及含量（干态，除卤素外以氧化物计）　　　单位：%

样品主要成分	含量	样品主要成分	含量
CuO	27.25	CaO	0.89
SiO$_2$	10.94	MgO	0.73
Sb$_2$O$_3$	8.70	K$_2$O	0.29
Al$_2$O$_3$	8.41	TiO$_2$	0.22
MoO$_3$	7.97	Cl	0.19
V$_2$O$_5$	5.80	Cr$_2$O$_3$	0.13
CoO	5.65	SO$_3$	0.09
Na$_2$O	5.22	MnO	0.07
Bi$_2$O$_3$	3.72	ZnO	0.06
Fe$_2$O$_3$	2.78	P$_2$O$_5$	0.03
NiO	2.68	Rh	0.03
WO$_3$	1.57	CeO$_2$	0.02

表 5-74　硬质圆球状和硬质圆柱状物质主要成分及含量（干态，除卤素外以氧化物计）单位：%

样品主要成分	含量	样品主要成分	含量
Al_2O_3	54.39	MgO	0.48
SiO_2	26.34	Sb_2O_3	0.46
CuO	2.21	Bi_2O_3	0.32
Na_2O	1.56	TiO_2	0.25
K_2O	1.05	NiO	0.24
CaO	0.88	SO_3	0.10
MoO_3	0.82	P_2O_5	0.05
V_2O_5	0.73	Cl	0.04
Fe_2O_3	0.61	Cr_2O_3	0.03
WO_3	0.59	SeO_2	0.02
CoO	0.49	ZnO	0.01

表 5-75　2#样品主要成分及含量（干态，除卤素外以氧化物计）　　单位：%

样品主要成分	含量	样品主要成分	含量
Al_2O_3	22.11	Sb_2O_3	0.51
SiO_2	16.86	K_2O	0.50
CoO	12.63	MgO	0.40
Bi_2O_3	9.19	TiO_2	0.22
NiO	4.93	SO_3	0.19
Fe_2O_3	4.21	P_2O_5	0.18
Na_2O	3.53	Cl	0.11
MoO_3	2.82	MnO	0.09
V_2O_5	1.90	ZnO	0.04
CaO	1.61	SrO	0.02
CuO	1.52	ZrO_2	0.03
WO_3	1.17		

2. 物相分析

对样品进行 X 射线衍射分析，结果如图 5-111～图 5-113 所示。1#样品的主要物相组成为 Al_2O_3、$NaSb(OH)_6$、$Bi_{0.88}Mo_{0.37}V_{0.63}O_4$、$SiO_2$ 和 $FeSb_2O_6$，硬质圆球状物质的主要物相组成为 Al_2O_3、$Al_{4.44}Si_{1.56}O_{9.78}$ 和 SiO_2，2#样品的主要物相组成为 Al_2O_3、$Bi_2Mo_{0.25}W_{0.75}O_6$、SiO_2 和 $Bi_{12.71}Co_{0.3}O_{19.35}$。

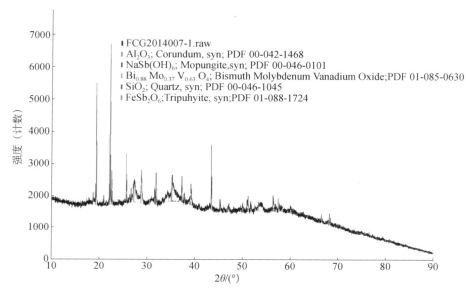

图 5-111　1#样品的 X 射线衍射图谱

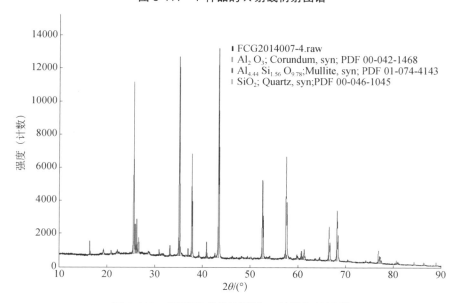

图 5-112　硬质圆球状物质的 X 射线衍射图谱

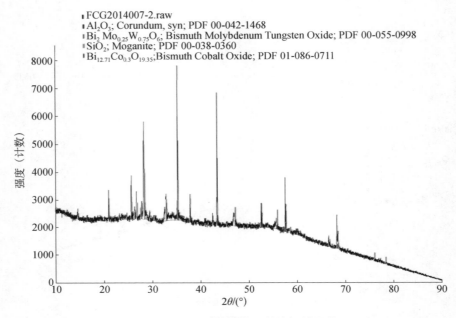

图 5-113   2#样品的 X 射线衍射图谱

（三）样品可能产生来源分析

1#样品中含有一定量的 Al、Mo、V、Co、Ni 等元素，物相组成中含有 Al₂O₃ 载体相。从该样品中挑出硬质圆球状物质的主要物相为 Al₂O₃，物质组成和外观符合铝基催化剂［具体见本节一（三）］的特征。1#样品主要呈粉末状和块状，不属于催化剂常见的圆球状、圆柱状和棱柱状，但样品中夹杂完好的硬质圆球状物质，推测该样品应是含 Ni、Co、Mo、V 的废铝基催化剂经过处理（如高温煅烧、粉碎等）的产物。

2#样品的主要成分为 Al、Si、Co、Ni、Mo、V 等元素，主要物相为 Al₂O₃，符合铝基催化剂特征，推断该样品应是含 Ni、Co、Mo、V 的废铝基催化剂经过处理（如高温煅烧、粉碎等）的产物。

（四）样品属性鉴定结论

样品为 Ni、Co、Mo、V 的废铝基催化剂经过处理的产物。根据《固体废物鉴别标准 通则》（GB 34330—2017）4.1 条款，鉴别样品为固体废物。

四、废铝基催化剂提取钒、钼之后的镍渣

（一）样品外观形态

样品为潮湿的灰黑色粉末以及颗粒物，如图 5-114 所示。105℃下测得样品的水分为 27.85%，550℃下测得烧失量为 8.46%。

图 5-114　样品

（二）样品理化特征

1. 元素分析

对样品进行 X 射线荧光光谱半定量分析，结果见表 5-76。

表 5-76　样品主要成分及含量（干态，以氧化物计）　　　　　单位：%

样品主要成分	含量	样品主要成分	含量
Al_2O_3	71.76	ZnO	0.10
Na_2O	5.87	Er_2O_3	0.10
NiO	5.84	K_2O	0.09
SiO_2	4.54	As_2O_3	0.07
P_2O_5	3.06	WO_3	0.05
V_2O_5	1.92	CuO	0.04
Fe_2O_3	1.80	Cr_2O_3	0.04
Co_3O_4	1.45	MnO	0.02
MgO	0.92	PbO	0.01
MoO_3	0.91	ZrO_2	0.01
SO_3	0.63	Ga_2O_3	0.01
CaO	0.54	Bi_2O_3	0.01
TiO_2	0.12	BaO	0.01

2. 物相分析

用 X 射线衍射仪对样品进行物相分析，主要物相为 SiO_2、$NaAl_7O_{11}$、Al_2O_3、$Na_8Al_6Si_6O_{24}SO_4$、$NiAl_2O_4$，衍射图谱如图 5-115 所示。

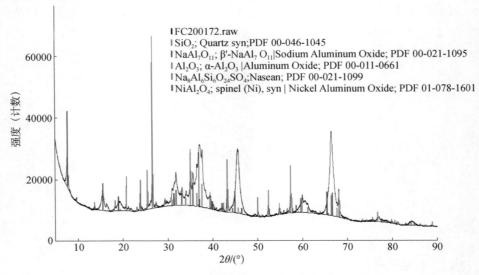

图 5-115　样品的 X 射线衍射图谱

3. 其他分析

称取 5g 样品溶于 50mL 水中，过滤得到无色不透明滤液，测得滤液 pH 为 7.80，取少许滤液加入硝酸银（$AgNO_3$）溶液，有大量白色沉淀产生；另取少许滤液加入氯化镁（$MgCl_2$）溶液，无白色沉淀产生，再滴加氯化钡（$BaCl_2$）溶液，有少量白色沉淀产生，说明样品含水溶性氯离子（Cl^-）及少量的硫酸根离子（SO_4^{2-}）。

（三）样品可能产生来源分析

1. 镍矿的原生矿物主要有硫化镍矿和氧化镍矿。硫化镍矿石经选矿工艺得到镍精矿，镍精矿的主要物相为镍黄铁矿 [（Ni，Fe）$_9S_8$]、磁黄铁矿 [（Fe_7S_8）$_7$] 和黄铜矿（$CuFeS_2$）。硫化镍矿中一般会含有铜，经过选矿形成铜精矿（Cu 高 Ni 低）和镍精矿（Cu 低 Ni 高）。

氧化镍矿的开发利用是以红土镍矿为主，它是由超基性岩风化发展而成的，镍主要以镍褐铁矿（很少结晶到不结晶的氧化铁）形式存在。红土镍矿可分为两种类型，一种是褐铁矿型，位于矿床的上部，铁高、镍低，硅、镁较低，但钴含量较高；另一种为硅镁镍矿，位于矿床的下部，硅、镁含量较高，铁、钴含量较低，但镍含量较高。

样品的元素含量和物相与硫化镍矿、氧化镍矿都不符，判断样品不是镍矿。

2. 海关编码 7501201000—镍湿法冶炼中间品的注释为：由含镍的红土矿或其他镍矿石经过湿法酸浸后得到含镍溶液，再加入沉淀剂或浓缩结晶得到粗制硫化镍、粗制氢氧化镍、粗制碳酸镍、粗制硫酸镍，按重量计含镍量大于 10%。

样品的物相组成中不存在硫化镍（NiS）、氢氧化镍［Ni(OH)$_2$］、碳酸镍（NiCO$_3$）及硫酸镍（NiSO$_4$）等物相，且样品中镍含量小于 10%，可以判断样品不属于镍的湿法冶炼中间品。

样品中 Ni 含量为 4.59%，Co 含量为 1.06%，Mo 含量为 0.61%，V 含量为 1.07%，Al$_2$O$_3$ 含量为 71.76%，主要物相组成为 SiO$_2$、NaAl$_7$O$_{11}$、Al$_2$O$_3$、Na$_8$Al$_6$Si$_6$O$_{24}$SO$_4$、NiAl$_2$O$_4$，样品的外形、元素组成、物相组成均与废铝基催化剂提取 Mo、V 后的镍渣［具体见本节一（三）］一致，可以判断样品为废铝基催化剂提取 Mo、V 之后的镍渣。

（四）样品属性鉴定结论

样品不是镍精矿，而是废铝基催化剂提取 Mo、V 之后的镍渣。根据《固体废物鉴别标准 通则》（GB 34330—2017）4.1 条款，鉴别样品为固体废物。

五、含镍废液经处理产生的沉淀渣

（一）样品外观形态

样品为绿色颗粒和块状物，颗粒和块状物易捏碎，如图 5-116 所示。

图 5-116 样品

（二）样品理化特征

1. 元素分析

对样品进行 X 射线荧光光谱半定量分析，结果见表 5-77。

表 5-77　样品主要成分及含量（干态，以氧化物计）　　　　单位：%

样品主要成分	含量	样品主要成分	含量
NiO	40.98	SiO_2	0.33
Al_2O_3	19.71	Cl	0.29
CaO	8.15	MgO	0.21
SnO_2	4.63	Cr_2O_3	0.20
P_2O_5	3.17	Fe_2O_3	0.17
SO_3	2.78	Yb_2O_3	0.10
Br	1.73	K_2O	0.06
CuO	0.89	ZnO	0.03
Na_2O	0.50	SrO	0.01

2. 物相分析

对样品进行 X 射线衍射分析，结果如图 5-117 所示。样品的结晶度很差，可匹配的物相为 $CaCO_3$ 和 $Ni(OH)_2$。

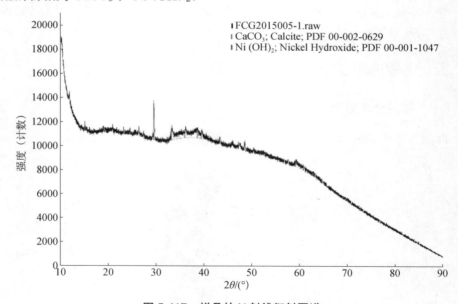

图 5-117　样品的 X 射线衍射图谱

（三）样品可能产生来源分析

1. 世界上近 2/3 的镍产自硫化镍矿石，硫化镍矿石经选矿工艺得到镍精矿，镍精矿的主要物相为镍黄铁矿[$(Ni，Fe)_9S_8$]、磁黄铁矿[$(Fe_7S_8)_7$]和黄铜矿（$CuFeS_2$）。样品的物相组成与镍精矿的不相符，可以判断样品不是镍精矿。

2. 化学镀镍等化学工艺过程中会产生大量的含镍废液，由于废液中镍离子浓度高，直接排放会对环境和人体健康造成危害，须去除其中镍离子后才能排放到外界。目前常采用化学沉淀法处理含镍废液，即通过向废液中投加沉淀剂，使镍离子以碳酸盐、氢氧化物、氧化物或硫化物的形式沉淀，从废液中分离，实现废液净化。常用的沉淀剂有石灰乳、氢氧化钠（NaOH）、硫酸亚铁（$FeSO_4$）和碳酸钠（Na_2CO_3）等。采用石灰作为沉淀剂处理含镍废液，产生的沉淀渣主要物相为 $Ni(OH)_2$、$CaCO_3$、$CaSO_4$、$Ca_3(PO_3)_2$ 等。

样品匹配到的物相有 $CaCO_3$ 和 $Ni(OH)_2$，并含有较高含量的 Ni、Ca、P 等特征元素，这些特征与石灰作为沉淀剂处理含镍废液产生的沉淀渣相符，可以推断样品是石灰作为沉淀剂处理含镍废液产生的沉淀渣。样品中含有较高含量的铝元素，可能来源于含镍废液沉淀处理过程中加入的含铝絮凝剂，或者含镍废液本身铝含量很高，在沉淀处理过程中铝元素形成沉淀物进入到沉淀渣中。

（四）样品属性鉴定结论

样品不是镍精矿，而是化学沉淀法处理含镍废液产生的沉淀渣。根据《固体废物鉴别标准 通则》（GB 34330—2017）4.3 条款，鉴别样品为固体废物。

六、含镍废液经处理产生的沉淀渣

（一）样品外观形态

样品为黑色砂状颗粒物，其中夹杂淡绿色和墨绿色颗粒物，如图 5-118 所示。

图 5-118　样品

（二）样品理化特征

1. 元素分析

对样品进行 X 射线荧光光谱半定量分析，结果见表 5-78。

表 5-78 样品主要成分及含量（干态，除卤素外以氧化物计）　　　单位：%

样品主要成分	含量	样品主要成分	含量
NiO	21.00	TiO$_2$	0.29
Al$_2$O$_3$	14.99	Cl	0.17
SO$_3$	13.00	MnO	0.11
SiO$_2$	10.05	K$_2$O	0.11
P$_2$O$_5$	9.99	Er$_2$O$_3$	0.09
CaO	8.94	PbO	0.09
Fe$_2$O$_3$	8.04	CuO	0.06
Cr$_2$O$_3$	3.52	BaO	0.05
Na$_2$O	1.26	V$_2$O$_5$	0.02
ZnO	0.91	SrO	0.02
MgO	0.80	ZrO$_2$	0.01

2. 物相分析

对样品进行 X 射线衍射分析，结果如图 5-119 所示。样品的物相组成为 $CaSO_4 \cdot 2H_2O$、$CaSO_4 \cdot 0.5H_2O$ 和 SiO_2。

（三）样品可能产生来源分析

1. 样品的物相组成与镍精矿[具体见本节五（三）]的不相符，可以判断该样品不是镍精矿。

2. 化学镀镍是以硫酸镍为主盐，次亚磷酸钠作还原剂，在金属自催化作用下，通过可控制的氧化还原反应，在金属或非金属制件表面形成镍-磷合金覆盖层的过程，亦称化学镀镍-磷合金，在工业中被广泛应用。化学镀镍溶液使用数周期后，镀液老化失效而排出。该废液中含有大量的镍离子、亚磷酸根及硫酸根等污染环境的成分，须去除这些成分后才能排放到外界。目前常采用钙沉淀剂沉淀法处理化学镀镍废液，即将钙沉淀剂加入到镀液中，镍离子变成 $Ni(OH)_2$ 沉淀，同时产生大量的硫酸钙（$CaSO_4$）和亚磷酸钙（$CaHPO_3$）沉淀，形成沉淀渣。该沉淀渣中镍离子（Ni^{2+}）、亚磷酸根（HPO_3^{2-}）及硫酸根（SO_4^{2-}）等污染物易溶出，为环境污染物。

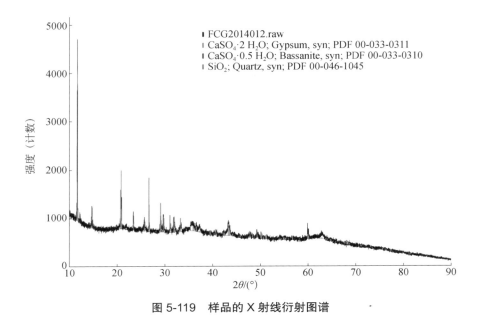

图 5-119 样品的 X 射线衍射图谱

样品的物相主要为 $CaSO_4$，并含有 Ni、P 等元素，这些特征与上述沉淀渣相符，可以推断样品应是化学镀镍废液经钙沉淀剂沉淀法处理产生的沉淀渣。样品物相分析中没见到 $Ni(OH)_2$ 相，可能是 $Ni(OH)_2$ 在沉淀生成过程中结晶条件不好，以非晶形态存在。

（四）样品属性鉴定结论

样品为化学镀镍废液经钙沉淀剂沉淀法处理产生的沉淀渣。根据《固体废物鉴别标准 通则》（GB 34330—2017）4.3 条款，鉴别样品为固体废物。

七、电镀废水经过处理产生的污泥

（一）样品外观形态

样品为褐色粉末和颗粒，如图 5-120 所示。

（二）样品理化特征

1. 元素分析

对样品进行 X 射线荧光光谱半定量分析，结果见表 5-79。

图 5-120　样品

表 5-79　样品主要成分及含量（干态，以氧化物计）　　　　　　单位：%

样品主要成分	含量	样品主要成分	含量
Fe_2O_3	36.78	Al_2O_3	0.43
Cr_2O_3	16.54	MgO	0.36
NiO	16.43	SnO_2	0.26
CuO	5.58	F	0.18
SO_3	4.96	MnO	0.16
Na_2O	2.99	Nb_2O_5	0.14
CaO	2.96	V_2O_5	0.10
TiO_2	2.86	PbO	0.04
Cl	1.11	K_2O	0.03
P_2O_5	1.10	ZrO_2	0.03
SiO_2	0.99	Tb_4O_7	0.03
ZnO	0.80	MoO_3	0.02

2. 物相分析

对样品进行 X 射线衍射分析，结果如图 5-121 所示。衍射峰毛糙、背地高，无可匹配的物相，说明样品结晶程度差，存在大量非晶态物质。

（三）样品可能产生来源分析

1. 氧化镍矿中镍主要以镍褐铁矿形式存在。样品无可匹配的物相，与镍矿的矿物组成不相符，判断样品不是镍矿。

2. 电镀工业中会产生大量含 Cr、Ni、Cu 等金属元素的废水，直接排放会对环境和人体健康造成危害，须去除其中金属元素后才能排放到外界。目前常采用化学沉淀法处理电镀废液，即通过向废液中投加沉淀剂，使金属离子以碳酸盐、氢氧化物、氧化物或硫化物的形式沉淀，从废液中分离，实现废液净化。形成的电镀污泥结晶程度差，颜色有褐色、绿色等，并含有大量 Cr、Ni、Cu、P 等元素。常用的沉淀剂有石灰乳、氢氧化钠、硫酸亚铁和碳酸钠等。

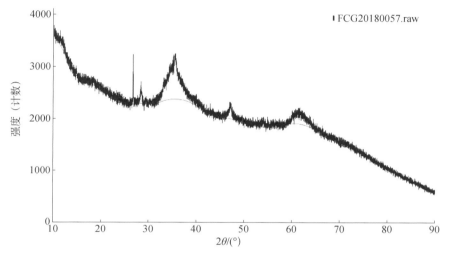

图 5-121　样品的 X 射线衍射图谱

样品为褐色，主要是因为样品中含有大量铁的氢氧化物，与电镀污泥的颜色符合；样品结晶程度差，说明样品是来自水溶液中的沉淀物，与电镀污泥的特征相符；样品中同时含有较高含量的 Cr、Ni、Cu、P 等元素，与电镀污泥的特征相符，以上可以判断样品为电镀废水经过处理产生的污泥。

（四）样品属性鉴定结论

样品不是镍矿，而是电镀废水经过处理产生的污泥。根据《固体废物鉴别标准 通则》（GB 34330—2017）4.3 条款，鉴别样品为固体废物。

八、镀镍废水经沉淀法处理产生的污泥（浅绿色）

（一）样品外观形态

样品为浅绿色粉末及颗粒物，如图 5-122 所示。

图 5-122 样品

（二）样品理化特征

①烧失量

在 105℃下测定样品水分为 12.03%，在 550℃下测定样品烧失量为 15.38%，样品灼烧后由浅绿色变为灰色。

②元素分析

对样品进行 X 射线荧光光谱半定量分析，结果见表 5-80。

表 5-80 样品主要成分及含量（干态，以氧化物计）   单位：%

样品主要成分	含量	样品主要成分	含量
NiO	35.18	SnO_2	0.12
SO_3	20.66	CoO	0.12
Na_2O	18.97	Er_2O_3	0.09
P_2O_5	12.18	ZnO	0.09
Al_2O_3	9.56	SiO_2	0.06
CuO	0.57	Yb_2O_3	0.05
Cl	0.28	Cr_2O_3	0.05
Fe_2O_3	0.24	CaO	0.03
Ru	0.13	TiO_2	0.01
MgO	0.13	MoO_3	0.01

③物相分析

用 X 射线衍射仪对样品进行物相分析，主要物相为 Na_2SO_4，衍射图谱如

图 5-123 所示。对经过 550℃灼烧后的样品进行物相分析，其主要物相为 Na_2SO_4、NiO，衍射图谱如图 5-124 所示。

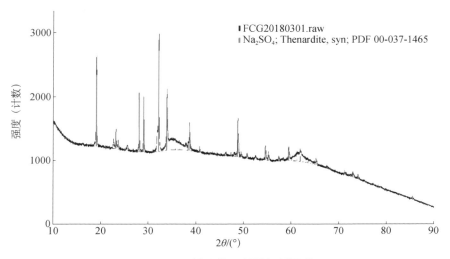

图 5-123　样品的 X 射线衍射图谱

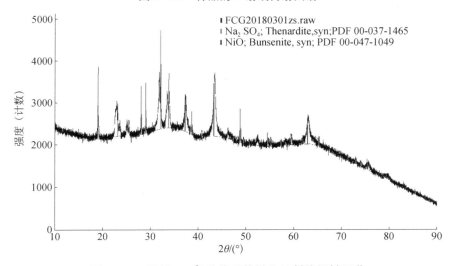

图 5-124　经过 550℃灼烧后的样品 X 射线衍射图谱

（三）样品可能产生来源分析

1. 世界上近 2/3 的镍产自硫化镍矿石，硫化镍矿石经选矿工艺得到镍精矿，镍精矿的主要物相为镍黄铁矿 [（Ni，Fe）$_9S_8$]、磁黄铁矿 [（Fe_7S_8）$_7$] 和黄铜矿

（CuFeS₂）。样品的物相组成与镍精矿的不相符，可以判断样品不是镍精矿。

2. 海关编码 7501201000—镍湿法冶炼中间品：由含镍的红土矿或其他镍矿石经过湿法酸浸后得到含镍溶液，再加入沉淀剂或浓缩结晶得到粗制硫化镍、粗制氢氧化镍、粗制碳酸镍、粗制硫酸镍，按重量计含镍量大于 10%。物理外观形态为粉末状或粉末结晶体。其中粗制硫化镍的颜色为黑色或黑灰色，粗制氢氧化镍的颜色为绿色、红褐色或灰黑色，粗制碳酸镍的颜色为绿色或灰黑色，粗制硫酸镍颜色为绿色。

海关编码 75012000—镍冶炼的其他中间产品包括：不纯氧化镍[例如，氧化镍烧结物、粉状氧化镍（"绿色氧化镍"）]，通过加工硫化镍或氧化镍铁矿石制得。氧化镍烧结物一般呈粉末状或直径不超过 50mm 的团块状。不纯镍铁，由于它的含硫量（0.5%及以上）、含磷量及其他杂质含量都很高，因而未经精炼不能直接作为合金产品用于炼钢工业中。精炼镍铁几乎全都在炼钢工业中作为镍添加剂，用于生产特种钢材。镍黄渣，即一种块状的砷化物的混合物，无商业价值。

从样品元素组成及物相组成可见，所送样品不属于镍湿法冶炼中间品和镍冶炼的其他中间产品。

3. 化学镀镍是以硫酸镍为主盐，次亚磷酸钠（NaH_2PO_2）作还原剂，在金属自催化作用下，通过可控制的氧化还原反应，在金属或非金属制件表面形成镍磷合金覆盖层的过程，亦称化学镀镍磷合金，在工业中被广泛应用。化学镀镍溶液使用数周期后，镀液老化失效而排出。该废液中含有大量的镍离子（Ni^{2+}）、亚磷酸根（$H_2PO_3^-$）及硫酸根（SO_4^{2-}）等污染环境的成分，须去除这些成分后才能排放到外界。目前处理化学镀镍废液的方法应用比较广泛的是化学沉淀法，即将沉淀剂加入到镀液中，使镍离子（Ni^{2+}）以碳酸盐、氢氧化物、氧化物或者硫化物的形式沉淀分离。常用的沉淀剂有石灰乳、氢氧化钠（NaOH）、硫酸亚铁（$FeSO_4$）和碳酸钠（Na_2CO_3）等。

以 NaOH 为沉淀剂处理化学镀镍废水，得到的沉淀物为绿色絮状物，镍离子（Ni^{2+}）与氢氧根（OH^-）形成氢氧化镍沉淀，钠离子（Na^+）与废水中硫酸根（SO_4^{2-}）生成硫酸钠（Na_2SO_4）进入沉淀，沉淀法处理废水结晶条件不好，氢氧化镍[$Ni(CH)_2$]以非晶态存在。

所送样品的物相主要为硫酸钠（Na_2SO_4），灼烧后物相主要为硫酸钠（Na_2SO_4）和氧化镍（NiO），佐证了样品中存在非晶态氢氧化镍，化学组成分析含有 Ni、P 等元素，这些特征与上述以 NaOH 为沉淀剂处理化学镀镍废水所得沉淀渣相符，可以推断样品应是化学镀镍废水经 NaOH 沉淀法处理产生的沉淀渣。

（四）样品属性鉴定结论

样品应是镀镍废水经沉淀法处理产生的污泥。根据《固体废物鉴别标准　通则》（GB 34330—2017）4.3 条款，鉴别样品为固体废物。

九、镀镍废水经沉淀法处理产生的污泥（浅黄绿色和绿色混合物）

（一）样品外观形态

样品为浅黄绿色粉末及颗粒物和绿色颗粒物的混合物，如图 5-125 所示。

图 5-125　样品

（二）样品理化特征

①烧失量

在 105℃下测定样品水分为 8.33%，在 550℃下测定样品烧失量为 22.57%，样品灼烧后颜色变为棕色。

②元素分析

对样品进行 X 射线荧光光谱半定量分析，结果见表 5-81。

表 5-81　样品主要成分及含量（干态，以氧化物计）　　　单位：%

样品主要成分	含量	样品主要成分	含量
NiO	61.48	Na$_2$O	0.48
SiO$_2$	7.06	Cl	0.41

续表

样品主要成分	含量	样品主要成分	含量
CaO	5.67	MoO_3	0.22
Fe_2O_3	4.30	Cr_2O_3	0.14
CuO	4.14	Er_2O_3	0.13
SO_3	3.38	TiO_2	0.11
ZnO	2.55	MnO	0.06
SnO_2	2.51	PbO	0.05
MgO	1.76	K_2O	0.03
P_2O_5	1.45	Ag	0.02
Al_2O_3	0.66	CoO	0.01

③物相分析

用 X 射线衍射仪对样品进行物相分析，衍射峰弥散，样品结晶程度差，主要物相为 $CaCO_3$，衍射图谱如图 5-126 所示。对经过 550℃灼烧后的样品进行物相分析，其主要物相为 NiO、$CaCO_3$，衍射图谱如图 5-127 所示。

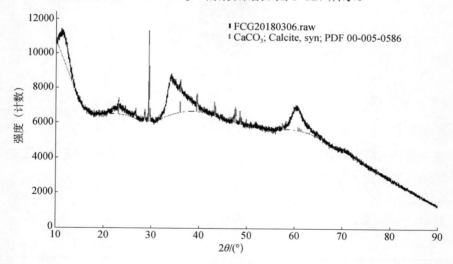

图 5-126　样品的 X 射线衍射图谱

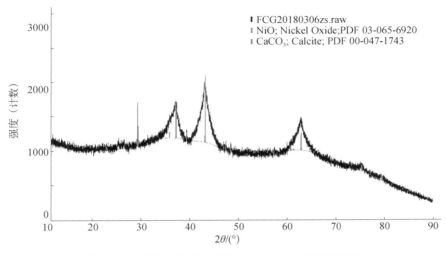

图 5-127 经过 550℃灼烧后的样品 X 射线衍射图谱

（三）样品可能产生来源分析

1. 样品的物相组成与镍精矿[具体见本节八（三）]的不相符，可以判断样品不是镍精矿。

2. 从样品元素组成及物相组成可见，所送样品不属于镍湿法冶炼中间品和镍冶炼的其他中间产品[镍湿法冶炼中间品和镍冶炼其他中间品具体见本节八（三）]。

3. 采用石灰作为沉淀剂处理含镍废水，产生的沉淀渣主要成分为 $Ni(OH)_2$、$CaCO_3$、$CaSO_4$、$Ca_3(PO_3)_2$ 等，沉淀法处理废水结晶条件不好，氢氧化镍[$Ni(OH)_2$]以非晶态形式存在。

所送样品的物相主要为碳酸钙（$CaCO_3$），灼烧后物相主要为氧化镍（NiO）和碳酸钙（$CaCO_3$），佐证了样品中存在非晶态氢氧化镍，化学组成分析含有 Ni、P 等元素，这些特征与上述以石灰作为沉淀剂处理化学镀镍[具体见本节八（三）]废水所得沉淀渣相符，可以推断样品应是化学镀镍废水经钙沉淀剂沉淀法处理产生的沉淀渣。

4. 电镀污泥是电镀废水处理过程中产出的一种固体废弃物，含有大量的镍（Ni）、铜（Cu）、锡（Sn）和铬（Cr）等重金属，是一种廉价的可再生二次资源。电镀污泥是提取镍的重要原料。电镀污泥的颜色有黄色、绿色、棕黑色、红色、紫色等，一般含水量较高，各组成物相结晶程度较低，灰分含量一般在 70% 以上。某电镀厂电镀污泥实例：外观呈绿色、泥状，干燥后其主要化学成分分析见表 5-82。

表 5-82　某电镀厂电镀污泥的主要化学成分及含量　　　　单位：%

样品化学成分	含量	样品化学成分	含量
Ni	12.74	Fe	0.23
Cu	6.90	Ca	3.34
Cr	14.51	Mg	1.23

样品物相结晶程度较低，主要物相为碳酸钙（$CaCO_3$），并含有较高含量的 Ni、Ca、Cu、Sn、P 等特征元素，这些特征与石灰作为沉淀剂处理含镍废液产生的电镀污泥相符。不排除样品为其他电镀含镍废水经沉淀处理产生的污泥。

（四）样品属性鉴定结论

样品应是镀镍废水经沉淀处理产生的污泥。根据《固体废物鉴别标准　通则》（GB 34330—2017）4.3 条款，鉴别样品为固体废物。

十、电镀行业产生经压滤而得含镍污泥

（一）样品外观形态

样品为褐色颗粒物和块状物，坚硬不易捏碎，块状物表面纹路规整，如图 5-128 所示。

图 5-128　样品

（二）样品理化特征

1. 元素分析

对样品进行 X 射线荧光光谱半定量分析，结果见表 5-83。

表 5-83　样品主要成分及含量（干态，以氧化物计）　　单位：%

样品主要成分	含量	样品主要成分	含量
Fe_2O_3	41.95	Er_2O_3	0.25
NiO	30.30	MnO	0.22
Na_2O	10.92	Cr_2O_3	0.17
SO_3	8.13	P_2O_5	0.06
Cl	1.49	Al_2O_3	0.06
CuO	1.30	MgO	0.06
SiO_2	0.55	ZnO	0.03
CaO	0.39		

2. 物相分析

用 X 射线衍射仪对样品进行物相分析，衍射峰弥散，样品结晶程度差，主要物相为 Na_2SO_4、$Fe_2Ni_2(CO_3)(OH)_8 \cdot 2H_2O$，衍射图谱如图 5-129 所示。对经过 550℃灼烧后的样品进行物相分析，其主要物相为 NiO、Na_2SO_4、Fe_2O_3，衍射图谱如图 5-130 所示。

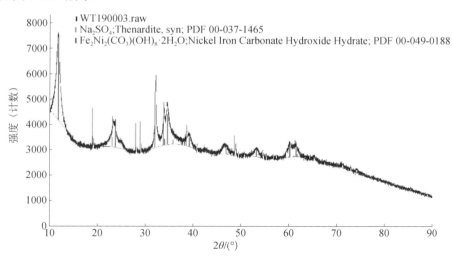

图 5-129　样品的 X 射线衍射图谱

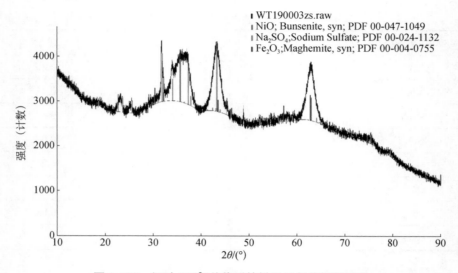

图 5-130　经过 550℃灼烧后的样品 X 射线衍射图谱

3. 其他分析

（1）取 5g 原样，加入 50mL 去离子水，搅拌过滤得到无色透明滤液，取少量滤液，滴加几滴氯化镁（MgCl₂），无白色沉淀产生，再滴加几滴氯化钡（BaCl₂），有白色沉淀产生；另取一份滤液，滴加几滴硝酸银（AgNO₃），有白色沉淀产生，说明样品中存在水溶性硫酸根（SO_4^{2-}）及氯离子（Cl⁻）。测定滤液 pH 为 8.5。

（2）取少量原样，加入盐酸，全部溶解，有气泡产生，得到棕黄色透明溶液。

（3）在 105℃下测定检测样水分为 10.27%，在 550℃下测定样品烧失量为 18.45%，样品灼烧后颜色由褐色变为暗红色。

（三）样品可能产生来源分析

1. 样品的物相组成与镍精矿[具体见本节五（三）]的不相符，可以判断样品不是镍精矿。

2. 从样品元素组成及物相组成可见，所送样品不属于镍湿法冶炼中间品和镍冶炼的其他中间产品[具体见本节八（三）]。

3. 电解污泥来源于电镀尚未达到质量要求的镀件，将镀件表面的镀层在一定条件下电解，产生的沉淀物含水量在 75% 左右。电解污泥的成分为 Fe₂O₃（54.72%）、NiO（25.80%）、CuO（8.16%）、SiO₂（4.01%）、可溶性盐（NH₄NO₃、NaNO₃、NaCl）（7.31%）。采用化学法处理（酸溶液再处理）电镀行业产生的电解污泥，从中分离出有价值的 Ni、Cu、Fe 金属，既可减少环境污染，又可带来经济效益。

样品物相结晶程度低，主要匹配物相为 Na$_2$SO$_4$、Fe$_2$Ni（CO$_3$）（OH）$_8$·2H$_2$O，样品中 Ni、Fe 含量较高，并含有一定量的 Na、Cu 等元素。虽然样品的水分不高，由样品的外观可知，样品纹路规整，应该是经过一定的处理（推断为压滤）所得，由此推断样品来源于电镀行业产生的含镍污泥。

（四）样品属性鉴定结论

样品应是电镀行业产生经压滤而得含镍污泥。根据《固体废物鉴别标准　通则》（GB 34330—2017）4.3 条款，鉴别样品为固体废物。

第五节　其他矿渣、矿灰及残渣

一、钕铁硼磁性材料生产中的废料

（一）样品外观形态

样品呈潮湿的红褐色泥状，如图 5-131 所示。

图 5-131　样品

（二）样品理化特征

1. 元素分析

对样品进行 X 射线荧光光谱半定量分析，结果见表 5-84。

表 5-84　样品主要成分及含量（干态，以氧化物计）　　　　单位：%

样品主要成分	含量	样品主要成分	含量
Fe_2O_3	80.38	K_2O	0.15
Cl	6.31	ZnO	0.14
SiO_2	4.39	MgO	0.13
Nd_2O_3	2.78	CuO	0.11
CaO	1.77	ZrO_2	0.10
Al_2O_3	1.41	Gd_2O_3	0.08
Na_2O	0.88	MnO	0.07
CoO	0.86	TiO_2	0.05
Pr_6O_{11}	0.27	Cr_2O_3	0.02
SO_3	0.16	Pd	0.01
Dy_2O_3	0.16	Er_2O_3	0.01

2. 物相分析

对样品进行 X 射线衍射分析，结果如图 5-132 所示。样品物相组成为 Fe_2O_3、Fe_3O_4、FeOOH、SiO_2。

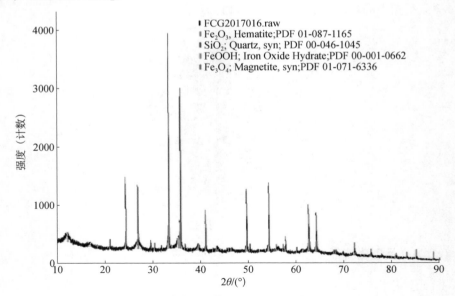

图 5-132　样品的 X 射线衍射图谱

（三）样品可能产生来源分析

1. 样品虽然含有 Fe_2O_3、Fe_3O_4、$FeOOH$ 等含铁物相，但是样品中含有较高含量钕（Nd）、镨（Pr）、镝（Dy）等稀土元素，这与铁矿的特征不符，判断样品不是铁矿。

2. 钕广泛应用于制造 Nd、Fe、B 永磁材料中，在制造 Nd、Fe、B 永磁材料过程中会产生 30% 以上的废料。Nd、Fe、B 废料外观为红褐色泥状，成分见表 5-85。样品的外观和元素组成与 Nd、Fe、B 废料类似，同时含有 Fe、Nd、Pr、Dy 等元素，推断样品应来源于 Nd、Fe、B 废料。样品中 Nd、Pr、Dy 的含量明显比 Nd、Fe、B 废料的含量低，原因可能是生产工艺不同引起废料中 Nd、Pr、Dy 的含量不一致；也可能是因为样品是 Nd、Fe、B 废料再经过盐酸浸出稀土元素后得到的残渣，从而造成样品中 Nd、Pr、Dy 的含量较低，样品中含有较高含量的 Cl 可能就是盐酸浸出时带入。

表 5-85　Nd、Fe、B 废料成分及含量　　单位：%

成分	含量	成分	含量
Fe_2O_3	69.16	SO_3	0.10
Nd_2O_3	24.55	Co_2O_3	0.27
Pr_6O_{11}	3.90	MnO	0.13
Dy_2O_3	0.76	CuO	0.14
Al_2O_3	0.48	P_2O_5	0.03
SiO_2	0.34	Cl	0.03

（四）样品属性鉴定结论

样品不是铁矿，样品来源于 Nd、Fe、B 磁性材料生产中的废料。根据《固体废物鉴别标准 通则》（GB 34330—2017）4.1 条款，鉴别样品为固体废物。

二、铁矿中夹杂氧化铁皮

（一）样品外观形态

样品呈潮湿的红褐色泥状，其中夹杂坚硬片状物，如图 5-133 所示。抽取样品烘干后过 2mm 筛，得到 2mm 筛下物（红褐色粉粒物）和 2mm 筛上物（片状物）。将 2mm 筛下物制成粉末检测样（编号 1#）。将 2mm 筛上物制备检测样，得到 100 目筛下粉末样品（编号 2#）和 100 目筛上碎片状金属样品（编号 3#）。

样品 片状物

图 5-133 样品

（二）样品理化特征

1. 元素分析

对 1#和 2#样品进行 X 射线荧光光谱半定量分析，结果见表 5-86。

表 5-86 样品主要成分及含量（干态，以氧化物计） 单位：%

主要成分	Fe_2O_3	SiO_2	CaO	Cl	Al_2O_3	MnO	MgO
1#样品含量	87.87	3.88	3.16	1.41	0.86	0.82	0.48
2#样品含量	92.23	1.89	2.24	0.73	0.64	0.48	0.89

2. 物相分析

对 1#、2#和 3#样品进行 X 射线衍射分析，结果如图 5-134～图 5-136 所示。1#样品物相组成为 Fe_2O_3、Fe_3O_4、FeO、SiO_2。2#样品物相组成为 FeO、Fe_3O_4、Fe_2O_3。3#样品主要物相为金属铁（Fe）。

（三）样品可能产生来源分析

1. 铁矿石从成分上划分为赤铁矿（主要成分为 Fe_2O_3）、磁铁矿（主要成分为 Fe_3O_4）、针铁矿（主要成分为 FeOOH）。样品的主要物相为 Fe_2O_3 和 Fe_3O_4，与铁矿石组成相符。

2. 氧化铁皮是钢材在轧制过程中剥落下来的固体物质，是钢铁企业各种含铁废液渣中铁含量最高的废渣，其全铁含量多在 70% 以上，具有片状分层的结构，主要是氧化亚铁（FeO）、四氧化三铁（Fe_3O_4）和三氧化二铁（Fe_2O_3）、单质铁（Fe），杂质含量很低。样品中片状物的主要物相为 FeO、Fe_3O_4、Fe_2O_3、Fe，与氧化铁皮组成吻合，判断样品中夹杂的片状物为氧化铁皮。

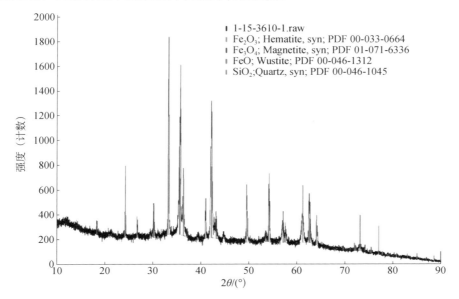

图 5-134 1#样品的 X 射线衍射图谱

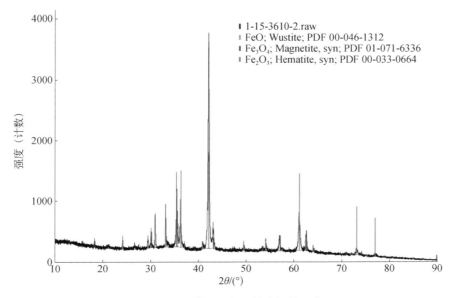

图 5-135 2#样品的 X 射线衍射图谱

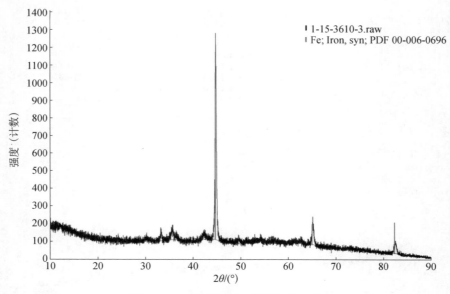

图 5-136　3#样品的 X 射线衍射图谱

（四）样品属性鉴定结论

样品为铁矿中夹杂氧化铁皮。参照我国《限制进口类可用作原料的固体废物目录》第三（5）项"轧钢产生的氧化皮"进行判断，样品中夹杂的氧化铁皮属于目前我国限制进口类可用作原料的固体废物。

三、转炉炼钢过程中产生的除尘灰

（一）样品外观形态

样品为潮湿的黑色粉粒，有磁性，如图 5-137 所示。经制样得到两个检测样：100 目筛下物粉末检测样（编号 1#）和 100 目筛上物检测样（编号 2#，为碎片状金属）。

（二）样品理化特征

1. 元素分析

对 1#样品进行 X 射线荧光光谱半定量分析，结果见表 5-87。

图 5-137　样品

表 5-87　样品主要成分及含量（干态，以氧化物计）　　　　单位：%

样品主要成分	含量	样品主要成分	含量
Fe_2O_3	54.24	ZnO	0.22
CaO	17.79	Na_2O	0.16
SiO_2	14.13	K_2O	0.09
Al_2O_3	4.02	BaO	0.06
MgO	3.62	V_2O_5	0.06
MnO	3.41	Cl	0.06
SO_3	0.81	CuO	0.03
P_2O_5	0.68	SrO	0.02
Cr_2O_3	0.49	PbO	0.01
TiO_2	0.38	NiO	0.01
Tb_4O_7	0.26		

2. 物相分析

对 1#和 2#样品进行 X 射线衍射分析，结果如图 5-138 和图 5-139 所示。1#样品物相组成为 Fe_3O_4、FeO、$Ca_2(Al_{0.65}Mg_{0.35})(Al_{0.65}Si_{1.35})O_7$、$Ca_2SiO_4$、$SiO_2$、$CaCO_3$。2#样品的主要物相为金属铁（Fe）。

3. 其他分析

采用碳硫仪测得样品中碳含量为 0.95%。

（三）样品可能产生来源分析

1. 天然铁矿石有三种：磁铁矿（Fe_3O_4）、赤铁矿（Fe_2O_3）和褐铁矿（FeOOH）。天然铁矿石中不存在金属铁（Fe）和氧化亚铁（FeO），而本样品中含有 Fe 和 FeO，可以判断该样品不是铁矿。

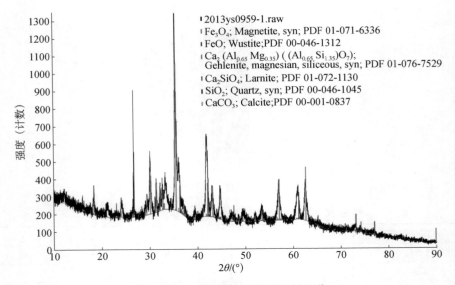

图 5-138　1#样品的 X 射线衍射图谱

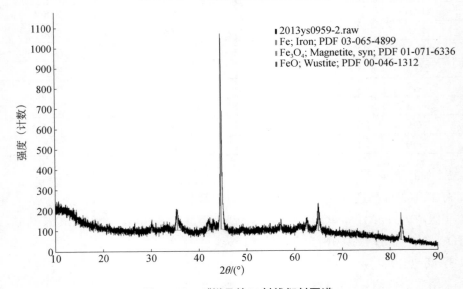

图 5-139　2#样品的 X 射线衍射图谱

2. 转炉炼钢以铁水为原料，以空气或者纯氧作为氧化剂，靠杂质的氧化热提高钢水温度，30～40min 内完成一次精炼的快速炼钢法。炼钢过程中加入的造渣剂包括石灰、萤石等；氧化剂或冷却剂包括铁矿石、烧结矿、氧化铁皮等。转炉炼钢除尘灰含铁量高，还存在其他杂质元素：C、Ca、Si、Al、Mg、Mn、Zn、Pb

等。转炉炼钢除尘灰中铁主要以 Fe、Fe_3O_4 和 FeO 等形态存在。表 5-88 是国内某转炉除尘灰的化学组成。本样品的元素组成和物相组成与转炉炼钢除尘灰的非常接近，可以推断该样品应是转炉炼钢除尘灰。

表 5-88　转炉炼钢除尘灰中粗、细粉尘的成分及含量　　　　　单位：%

成分	TFe	CaO	Zn	Pb	S	C
粗粉尘含量	30～85	8～21	0.01～0.40	0.01～0.04	0.02～0.06	1.4
细粉尘含量	54～70	3～11	1.4～3.2	0.2～1.0	0.07～0.12	0.7

（四）样品属性鉴定结论

样品不是铁矿，而是转炉炼钢过程中产生的除尘灰。根据《固体废物鉴别标准　通则》（GB 34330—2017）4.3 条款，鉴别样品为固体废物。

四、电解锌阳极泥

（一）样品外观形态

样品为潮湿的黑色细颗粒，其中夹杂黑色片状物，片状物易掰断，如图 5-140 所示。

图 5-140　样品

（二）样品理化特征

1. 元素分析

对样品进行 X 射线荧光光谱半定量分析，结果见表 5-89。

表 5-89　样品主要成分及含量（干态，以氧化物计）　　　　单位：%

样品主要成分	含量	样品主要成分	含量
MnO	72.28	Na$_2$O	0.07
PbO	10.14	MgO	0.06
SO$_3$	5.84	Cl	0.05
K$_2$O	1.76	BaO	0.03
SiO$_2$	1.26	Rb$_2$O	0.02
SrO	1.26	CeO$_2$	0.02
CaO	0.94	NiO	0.02
Er$_2$O$_3$	0.53	CoO	0.02
ZnO	0.51	Cr$_2$O$_3$	0.02
Fe$_2$O$_3$	0.24	CdO	0.02
CuO	0.12	ThO$_2$	0.01
Ag	0.07		

2. 物相分析

对样品进行 X 射线衍射分析，结果如图 5-141 所示。样品物相组成为 KMn$_8$O$_{16}$、PbSO$_4$。

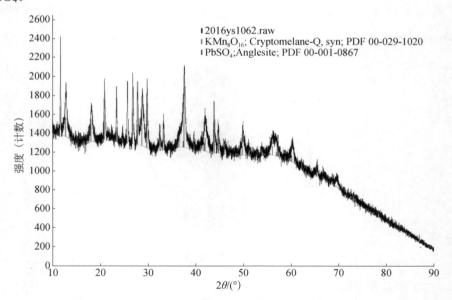

图 5-141　样品的 X 射线衍射图谱

3. 其他分析

取少量样品置于烧杯中，加入适量水搅拌过滤得无色透明滤液，用 pH 试纸测得滤液 pH 为 2.5，滤液中加入 $MgCl_2$ 溶液，无白色沉淀产生，滤液中加入 $BaCl_2$ 溶液后产生白色沉淀，滴加稀盐酸白色沉淀不溶解，证明样品中存在水溶性硫酸根（SO_4^{2-}）。

（三）样品可能产生来源分析

1. 锰矿中常见含锰矿物有软锰矿（MnO_2）、菱锰矿（$MnCO_3$）、黑锰矿（Mn_3O_4）、锰钡矿（$BaMn_8O_{16}$）、锰钾矿（$K_2Mn_8O_{16}$）等，此外锰矿中常伴生有铁矿物、脉石矿物等，锰矿中不常见有色金属铅元素及贵金属银元素。样品中虽然含有锰矿物（KMn_8O_{16}），但还含有 $PbSO_4$，并含有较高含量的 Ag，这与锰矿的成分特征不符，可以判断样品不是锰矿。

2. 目前锌冶炼主要采用湿法炼锌工艺，包括 5 个工序：硫化锌精矿焙烧、锌焙砂浸出、浸出溶液净化、电解沉积、阴极锌熔铸。电解沉积阶段，即在 $ZnSO_4$ 和 H_2SO_4 溶液中，采用 Pb-Ag 合金为阳极，纯铝做阴极，通以直流电进行电解，在阴极析出锌，在阳极产生氧气（O_2），同时阳极中 Pb 和 Ag 被氧化溶解生成 $PbSO_4$ 等沉于电解槽底成为阳极泥，电解液中的硫酸锰（$MnSO_4$）被氧化生成 KMn_8O_{16} 进入阳极泥。

电解锌阳极泥为黑色颗粒及片状，主要含有 Mn（30%～60%）、Pb（7%～19%）、Ag（0.05%～0.2%）等元素，主要物相为 KMn_8O_{16}、$PbSO_4$。样品的外观、元素组成及物相组成与电解锌阳极泥相符，并且样品中存在水溶性硫酸根（SO_4^{2-}），也与电解锌阳极泥的形成环境相符，可以判断样品属于电解锌阳极泥。

（四）样品属性鉴定结论

样品不是锰矿，属于电解锌阳极泥。根据《固体废物鉴别标准 通则》（GB 34330—2017）4.2 条款，鉴别样品为固体废物。

五、湿法炼锌浸出渣

（一）样品外观形态

样品为黑色粉末，其中夹杂黑色块状物，块状物用手可掰开，如图 5-142 所示。

图 5-142 样品

（二）样品理化特征

1. 元素分析

对样品进行 X 射线荧光光谱半定量分析，结果见表 5-90。

表 5-90 样品主要成分及含量（干态，以氧化物计）　　　　单位：%

样品主要成分	含量	样品主要成分	含量
Fe_2O_3	33.24	P_2O_5	0.14
SO_3	25.99	Cr_2O_3	0.12
SiO_2	7.83	Sb_2O_3	0.10
Na_2O	7.45	SeO_2	0.08
CaO	6.43	BaO	0.08
CuO	6.19	Tb_4O_7	0.07
ZnO	4.31	SnO_2	0.06
Al_2O_3	3.67	Ag	0.04
MnO	2.64	SrO	0.04
PbO	1.40	Cl	0.04
MgO	0.94	NiO	0.03
K_2O	0.28	Gd_2O_3	0.02
As_2O_3	0.25	V_2O_5	0.01
TiO_2	0.14	In_2O_3	0.01

2. 物相分析

对样品进行 X 射线衍射分析，结果如图 5-143 所示。样品物相组成为 $CaSO_4 \cdot 2H_2O$、$CaNa_2(SO_4)_2$、Fe_3O_4、ZnS、$PbSO_4$。样品在 550℃灼烧后变为红

褐色粉末，取该样品做 X 射线衍射分析，衍射图谱如图 5-144 所示。样品的主要物相为 Fe_2O_3 和 $CaSO_4$，并含有少量的 Fe_3O_4 和 $PbSO_4$。

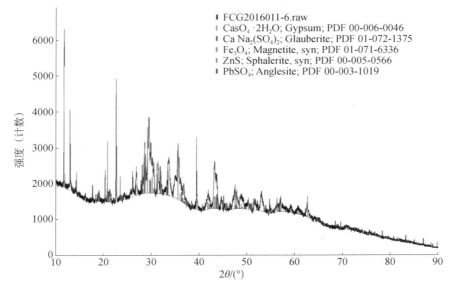

图 5-143　样品的 X 射线衍射图谱

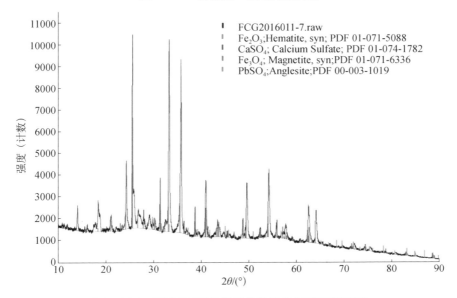

图 5-144　经过 550℃灼烧后的样品 X 射线衍射图谱

3. 其他分析

取少量样品置于烧杯中，加入适量水搅拌过滤，取一份滤液先加入 $MgCl_2$ 溶液，无白色沉淀产生，再加入 $BaCl_2$ 溶液后产生白色沉淀，滴加稀盐酸白色沉淀不溶解，证明样品中存在水溶性硫酸根（SO_4^{2-}），取一份滤液用 pH 试纸测得 pH 为 2.5。

（三）样品可能产生来源分析

1. 银矿分为两类：一类是以银为主，同时伴生有金，或含少量 Cu、Pb、Zn。它们多是由原生银金矿，或 Cu、Pb、Zn 硫化矿氧化蚀变后次生的氧化矿。银矿物主要是银金矿（AgAu）、辉银矿（Ag_2S）、锑银矿（Ag_3Sb）和角银矿（AgCl）。另一类是 Pb、Zn、Ag 共生硫化矿床，主要矿物为方铅矿（PbS）和闪锌矿（ZnS）。样品的物相组成不符合银矿的矿物组成特征。

有色金属行业标准《银精矿》（YS/T 433—2001）规定银精矿中银含量大于 3000g/t，即大于 0.3%，但是样品中银含量为 0.04%，不符合银精矿的要求。

综上所述，样品应该不是银精矿。

2. 目前锌冶炼主要采用湿法炼锌工艺，在锌焙砂浸出阶段常采用热酸浸出针铁矿法沉铁工艺，即在高温下采用硫酸浸出，使锌焙砂中 ZnO 和 $ZnFe_2O_4$ 中锌元素转变成 $ZnSO_4$ 进入浸出液，同时铁元素形成 $Fe_2(SO_4)_3$ 进入浸出液，通过中和调节浸出液 pH 使浸出液中铁元素形成晶态或非晶态 FeOOH 沉淀，从而形成浸出渣，锌焙砂中未浸出的 ZnS、FeS、Fe_3O_4 及 $ZnFe_2O_4$ 等也进入浸出渣中，利用石灰中和调节浸出液 pH 时生成的 $CaSO_4 \cdot 2H_2O$ 也进入浸出渣中，锌焙砂中铅元素在硫酸（H_2SO_4）作用下生成 $PbSO_4$ 也进入浸出渣中，锌精矿原料中 As、Cd、Tl 等重金属元素及 Ga、In、Ag 等稀散金属元素和贵金属元素最终富集于浸出渣中。

针铁矿法沉铁渣中主要成分为 Fe（44.86%）、Pb（1.71%）、Zn（4.92%）、Cu（1.27%），其物相有 $CaSO_4 \cdot 2H_2O$、FeOOH、$ZnFe_2O_4$。针铁矿法沉铁渣中物相有 $CaSO_4 \cdot 2H_2O$、FeOOH、Fe_3O_4、ZnS、$PbSO_4$ 等。

样品衍射图谱中存在显著的非晶包，说明样品中存在一定量的非晶态物质，样品经过 550℃灼烧后衍射图谱中非晶包微弱且生成大量的 Fe_2O_3，说明样品中非晶态物质转变为 Fe_2O_3，推断样品中非晶态物质为 FeOOH，因为 FeOOH 在 550℃时会转变成 Fe_2O_3，原样品中 Fe_3O_4 在 550℃稳定存在且不会转变成 Fe_2O_3。Fe_2O_3 的颜色为红褐色，造成样品灼烧后颜色变为红褐色。

样品中含有 FeOOH、$CaSO_4 \cdot 2H_2O$、Fe_3O_4、ZnS、$PbSO_4$ 等物相，与针铁矿

法沉铁渣的物相相符；样品的 Fe、Pb、Zn、Cu 等元素含量与针铁矿法沉铁渣的相近，且含有 As、Ag、In 等元素；样品中含有水溶性硫酸根（SO_4^{2-}），这与针铁矿法沉铁渣经过了酸浸出的特征相符。由此可判断样品属于湿法炼锌过程中针铁矿法沉铁渣，即湿法炼锌浸出渣。

（四）样品属性鉴定结论

样品不是银精矿，而是湿法炼锌浸出渣。根据《固体废物鉴别标准 通则》（GB 34330—2017）4.2 条款，鉴别样品为固体废物。

六、粗铅电解阳极泥

（一）样品外观形态

样品为褐色粉末，如图 5-145 所示。

图 5-145 样品

（二）样品理化特征

1. 元素分析
对样品进行 X 射线荧光光谱半定量分析，结果见表 5-91。

表 5-91 样品主要成分及含量（干态，以氧化物计） 单位：%

样品主要成分	含量	样品主要成分	含量
Sb_2O_3	51.79	SO_3	0.41
PbO	20.43	Re	0.32
As_2O_3	12.72	Fe_2O_3	0.26
F	3.54	CuO	0.17
Na_2O	2.62	K_2O	0.09

续表

样品主要成分	含量	样品主要成分	含量
Ag	2.09	CaO	0.09
Bi_2O_3	1.38	Al_2O_3	0.06
Cl	0.90	Tl	0.06
MgO	0.86	P_2O_5	0.02
SiO_2	0.44	Cr_2O_3	0.02
SeO_2	0.44	NiO	0.01

2. 物相分析

对样品进行 X 射线衍射分析，结果如图 5-146 所示。样品主要物相为 Sb_2O_3、As_2O_3、BiO_2、$AgCl$、$PbSb_2O_6$、$(Ag_{0.63}Sb_{0.5})(Sb_2O_{6.1})$、$PbClF$、$Pb_5(AsO_4)_3F$。样品 X 射线衍射图谱中 30°处存在非晶包，说明样品中还存在非晶态物质。

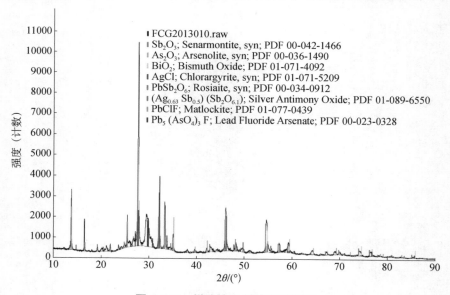

图 5-146　样品的 X 射线衍射图谱

（三）样品可能产生来源分析

1. 锑精矿中常存在的含锑矿物为辉锑矿（Sb_2S_3），是锑冶金工业的最主要提锑原料。《锑精矿》（YS/T 385—2006）标准中规定锑精矿中 Pb 含量不大于 0.15%，As 含量不大于 0.4%。可知该样品不符合《锑精矿》（YS/T 385—2006）标准中对锑精矿的要求。

2. 粗铅电解精炼时产出铅阳极泥，产率一般为粗铅的 1.2%～1.8%，通常含有 Sb、Pb、As、Ag、Bi、Cu、Au、Se 等有价元素。铅阳极泥的成分取决于所用的粗铅阳极板，各种组分都有较大的波动范围，但 Sb、Pb、As、Ag、Bi、Cu 等元素的总量一般占到 70%以上。铅阳极泥成分主要是以金属单质、金属间化合物、氧化物或固溶体形式存在，有部分 Ag 以 AgCl 形式存在。

3. 样品中含有较高的 Sb、Pb、As、Ag、Bi 等元素，成分组成与铅阳极泥相符。样品的物相组成主要是金属的氧化物（Sb_2O_3、As_2O_3、BiO_2），还存在固溶体相[$PbSb_2O_6$、$(Ag_{0.63}Sb_{0.5})(Sb_2O_{6.1})$]，这也与铅阳极泥相符。样品中含有 F、Ag，它们属于铅阳极泥的特征元素，F 来自电解液 H_2SiF_6（硅氟酸）和 $PbSiF_6$（硅氟酸铅），Ag 来自粗铅。

铅阳极泥，其主要化学组成一般：Sb（45.05%）、Bi（2.83%）、Pb（18.96%）、Cu（0.65%）、Ag（4.025%），Sb、Bi、Pb、Ag 等元素主要以氧化物的形态存在。此铅阳极泥的成分组成和物相组成与送检样品的相似。

由以上分析综合推断，送检样品为粗铅电解精炼过程中产生铅阳极泥。

（四）样品属性鉴定结论

样品不是锑精矿，为粗铅电解精炼过程中产生铅阳极泥。根据《固体废物鉴别标准 通则》（GB 34330—2017）4.2 条款，鉴别样品为固体废物。

七、氧化铁红

（一）样品外观形态

样品为潮湿红褐色泥状物，在 105℃烘干 2h，测定水分为 34.97%，在烘干过程中纸质样品袋腐蚀严重，如图 5-147 所示。

图 5-147　样品

（二）样品理化特征

1. 元素分析

对样品进行 X 射线荧光光谱半定量分析，结果见表 5-92。

表 5-92　样品主要成分及含量（干态，以氧化物计）　　　　单位：%

样品主要成分	含量	样品主要成分	含量
Fe_2O_3	97.56	SO_3	0.05
Cl	0.79	Cr_2O_3	0.04
SiO_2	0.20	MgO	0.03
MnO	0.18	K_2O	0.01
Al_2O_3	0.11	NiO	0.01
Gd_2O_3	0.08	Ag	0.01
CaO	0.07	CuO	0.01

2. 物相分析

对样品进行 X 射线衍射分析，结果如图 5-148 所示。样品主要物相为 Fe_2O_3。

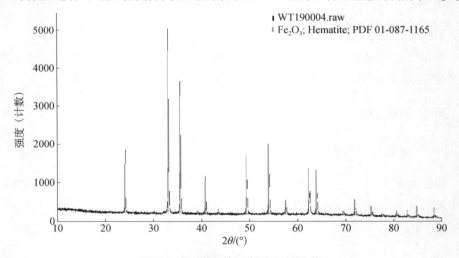

图 5-148　样品的 X 射线衍射图谱

3. 其他分析

（1）取样品置于烧杯中，加入超纯水搅拌过滤，得到淡红色透明滤液。用 pH 试纸测得滤液 pH 约为 1.8，取一份滤液加入 $AgNO_3$ 溶液，产生白色沉淀，说明样品中有水溶性氯离子（Cl^-）；再取另一份滤液加入 $MgCl_2$ 溶液，无变化，再加入 $BaCl_2$ 溶液，仍无明显白色沉淀产生，说明样品中无水溶性硫酸根（SO_4^{2-}）。推断样品存在游离态盐酸。

（2）采用 GB/T 6730.65—2009 测得样品全铁含量为 67.75%，换算成 Fe_2O_3 为 96.78%。采用 GB/T 24890—2010 测得样品中氯离子含量为 2.19%。

（三）样品可能产生来源分析

1. 样品虽然含有 Fe_2O_3，但是也含有较高含量水溶性氯离子，且样品呈酸性，这与铁矿的特征不符，判断样品不是铁矿。

2. 废水处理得到的铁泥、氧化铁皮、硫铁矿烧渣及炼钢烟尘等含铁二次资源，由于含铁量高，常常用来生产氧化铁红。湿法生产工艺为含铁二次资源经硫酸（H_2SO_4）或盐酸（HCl）等酸溶解，将铁元素转化为铁盐，再经氧化、沉淀处理得到氧化铁红。样品呈酸性，且含有水溶性氯离子（Cl^-），说明样品经过酸溶解，样品的物相为很纯的 Fe_2O_3，几乎不含其他杂质物相。盐酸（HCl）洗除钢铁制品表面铁锈或盐酸（HCl）处理铁泥、氧化铁皮等含铁废料得到废液（$FeCl_3$），加 NaOH中和沉淀得到污泥[$Fe(OH)_3$]，将该污泥一定温度焙烧，得到 Fe_2O_3，即为该样品，且样品中残留有 HCl。样品水分含量高，因为含有氯化物，易吸水。该样品下一步将用水清洗，除去 HCl。也不排除该样品由于水分含量高，由含水的污泥[$Fe(OH)_3$]经过处理得到的 Fe_2O_3。

3. 样品不符合如下三个标准：

①《氧化铁颜料》（GB/T 1863—2008）指标要求见表 5-93。虽然样品铁含量达到了《氧化铁颜料》（GB/T 1863—2008）中氧化铁红的要求（Fe_2O_3 含量≥95%），但是水溶性氯化物和硫酸盐的含量不满足要求。

表 5-93 《氧化铁颜料》指标要求

特性		按颜色、铁含量划分的要求											
		红				黄				棕			黑
总铁量的质量分数（以 Fe_2O_3 表示，在 105℃干燥后测定）/%		A	B	C	D	A	B	C	D	A	B	C	A	B
		95	70	50	10	83	70	50	10	87	70	30	95	70
105℃挥发物的质量分数/%	V1 型	≤1												
	V2 型	>1，≤1.5			—					—			—	
	V3 型	>1.5，≤2.5			>1，≤2.5									
水溶物的质量分数（热萃取法）/%	Ⅰ 型	≤0.3				≤0.5				≤0.3			≤0.5	
	Ⅱ 型	>0.3，≤1				≤0.5，≤1				>0.3，≤1			>0.5，≤1	
	Ⅲ 型	>1，≤5												

续表

特性		按颜色、铁含量划分的要求			
		红	黄	棕	黑
水溶性氯化物和硫酸盐的质量分数（以 Cl⁻和 SO₄²⁻表示）/%	Ⅰ型	≤0.1	—	≤0.1	—

②样品的 Fe_2O_3 含量为 96.78%，不满足《铁氧体用氧化铁》（GB/T 24244—2009）中 Fe_2O_3 含量≥99.40%的要求，见表 5-94。

表 5-94　《铁氧体用氧化铁》指标要求

项目		指标（质量分数）/%				
		YHT1	YHT2	YHT3	YHT4	YHT5
氧化铁（Fe_2O_3）	≥	99.40	99.20	99.00	98.50	98.00
二氧化硅（SiO_2）	≤	0.008	0.010	0.015	0.030	0.040
氧化钙（CaO）	≤	0.010	0.015	0.020	0.030	0.040
三氧化二铝（Al_2O_3）	≤	0.008	0.010	0.020	0.040	0.080
氧化锰（MnO）	≤	0.30	0.30	0.30	0.30	0.40
硫酸盐（以 SO_4^{2-}计）	≤	0.05	0.10	0.15	0.15	0.20
氯化物（Cl⁻）	≤	0.10	0.15	0.15	0.20	0.25

③样品的 Fe_2O_3 含量为 96.78%，也不满足《工业氧化铁》（HG/T 2574—2009）中 Fe_2O_3 含量≥99.80%的要求，见表 5-95。

表 5-95　《工业氧化铁》指标要求

项目		指标			
		Ⅰ类			Ⅱ类
		优等品	一等品	合格品	
主含量（以 Fe_2O_3 计）ω/%	≥	99.8	99.5	99.0	96.0
干燥失重 ω/%	≤	0.20	0.30	0.60	1.0
二氧化硅（SiO_2）ω/%	≤	0.008	0.010	0.015	—
铝（Al）ω/%	≤	0.010	0.020	0.030	—
硫酸盐（以 SO_4 计）ω/%	≤	0.10	0.15	0.20	—
氯化物（以 Cl 计）ω/%	≤	0.08	0.10	0.20	—

（四）样品属性鉴定结论

样品为盐酸处理含铁废料或清洗钢铁制品表面铁锈得到的废液，或氧化铁红生产过程中酸性废水，经沉淀处理得到主要成分为氧化铁的中间产物。按照《固体废物鉴别标准　通则》（GB 34330—2017）中 5.2 条判定，样品属于固体废物。参照《进口废物管理目录》中第 51 项"其他化工废物"（海关商品编码 3825690000）进行判定，样品属于目前我国禁止进口的固体废物。

八、钒钛磁铁矿尾矿

（一）样品外观形态

样品为褐色砂状颗粒物并有结块，如图 5-149 所示。在 105℃下测定样品水分为 3.75%，在 550℃下测定样品烧失量为 1.02%。样品带有磁性。

图 5-149　样品

（二）样品理化特征

1. 元素分析

对样品进行 X 射线荧光光谱半定量分析，结果见表 5-96。

表 5-96　样品主要成分及含量（干态，以氧化物计）　　　　单位：%

样品主要成分	含量	样品主要成分	含量
SiO_2	44.24	MnO	0.06
Al_2O_3	23.65	CuO	0.05
Fe_2O_3	10.75	BaO	0.04
CaO	9.41	SrO	0.04
Na_2O	3.48	SO_3	0.03

样品主要成分	含量	样品主要成分	含量
TiO_2	1.85	P_2O_5	0.02
MgO	0.67	Cl	0.02
K_2O	0.30	NiO	0.02
V_2O_5	0.22		

2. 物相分析

对样品进行 X 射线衍射分析，结果如图 5-150 所示。样品的主要物相为钠长石[$Na(Si_3Al)O_8$]，并含有少量钛磁铁矿[$Fe(Fe_{1.17}Ti_{0.54})O_4$]、方石英（$SiO_2$）、菱镁矿（$MgCO_3$）、钛铁矿（$FeTiO_3$）。

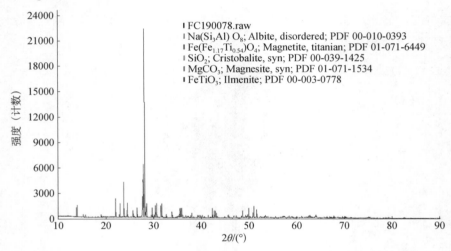

图 5-150　样品的 X 射线衍射图谱

3. 其他分析

（1）取样品置于烧杯中，加入超纯水搅拌过滤，得到淡红色透明滤液。参照《进出口铁矿石中铁、硅、钙、锰、铝、钛、镁和磷的测定　波长色散 X 射线荧光光谱法》（SN/T 0832—1999）检测，得到 TFe 含量为 13.62%，SiO_2 含量为 41.71%，Al_2O_3 含量为 20.44%，CaO 含量为 8.55%，TiO_2 含量为 2.86%，MgO 含量为 1.15%。

（2）取 5g 原样，加入 50mL 去离子水，搅拌过滤得到无色透明滤液，取少量滤液，滴加几滴氯化镁（$MgCl_2$），无白色沉淀产生，再滴加几滴氯化钡（$BaCl_2$），无白色沉淀产生；另取一份滤液，滴加几滴硝酸银（$AgNO_3$），无白色沉淀产生，说明样品中不存在水溶性硫酸根（SO_4^{2-}）及氯离子（Cl^-）。测定滤液 pH 为 7.0。

（3）对样品进行粒度分析，大于 8mm 的样品占比为 33.65%，1mm 以下样品占比为 21.44%。

（三）样品可能产生来源分析

1. 钛既可呈类质同象混入物存在于磁铁矿中，也可富存于磁铁矿内的固溶体分离物（尖晶石、钛铁晶石和钛铁矿）中，含有尖晶石、钛铁晶石、铁钛矿固溶体分离物的磁铁矿称为钛磁铁矿，含钒较多时称为钒钛磁铁矿。共生矿物有钛磁铁矿、钛铁矿、赤铁矿、金红石、磁黄铁矿以及中基性斜长石、钛普通辉石、磷灰石、橄榄石等。南非钒钛磁铁矿主要成分见表 5-97，其主要物相为钛磁铁矿以及少量钛铁矿和赤铁矿。样品同样来自南非，其铁含量仅为 13.62%，钛、钒含量也远低于文献资料。由此推断样品并非正常钒钛磁铁矿。

表 5-97　南非钒钛磁铁矿主要成分及含量　　　　　单位：%

主要成分	含量	主要成分	含量
TFe	55.86	MgO	0.80
FeO	11.18	Al_2O_3	3.70
Fe_2O_3	64.54	V_2O_5	1.49
TiO_2	13.71	CaO	0.14
SiO_2	2.15	其他	2

2. 某钒钛磁铁矿山的选铁尾矿成分见表 5-98，其主要组成矿物为辉石、绿泥石、长石等脉石矿物，可见少量钛铁矿、钛磁铁矿等矿物，化学成分与此次送检样品比较接近。样品主要物相为钠长石 $[Na(Si_3Al)O_8]$，并含有少量钛磁铁矿 $[Fe(Fe_{1.17}Ti_{0.54})O_4]$、方石英（$SiO_2$）、菱镁矿（$MgCO_3$）、钛铁矿（$FeTiO_3$），物相组成与钒钛磁铁矿尾矿相符。

表 5-98　某钒钛磁铁矿山的选铁尾矿主要成分及含量　　　　　单位：%

主要成分	含量	主要成分	含量
TFe	9.12	V_2O_3	0.092
FeO	9.13	CaO	15.84
Fe_2O_3	3.82	MgO	11.76
TiO_2	3.2	Al_2O_3	9.22
S	0.021	Cu	0.058
P	0.09	Co	0.014
SiO_2	46.46	Ni	0.01

钒钛磁铁矿磁选工艺大多需要破碎得比较细，磁选尾矿相应的粒度应该也是比较细的，而送检样品 1mm 以下样品占比仅 21.44%。钒钛磁铁矿选矿采用粗粒抛尾—阶段磨矿选别工艺流程富集钛磁铁矿，并进行了粗粒抛尾试验，研究结果表明矿样破碎至 10mm 抛尾选矿效果较好。送检样品应该是粗抛尾矿。

（四）样品属性鉴定结论

样品为钒钛磁铁矿在开采、选矿过程中产生的废石、尾矿。根据《固体废物鉴别标准 通则》（GB 34330—2017）4.2 条款，鉴别样品为固体废物。

第六节　其他类别固体废物

一、二氧化锆混合物

（一）样品外观形态

样品分为三种形态：白色细粉末（图 5-151，编号 1#）、白色坚硬的块状物（部分块状物上无标识，部分块状物上有标识，图 5-152，编号 2#）、淡粉色细粉末（图 5-153，编号 3#）。105℃下测得 1#样品、2#样品、3#样品的水分分别为 0.85%、0.1%、0.73%，550℃下测得烧失量分别为 0.26%、0.08%、0.86%。

图 5-151　1#样品

图 5-152　2#样品

图 5-153　3#样品

（二）样品理化特征

1. 元素分析

用 X 射线荧光光谱仪对 1#、2#、3#样品进行元素半定量分析，结果见表 5-99～

表 5-101。

表 5-99 1#样品主要成分及含量（干态，除部分元素外以氧化物计） 单位：%

样品主要成分	含量	样品主要成分	含量
ZrO_2	91.83	Sm_2O_3	0.03
Y_2O_3	6.00	Ag_2O	0.03
HfO_2	1.80	Er_2O_3	0.02
MgO	0.10	TiO_2	0.02
RuO_4	0.05	PbO	0.02
Rh_2O_3	0.03	Fe_2O_3	0.02
Ar	0.03		

表 5-100 2#样品主要成分及含量（干态，除部分元素外以氧化物计） 单位：%

样品主要成分	含量	样品主要成分	含量
ZrO_2	91.25	Ag_2O	0.02
Y_2O_3	6.64	OsO_4	0.02
HfO_2	1.78	Sm_2O_3	0.02
MgO	0.10	U_3O_8	0.02
RuO_4	0.03	La_2O_3	0.01
Fe_2O_3	0.03	Er_2O_3	0.01
Rh_2O_3	0.03	WO_3	0.01
TiO_2	0.03	CuO	0.01

表 5-101 3#样品主要成分及含量（干态，除部分元素外以氧化物计） 单位：%

样品主要成分	含量	样品主要成分	含量
ZrO_2	90.60	La_2O_3	0.03
Y_2O_3	7.06	CeO_2	0.03
HfO_2	1.77	Sm_2O_3	0.03
Er_2O_3	0.14	PbO	0.02
MgO	0.10	TiO_2	0.02
RuO_4	0.05	Al_2O_3	0.02
Rh_2O_3	0.03	U_3O_8	0.02
Fe_2O_3	0.03	SnO_2	0.01
Ag_2O	0.03	CdO	0.01

2 物相分析

对 1#、2#、3#样品进行 X 射线衍射分析，结果如图 5-154～图 5-156 所示。3 个样品的主要物相均为四方 ZrO_2，并含有少量单斜 ZrO_2。

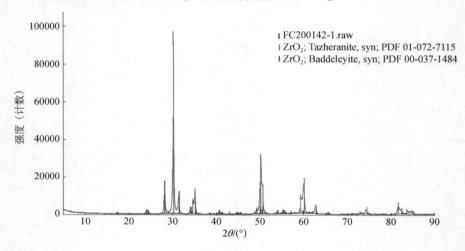

图 5-154　1#样品的 X 射线衍射图谱

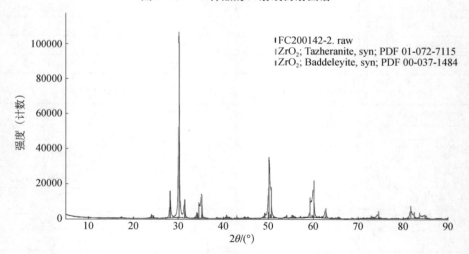

图 5-155　2#样品的 X 射线衍射图谱

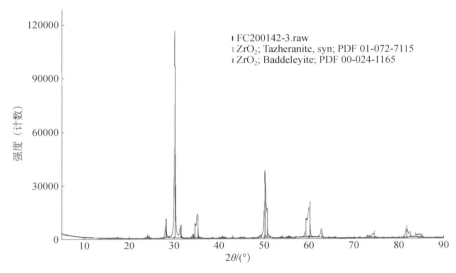

图 5-156　3#样品的 X 射线衍射图谱

3. 其他分析

（1）采用激光粒度分析仪对 1#样品和 3#样品粒度进行分析，结果见表 5-102、图 5-157 和图 5-158。可见 1#样品和 3#样品均为微米级细颗粒。

表 5-102　样品粒度数据　　　　　　　　　　　　　　　　　　单位：μm

样品	粒径 d_{10}	粒径 d_{50}	粒径 d_{90}
1#	0.812	10.54	44.06
3#	1.308	8.406	29.42

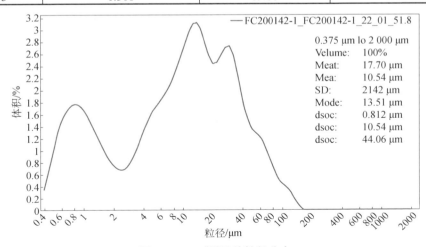

图 5-157　1#样品的粒径分布

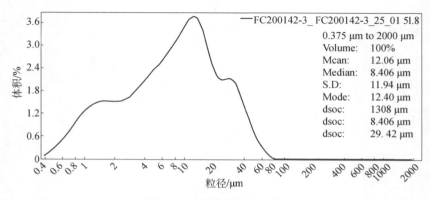

图 5-158　3#样品的粒径分布

（2）采用超景深三维显微镜对 1#样品和 3#样品放大 200 倍进行显微分析，结果如图 5-159 和图 5-160 所示，均可见微米级细颗粒的团聚体。

图 5-159　1#样品（放大 200 倍后）

图 5-160　3#样品（放大 200 倍后）

（三）样品可能产生来源分析

1. 《锆英砂》（JC/T 2333—2015）对锆英砂的定义为，一种以锆的硅酸盐（$ZrSiO_4$）为主要组成的砂状矿石，经人工、机械等物理采矿方法或化学方法，从海滨砂矿、残积砂矿、冲积砂矿、岩脉矿、岩矿、灯砂矿富集提取，通常含有伴生矿。铪共生于锆矿物中，各种锆矿物中一般含铪量为 0.5%～2%。化工、冶金等工业用锆无须分离锆铪。样品主要物相为 ZrO_2，而不是 $ZrSiO_4$，但含有铪，判断样品不是锆英砂，应来源于锆英砂冶炼加工后的产物。

2. 含锆耐火材料又分 ZrO_2 系、Al_2O_3-ZrO_2-SiO_2 系、ZrO_2-MgO-CaO 系、ZrO_2-MgO·Al_2O_3 系、ZrO_2-MgO-Cr_2O_3 系、MgO-C-ZrO_2 系等。耐火材料的主要物相为锆英石、刚玉，其主要成分及含量见表 5-103。样品中 Al、Mg 等常见耐火材料成

分含量较低，判断样品并非来源于耐火材料。

表 5-103　耐火材料的主要成分及含量　　　　　　　　　单位：%

主要成分	含量	主要成分	含量
Al_2O_3	44.2	Fe_2O_3	1.1
ZrO_2	36.0	V_2O_5	0.1
SiO_2	8.8	K_2O	0.1
Na_2O	2.2	HfO_2	0.7
CaO	2.4	MgO	3.7
NiO	0.2		

3. 全陶义齿用氧化锆瓷块以 Y_2O_3 稳定的四方氧化锆为主要材料，用于制作牙科固定义齿的冠、桥、嵌体和贴面。纯的氧化锆从高温冷却至室温过程中，会经历立方相（$c\text{-}ZrO_2$）、四方相（$t\text{-}ZrO_2$）和单斜相（$m\text{-}ZrO_2$）三种晶型。通常情况下，在室温下稳定存在的晶型为单斜相。Y_2O_3 稳定的四方氧化锆利用相变增韧的原理，在氧化锆（ZrO_2）中加入一定量的 Y_2O_3 后，会使氧化锆（ZrO_2）的晶格发生畸变，阻碍氧化锆（ZrO_2）陶瓷从四方相向单斜相转变。利用相变增韧原理得到的 Y_2O_3 稳定四方氧化锆材料中存在一定比例的单斜相，《外科植入物　基于钇稳定四方氧化锆（Y-TZP）的陶瓷材料》（ISO 13356：2008）规定了单斜相含量≤20%，同时标准中还明确了 Y_2O_3 的含量应在 4.5%～6.0%。

氧化锆陶瓷材料一般经金刚石砂轮磨削而制成符合要求的氧化锆制品，在磨削过程中产生大量的氧化锆磨削废料，粒度在微米级别，其中氧化锆（ZrO_2）含量达到 90% 以上，并混入树脂等有机物、金刚石磨料等杂质。氧化锆陶瓷材料磨削废料成分见表 5-104。氧化锆陶瓷材料磨削废料常被用来冶炼回收其中的 Zr、Y、Hf 等元素。

表 5-104　氧化锆陶瓷材料磨削废料成分及含量　　　　　单位：%

成分	含量	成分	含量
Na_2O	0.10	Fe_2O_3	0.04
Al_2O_3	2.00	NiO	0.04
SiO_2	0.08	ZnO	0.05
CaO	0.19	Y_2O_3	5.00
TiO_2	0.08	ZrO_2	90.2
MnO	0.04	HfO_2	2.20

1#样品、2#样品、3#样品主要成分及物相相同，主要成分为 Zr、Y、Hf，主要物相为四方相氧化锆（ZrO$_2$），推断 3 个样品应该是同一来源的物料。2#样品部分块状物上标有"sagemax"标识，为美国氧化锆陶瓷牙科材料的商标，2#样品呈不规则碎块状，由此推断 2#样品应该是氧化锆陶瓷牙科材料产品废弃物。1#和 3#为细粉末，粒度在微米级别，550℃下测得烧失量明显比 2#样品大，说明 1#和 3#含有其他杂质，推断 1#和 3#来源于氧化锆陶瓷牙科材料磨削加工过程中产生的磨削废料，也不排除为氧化锆陶瓷牙科材料废弃物的破碎粉末物。

（四）样品属性鉴定结论

从以上分析结果、相关文献及委托方提供的资料综合判断：送检的 3 个样品来源于氧化锆陶瓷牙科材料加工过程中产生的磨削废料、废碎料、残次品等。依据《固体废物鉴别标准 通则》（GB 34330—2017）中"4.1h）因丧失原有功能而无法继续使用的物质"及"4.2a）产品加工和制造过程中产生的下脚料、边角料、残余物质等"进行判定，送检样品均为固体废物。

二、阳极碳碎块

（一）样品外观形态

样品为黑色碎块物，用手可掰开，如图 5-161 所示。

图 5-161　样品

（二）样品理化特征

1. 元素分析

对样品进行 X 射线荧光光谱半定量分析，结果见表 5-105。

表 5-105　样品主要成分及含量（干态，以氧化物计）　　　　单位：%

样品主要成分	含量	样品主要成分	含量
SO_3	11.89	Al_2O_3	0.16
Fe_2O_3	3.73	MoO_3	0.13
CuO	0.98	PbO	0.07
NiO	0.38	MnO	0.05
CaO	0.30	Cl	0.04
ZnO	0.26	SrO	0.02
V_2O_5	0.24	MgO	0.02
SiO_2	0.18	K_2O	0.02

2. 物相分析

用 X 射线衍射仪对样品进行物相分析，主要物相为碳（C），衍射图谱如图 5-162 所示。

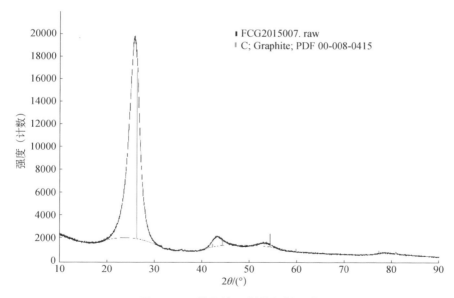

图 5-162　样品的 X 射线衍射图谱

3. 其他分析

按照《水煤浆试验方法》（GB/T 25215—2010）测定样品空干基硫含量为 1.46%。

按照《煤的工业分析方法仪器法》（GB/T 30732—2014）测定样品水分为 0.09%，空干基灰分为 1.50%，空干基挥发分为 1.30%，固定碳为 97.11%。

（三）样品可能产生来源分析

1. 石墨电极是以石油焦和沥青焦为主要原料，用煤沥青为黏结剂，经过破碎、配料、混捏、成型、焙烧、浸渍、石墨化、机械加工等一系列工艺生产的一种耐高温抗氧化的导电材料；经过 2000℃以上的高温热处理，是无定形碳转化为石墨而生产的一种产品，主要在冶金工业的电弧炉中作为导电材料，冶炼各种合金钢、铁合金、有色金属及稀有金属。

2. 石墨电极碎是指碳素制品工厂生产石墨电极时石墨化后或加工后的废料，以及加工成品石墨电极时切下的碎屑。通常也包括钢铁厂、铸造厂用过的石墨电极。石墨电极碎的主要用途是碳素制品工厂将其以 10%～20%的比例加入一些产品的配料中，也可用作炼钢时的增碳剂。

3. 非石墨化碳素产品主要包括未经石墨化处理的焙烧料、碳电极、化工行业用过的阳极块等。这些非石墨化产品大多是以无烟煤和冶金焦为主要原料生产的导电材料，故灰分和硫含量很高，只适用于中小型电炉及铁合金炉熔炼一些要求不高的普通电炉钢和铁合金。

4. 从元素组成、物相组成及其他检测结果推断，送检样品应是来自碳素产品（如石墨电极、石墨电极碎、非石墨化碳素产品等）的生产或使用过程。样品外观为碎块状，判断样品是碳素产品回收破碎料或报废料。

（四）样品属性鉴定结论

样品是碳素产品回收破碎料或报废料，属于生产过程中丧失了原有利用价值的物品，也是"生产过程中产生的废弃物质"。依据《固体废物鉴别标准 通则》（GB 34330—2017）鉴别样品为固体废物。

三、废钢

（一）样品外观形态

样品为粉末、颗粒、不规则块的混合物，掺杂有塑料、木头、铁球等，如图 5-163 所示。样品总重为 2.4kg，其中 B～G 为从样品中挑拣出的铁球（40.12g）、氧化铁皮（6.58g）、木头（3.63g）、锈铁钉（18.25g）、塑料（2.86g）、不规则铁球（6.09g）等，A 为挑拣剩余不规则颗粒、粉末研磨后筛上部分。

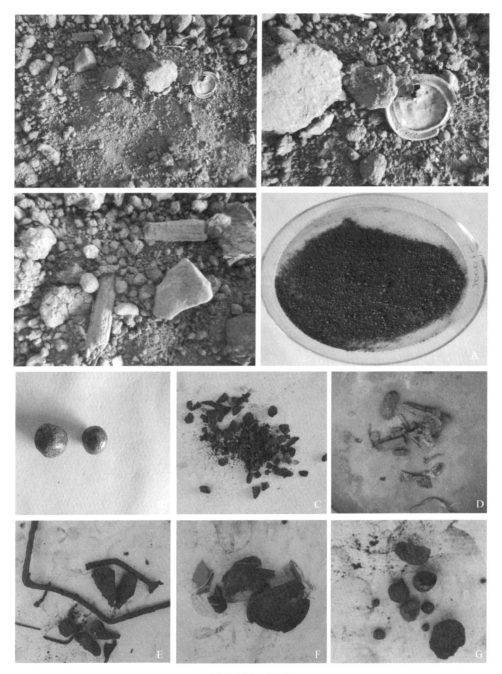

图 5-163　样品

（二）样品理化特征

对样品进行研磨，部分样品难以研磨成粉末状，如金属铁（Fe），仅对研磨后筛下粉末样品进行化学分析。

1. 烧失量

样品在1000℃下灼烧，灼烧减量为-1.51%（检测样品经105℃烘干）。

2. 元素分析

样品主要含有Fe、Si、Ca等元素，检测结果见表5-106。

表5-106　样品主要成分及含量　　　　　　　　　　　　　单位：%

样品主要成分	含量	样品主要成分	含量
TFe	58.59	K_2O	0.051
SiO_2	5.65	Cr_2O_3	0.51
CaO	5.15	TiO_2	0.44
Al_2O_3	2.32	ZnO	0.15
Mn_3O_4	1.54	P	0.080
MgO	1.31	NiO	0.068
V_2O_5	0.055	BaO	0.097

3. 物相分析

样品主要物相为Fe_3O_4、Fe_2O_3、FeO等，如图5-164所示。

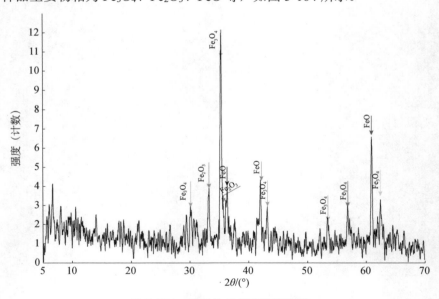

图5-164　样品的X射线衍射图谱

（三）样品可能产生来源分析

1. 天然铁矿石主要有磁铁矿、赤铁矿、褐铁矿、菱铁矿或它们的混合矿等，主要成分是 Fe_3O_4、Fe_2O_3、$FeCO_3$、$Fe_2O_3 \cdot H_2O$，不含氧化亚铁（FeO）物相和单质铁（Fe）。

2. 含铁尘泥是钢铁工业种类最多、成分最杂的废弃物，是钢铁企业在原料准备、烧结、制备球团、炼铁、炼钢和轧钢等工艺过程中所排烟尘进行干法除尘、湿法除尘和废水处理后的固态废物，其总铁含量一般在 20%～70%，可用作炼铁原料。主要包括烧结尘泥、球团尘泥、高炉尘泥、炼钢尘泥、轧钢污泥、原料场集尘、出铁场集尘等。含铁尘泥主要物相为磁性铁物质（Fe_3O_4、FeO、Fe），其次为赤铁矿和脉石矿物（长石、石英、白云矿、炭黑等）。由于锌的沸点相对较低，在采用锌含量较高的物料炼铁或炼钢时，高炉尘泥、炼钢尘泥中锌含量会较高，有时可达 50% 以上。锌在 900℃挥发，上升后冷凝沉积于炉墙，使炉墙膨胀，破坏炉壳。

3. 在轧钢生产过程中，会产生大量的废水，废水中主要含有喷淋冷却轧机轧辊辊道和轧制钢材的表面产生的氧化铁皮、机械设备上的油类物质、固体杂质等废弃物及污泥等。轧钢废水可分为热轧废水和冷轧废水两种，主要污染物是大量的粒度不同的氧化铁皮及润滑油类，细颗粒含油氧化铁皮经浓缩、脱水而变为轧钢污泥。

氧化铁皮是钢材在热轧过程中产生的铁氧化物，多为片状，形态一般一面呈光滑发亮，另一面呈疏松多孔的状态，其主要物相为 FeO、Fe_3O_4、Fe_2O_3，亚铁含量一般在40%以上，全铁含量一般大于68%。

直接还原铁是铁氧化物在不熔化、不造渣的固态还原工艺中的产物，主要为金属铁，如果还原不彻底，也可能会同时存在 FeO、Fe_3O_4、Fe_2O_3 等氧化物。在低温直接还原过程中，脉石以及造渣成分如石英和石灰石等基本不发生变化。直接还原不造渣、不产出铁，是对铁矿的深加工，金属化率高的直接还原为铁，可以直接用作电炉炼钢原料，金属化率低的可以继续作为铁矿进行冶炼。直接还原的对象通常是高品位的块矿、铁精粉、球团矿，以使直接还原铁的杂质降低到可以直接炼钢的范围。直接还原铁的最终产物一般是热/冷压铁块。

样品含有金属铁和 FeO，不属于铁矿石，推断样品为铁矿加工处理或钢铁冶炼过程产生的落料经收集而得。

（四）样品属性鉴定结论

根据《固体废物鉴别标准 通则》（GB 34330—2017），鉴别样品为固体废物。

四、湿纱束

（一）样品外观形态

样品为团状、圆圈、长条编织等形状白色丝束体，各袋之间丝束形状、粗细不一，如图 5-165 所示。

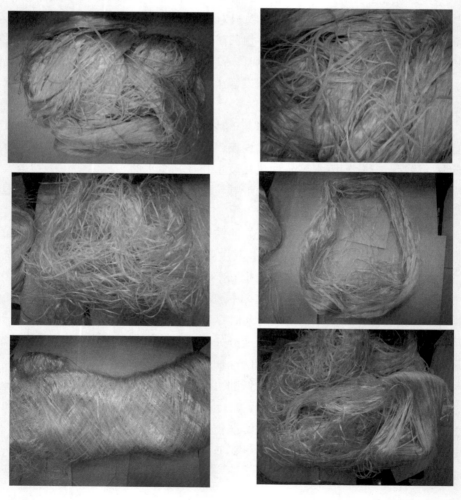

图 5-165 样品外观

（二）样品理化特性

随机抽取一包，进行水分和烧失量、物相分析。

1. 水分和烧失量

（1）样品在 105℃下烘干，水分含量为 0.09%。

（2）样品在 1000℃下灼烧，样品烧失量为 0.69%（检测样品经 105℃烘干）。

2. 元素分析

样品主要含有 Si、Na、Al、Ca 等元素，元素检测结果见表 5-107。

表 5-107　样品主要成分及含量　　　　　　　　　　单位：%

样品主要成分	含量	样品主要成分	含量
SiO_2	57.8	PbO	0.0093
CaO	24.49	TiO_2	0.47
Al_2O_3	13.01	V_2O_5	0.012
Na_2O	0.34	MnO	0.0048
MgO	2.80	Fe_2O_3	0.25
P_2O_5	0.034	CuO	0.02
K_2O	0.089	ZnO	0.0018

3. 物相分析

样品主要物相为无定形结构，如图 5-166 所示。

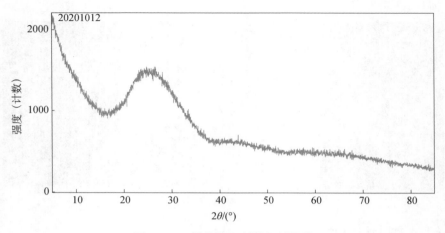

图 5-166　样品的 X 射线衍射图谱

（三）样品可能产生来源分析

1. 玻璃纤维废丝是玻璃纤维生产加工过程中产生的不合格废品或边角料，产量一般占玻璃纤维产量的 10%～15%，具有化学性质稳定、难以降解的特点，如处理不妥当，会对人体及环境产生危害。目前，国内外均在资源化利用这部分玻璃纤维废丝，将其用于水泥、石膏、陶瓷等建筑材料的生产或重新熔融制玻璃纤维，主要工艺流程有：①破碎—清洗—烘干—除杂—包装；②破碎—焚烧—粉磨—筛分—回收。

在玻璃纤维生产过程中，熔融好的玻璃液经过铂金漏板，在冷却片区域形成稳定丝根，涂覆浸润剂后，经过相应的分束和集束，再经过拉丝机缠绕成型。在拉丝过程中，拉丝中断会产生大量的废丝。另外丝束缠绕在拉丝机上开始成型或成型结束时，也会产生少量的废丝，称为开刀丝。玻璃纤维开刀丝很细，并且表面涂覆一层浸润剂，这类开刀丝会形成毛团，不但无法有效去除表面的浸润剂，还会影响正常的回收工艺。

2. 玻璃纤维短切丝是指以未经任何形式结合的短切连续玻璃纤维原丝段所构成的产品，主要用作模压、增强热塑性塑料、尼龙等的增强材料，《玻璃纤维短切原丝》（JC/T 896—2002）对样品的外观、碱金属氧化物含量、纤维直径、短切长度、含水率、可燃物含量、短切率、体积密度等指标进行了规定，短切规格主要有 3mm、4.5mm、6mm、12mm、24mm 等。

结合样品理化特性，推断样品为玻璃纤维生产过程中产生的副产物，规格不一，没有质量控制。

（四）样品属性鉴定结论

根据《固体废物鉴别标准 通则》（GB 34330—2017）4.2 条款，鉴别样品为固体废物。根据生态环境部、商务部、国家发展和改革委员会、海关总署 2018 年第 6 号公告、第 68 号公告，判定样品属于禁止进口固体废物。

五、玻璃纤维开刀丝

（一）样品外观形态

样品为团状丝束，较散乱，各袋之间丝状物长短不一，潮湿，可见泛黄、发黑样品，有剪切的痕迹，如图 5-167 所示。

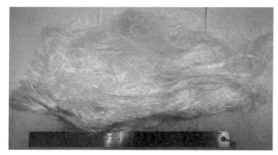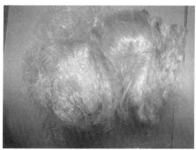

图 5-167　样品外观

（二）样品理化特征

随机抽取一包，进行水分、烧失量、物相分析。

1. 水分和烧失量

（1）样品在 105℃下烘干，水分含量为 2.16%。

（2）样品在 1000℃下灼烧，样品烧失量为 1.24%（检测样品经 105℃烘干）。

2. 元素分析

样品主要含有 Si、Na、Al、Ca 等元素，元素检测结果见表 5-108。

表 5-108　样品主要成分及含量　　　　　　　单位：%

样品主要成分	含量	样品主要成分	含量
SiO_2	53.82	TiO_2	0.55
CaO	28.09	V_2O_5	0.013
Al_2O_3	14.60	Cr_2O_3	0.0081

续表

样品主要成分	含量	样品主要成分	含量
Na_2O	0.10	MnO	0.0080
MgO	0.64	Fe_2O_3	0.33
P_2O_5	0.037	CuO	0.0037
K_2O	0.090	ZnO	0.0023
PbO	0.0093	As_2O_3	0.015

3. 物相分析

样品主要物相为无定形结构，如图 5-168 所示。

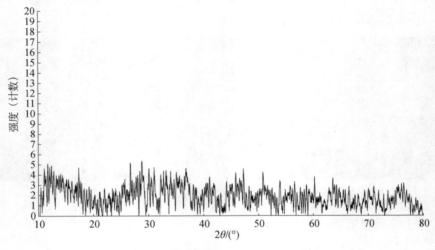

图 5-168　样品的 X 射线衍射图谱

（三）样品可能产生来源分析

综合样品理化特性，推断样品为玻璃纤维生产过程中产生的边角料，不属于玻璃纤维短切丝[玻璃纤维及玻璃纤维短切丝具体见本节四（三）]，含有一定的水分和浸润剂，没有质量控制。

（四）样品属性鉴定结论

根据《固体废物鉴别标准　通则》（GB 34330—2017）4.2 条款，鉴别样品为固体废物。根据生态环境部、商务部、国家发展和改革委员会、海关总署 2018 年第 6 号公告、第 68 号公告，判定样品属于禁止进口固体废物。

六、高温骨粒（块）

（一）样品外观形态

样品为骨块、骨棒、骨颗粒、粉末等的混合物，呈土黄色、灰色、白色等，形状不规则，坚硬，干燥，样品有异味，如图 5-169 所示。

图 5-169　样品

（二）样品理化特征

随机抽取样品经破碎、研磨制备成粉末状分析样品，样品主要指标检测结果见表 5-109。

表 5-109　样品主要成分及含量

样品主要成分	含量	样品主要成分	含量
蛋白质/%	21.6	Fe（干基）/（mg/kg）	430
粗脂肪/%	4.71	Mg（干基）/（mg/kg）	3994

样品主要成分	含量	样品主要成分	含量
水分/%	6.26	Na（干基）/（mg/kg）	7661
灰分（干基）/%	68.52	P（干基）/（mg/kg）	123289
Al（干基）/（mg/kg）	1123	Si（干基）/（mg/kg）	1017
Ca（干基）/（mg/kg）	264526		

（三）样品可能产生来源分析

1. 动物鲜骨是肉类加工业中一个非常重要的副产品，占酮体的 10%～15%，动物鲜骨营养丰富，富含蛋白质、脂肪、钙、磷、铁、磷蛋白、磷脂质、氨基酸等，主要用于制造骨胶、明胶、骨饲料、骨碳、骨粉、蛋白胨等。动物鲜骨主要加工工艺有酶法水解、低温冷冻磨碎、常温磨碎加工、高温高压蒸煮磨碎、高湿高压法、超细化加工等。

2. 骨明胶生产的动物骨料包括大牲畜骨骼及猪羊杂骨，可分为头骨、牙板骨、掀板骨（扇骨）、肋骨、腿骨、胯骨、牛角心等，骨料应分类码放堆集，同一类骨料不应混有其他种类的料，严禁混入枯骨和带有皮毛、筋、角质的料。

3. 骨粒是生产骨明胶的优质原料，骨粒加工可用的原料须来自屠宰厂或肉类加工厂的新鲜骨，具体为牛骨、马骨、驴骨、骡骨、猪骨、羊骨，严禁使用上述牲畜的头骨和脊骨，新鲜骨须满足以下条件：①经过检疫证明是健康的牲畜屠宰后的骨料；②屠宰后，经剥离，剔除残肉后的鲜骨，必须在规定的时限内，投入到骨粒生产线进行加工。

4. 骨粉属于动物源性饲料，其一般生产工艺流程为新鲜骨预处理，灭菌、熟化、脱水浓缩、液固分离，干燥、粉碎。

5. 骨碳的应用比较广泛，主要用于高档瓷器、吸附剂、医药、催化剂载体等，其一般生产工艺为将动物骨头干馏取得油脂，再加高温使其碳化，后粉碎制得骨碳。

样品为各种动物骨骼的混合物，大小不一，较坚硬，干燥，颜色为土黄色、灰色、白色，含有丰富的蛋白质、钙、磷等，有异味，推断样品为剔除肉后骨骼经高温蒸煮后的产物，因储存过久，已发生变质。

（四）样品属性鉴定结论

样品为肉加工过程中产生的骨头，经高温蒸煮，已发生变质，根据《固体废

物鉴别标准　通则》（GB 34330—2017）中"4.1 b）因为超过质量保证期，而不能在市场出售、流通或者不能按照原用途使用的物质"，鉴别样品为固体废物。

七、次级压敏胶

（一）样品外观特性

样品为淡黄色颗粒和颗粒粘连状物的混合物，颗粒粘连状物大小不一，不均匀，如图 5-170 所示。

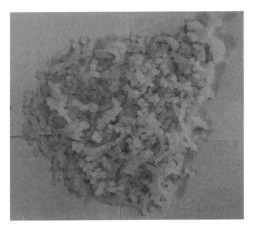

图 5-170　样品

（二）样品理化特征

1. 热重分析

样品在 105℃下烘干，减量为 0.23%；样品在 550℃下灼烧，减失量为 99.97%（检测样品经 105℃烘干）。

2. 红外分析

经红外光谱分析，样品主要含有亚甲基特征谱带，少量酯类物质特征谱带。

3. 差示扫描量热法（DSC）检测

样品有两个熔融峰，峰值分别为 59.8℃、65.8℃。

（三）样品可能产生来源分析

压敏胶黏剂是指以无溶剂状态存在时具有持久黏性的黏弹性材料，经轻微压力即可瞬间与大部分固体表面黏合，主要包括丙烯酸酯压敏胶、橡胶压敏胶、有机硅压敏胶、溶剂型压敏胶、水基压敏胶、乳液型压敏胶、热熔型压敏胶、辐射交联型压敏胶、可硬化型压敏胶等种类。压敏胶黏剂主要以聚合物弹性体、增黏剂、交联剂、溶剂、防老剂、填料等为原料生产而成。

委托方提供的报关单和样品显示，同一批货物主要由 5 种样品组成，外观差异明显，其他 4 种样品如图 5-171～图 5-174 所示。

图 5-171　样品（2016 No-006876）

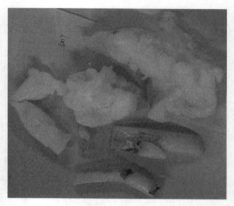

图 5-172　样品（2016 No-006877）

图 5-173　样品（2016 No-006878）

图 5-174　样品（2016 No-006879）

综合样品的特征，同一批 5 种样品，理化特征不一致，样品不属于正常的产品，推断样品来源于压敏胶生产或使用过程中产生的副产物。

（四）样品属性鉴定结论

样品属于压敏胶生产或使用过程中产生的副产物，根据《固体废物鉴别标准通则》（GB 34330—2017）4.2 条款，鉴别样品为固体废物。根据生态环境部、商务部、国家发展和改革委员会、海关总署公告（2018 年第 6 号），判定样品属于禁止进口固体废物。

八、硅砂

（一）样品外观特性

样品为黑色颗粒、粉末，颗粒为细粉黏结体，有异味，如图 5-175 所示。

图 5-175　样品

（二）样品理化特征

1. 元素分析

样品主要含有 Si、C 及少量 Fe，结果见表 5-110。

表 5-110　样品主要成分及含量　　　　　　　　单位：%

样品主要成分	含量	样品主要成分	含量
Si	73.5	Ti	0.011
C	22.7	Pb	0.035
Fe	2.4	Mn	0.012
Na	0.037	Cu	0.084
Mg	0.013	Zn	0.045
Al	0.011	K	0.047
Ca	0.056		

2. 物相分析

样品在 105℃下烘干，烘干后样品主要物相为碳化硅（SiC）、硅（Si），如图 5-176 所示。

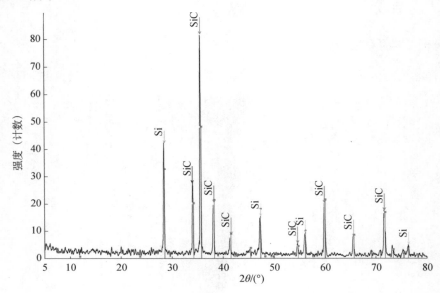

图 5-176　样品的 X 射线衍射图谱

（三）样品可能产生来源分析

1. 硅砂、碳化硅

硅砂的主要成分是 SiO_2，根据开采和加工方法的不同分为人工硅砂、水洗砂、擦洗砂、精选（浮选）砂等。

碳化硅（SiC）是用石英砂、石油焦（或煤炭）、木屑为原料通过电阻炉高温冶炼而成，目前我国工业生产的碳化硅分为黑色碳化硅（碳化硅含量 95%以上）和绿色碳化硅（碳化硅含量 97%以上）两种，可用于单晶硅、多晶硅等线切割、太阳能光伏产业、半导体产业、压电晶体产业工程性加工材料。

《普通磨料　碳化硅》（GB/T 2480—2008）规定产品 SiC 最低含量不少于 95%，Fe_2O_3 最高含量不多于 0.80%。

2. 可能的产生过程

硅片的线切割机理是机器导轮在高速运转中带动钢线，再由钢线将切割液送到切割区，在钢线的高速运转中与压在线网上的工件连续发生摩擦完成切割的过程。切割液按成分分类主要包括油性切割液和水性切割液两大类。油性切割液主要是以矿物油为主要成分的切割液，其中含有矿物油、防腐蚀剂、抗挤压剂等物质；水性切割液产品可以溶于水或被水分散，其中含有聚乙二醇等。切割液主要起悬浮碳化硅微粉和冷却的作用。硅片切割是太阳能光伏电池制造工艺中的关键部分，用于处理单晶硅或者多晶硅的固体硅锭，用线锯将硅锭切成方块后再切成很薄的硅片。现代线锯的核心是在研磨浆配合下用于完成切割动作的超细高强度切割线，在切割过程中喷嘴会持续向切割线喷射含悬浮碳化硅颗粒及有机分散剂的切割液，由于碳化硅颗粒、硅棒、切割钢线间的碰撞和摩擦，产生的破碎碳化硅颗粒、硅颗粒及铁粉进入切割液中。随着切割研磨时间的延长，切割液使用功效下降，需定期更换。判断该样品为硅片生产过程中产生的废旧切割液经固液分离得到的混合物，除碳化硅外还含有硅、铁等，不属于正常工艺生产的碳化硅产品，并丧失了原有使用用途。

（四）样品属性鉴定结论

根据《固体废物鉴别标准　通则》（GB 34330—2017），鉴别样品为固体废物。

九、活性白土

（一）样品外观形态

样品为褐色粉末，有异味，如图 5-177 所示。

图 5-177　样品

（二）样品理化特征

1. 烧失量

样品在 1000℃下灼烧，烧失量为 36.05%（样品经 105℃烘干）。

2. 组分分析

利用 X 射线荧光光谱法对样品进行全组分分析，样品主要含有 Si、Al、Fe、Ca 等，结果见表 5-111。

表 5-111　样品主要成分及含量　　　　　　　　单位：%

样品主要成分	含量	样品主要成分	含量
SiO_2	40.14	K_2O	0.81
Al_2O_3	9.01	Mn	0.054
MgO	2.62	Na_2O	0.15
TiO_2	0.69	K_2O	0.81
CaO	3.34	Fe_2O_3	4.85
P_2O_5	1.46		

3. 物相分析

对样品进行 X 射线物相分析，样品主要物相为石英、方解石、膨润土、绿脱石等，结果如图 5-178 所示。

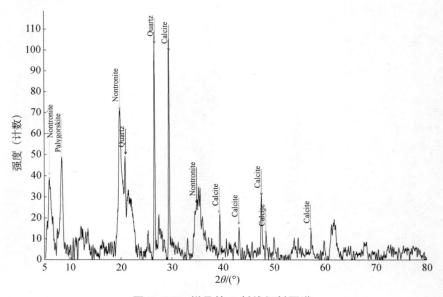

图 5-178　样品的 X 射线衍射图谱

（三）样品可能产生来源分析

结合《中华人民共和国海关进出口货物化验鉴定书》（鉴定书编号 QD2017060240，结论：样品主要成分为膨润土、石英，并含有植物油），样品主要成分为石英、方解石、硅铝酸盐矿物，并含有植物油。样品为吸附植物油的白土，属于用过了的白土。

活性白土是用黏土（主要是膨润土）为原料，经无机酸化或盐或其他方法处理，再经水漂洗、干燥制成的吸附剂，外观为乳白色粉末，无臭，无味，无毒，吸附性能很强，能吸附有色物质、有机物质，主要含有 Si、Al、Fe 等元素。具有黏土性质的矿土都可用作活性白土的原料，如高岭石黏土、蒙脱石黏土、海泡石黏土、凹凸棒石黏土等。

（四）样品属性鉴定结论

根据《固体废物鉴别标准 通则》（GB 34330—2017）中固体废物的定义，鉴别样品为固体废物。

十、实验室坩埚

（一）样品外观形态

样品为黄色、墨绿色坩埚状，颜色不均匀，明显有使用痕迹，如图 5-179 所示。

图 5-179　样品

（二）样品理化特征

1. 元素分析

样品主要含有 Pb、Mg、Si 等，具体见表 112。

表 5-112　样品主要成分及含量　　　　　　　　　单位：%

样品主要成分	含量	样品主要成分	含量
Pb	62.000	Cr	0.016
Mg	16.100	Fe	0.510
Al	0.800	Ni	0.059
Si	2.300	Mn	0.010
S	0.057	Ti	0.085
K	0.046	Zn	0.011
Ca	0.700	Cu	0.350

2. 物相分析

对样品进行 X 射线衍射分析，如图 5-180 所示，样品主要物相有 MgO、PbO、Mg_2SiO_4 等。

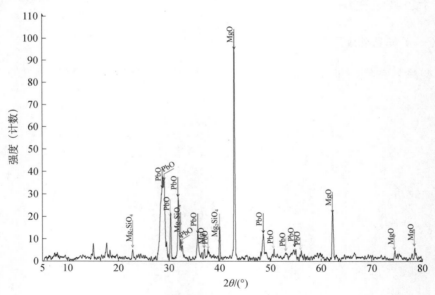

图 5-180　样品的 X 射线衍射图谱

（三）样品可能产生来源分析

1. 灰皿是灰吹铅扣（或铋扣）时吸收氧化铅（或氧化铋）用的多孔性耐火器皿。常用的灰皿有三种：水泥灰皿、骨灰-水泥灰皿和镁砂灰皿。

（1）水泥灰皿是用 400 号、500 号的硅酸盐水泥，加 8%～12%的水混匀，在灰皿机上压制而成。硅酸盐水泥的成分为 CaO（60%～70%）、Al_2O_3（4%～7%）、SiO_2（19%～24%）、Fe_2O_3（2%～6%）。水泥灰皿坚硬，不易开裂，但是灰吹时贵金属损失比后两种（骨灰-水泥灰皿、镁砂灰皿）大一些。

（2）骨灰灰皿和骨灰-水泥灰皿。骨灰是用牛羊骨头灼烧、磨细，再灼烧得到的，其中有机物必须全部除去。它的成分为磷酸钙（90%）、氧化钙（5.65%）、氧化镁（1%）、氟化钙（3.1%）。骨灰的细度要小于 0.147mm，其中 0.088mm 的应占 50%以上。用纯骨灰制的灰皿较松，可用于粗金、合质金的灰吹。试金分析一般使用骨灰和水泥的混合灰皿，骨灰和水泥按不同比例混匀，加 8%～12%的水，在灰皿机上压制成皿。

（3）镁砂灰皿。将锻烧镁砂磨细，要求有 63%以上通过 0.074mm 筛，颗粒为 0.1～0.2mm 的不超过 20%。磨细后的镁砂要在几天内压完，否则放置久后又要结块。取 85 份磨细的镁砂和 15 份 500 号水泥，混匀，加 8%～12%水压制成皿。用镁砂做成的灰皿灰吹时贵金属的损失比前两种（水泥灰皿、骨灰-水泥灰皿）小。

镁砂的主要成分是氧化镁，它是很好的耐火材料，能耐碱性熔剂的侵蚀。铅扣灰吹时生成的氧化铅是极强的碱性熔剂。在高温时，氧化铅与二氧化硅的亲和力很强，能侵入灰皿中的硅酸盐。骨灰-水泥灰皿中含的硅酸盐较多，用这种灰皿灰吹后，皿表上会出现小坑，贵金属会因此受到损失。使用镁砂灰皿，灰吹后无此现象，表面很光滑。

2. 火试金法

火试金法的主要过程：试料经配料、高温熔样，熔融的铅捕集试料中的贵金属形成铅扣，试料中的贱金属等其他物质与熔剂形成可熔性熔渣，铅扣经灰吹得到金、银合粒，经硝酸分金，用滴定法测定银含量，用重量法测定金含量。其中氧化铅作为一种碱性熔剂、氧化剂和捕集剂，被还原后生成铅单质，捕集贵金属形成铅扣。

3. 可能的产生过程

火试金灰吹过程中产生的渗入氧化铅的镁砂灰皿。

（四）样品属性鉴定结论

根据《固体废物鉴别标准　通则》（GB 34330—2017）4.2 条款，鉴别样品为固体废物。

第六章　鉴别为非固体废物的案例

第一节　金属矿物类非固体废物

一、钴湿法冶炼中间品

（一）样品外观形态

样品为黄色粉末，质均，如图 6-1 所示。样品灼烧前后颜色发生明显变化，灼烧后样品呈黑色，可被磁化，如图 6-2 所示。

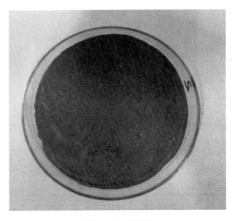

图 6-1　样品

（二）样品理化特征

1. 元素分析

样品主要含有 Co、Fe、Mg、S、Mn、Ca 等，具体见表 6-1。

图 6-2　样品灼烧前后

表 6-1　样品主要成分及含量　　　　　　　　　　单位：%

样品主要成分	含量	样品主要成分	含量
Co_3O_4	25.16	C	0.74
Fe_2O_3	13.33	Al_2O_3	0.31
MgO	7.29	CuO	0.35
S	9.90	NiO	0.22
Mn_3O_4	7.43	Hg	<0.0010
CaO	2.91	Pb	0.042
SiO_2	1.91	Cd	0.0016
ZnO	0.31	As	<0.0050
F	0.017		

2. 物相分析

对样品进行 X 射线衍射分析，如图 6-3 所示，样品主要为无定形组分，无定形部分主要包括水合物、晶体物相硫酸钙等。

在 950℃下对样品灼烧，并对灼烧后的样品进行 X 射线衍射分析，如图 6-4 所示。样品主要晶体物相为 MoO，Fe_2O_3，Mg、Mn、Fe 的四氧化物，$CaSO_4$，CaO 等。700℃灼烧后样品与原始样品的物相分析结果基本吻合。

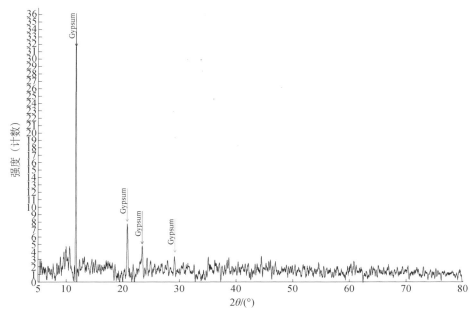

图 6-3　样品的 X 射线衍射图谱

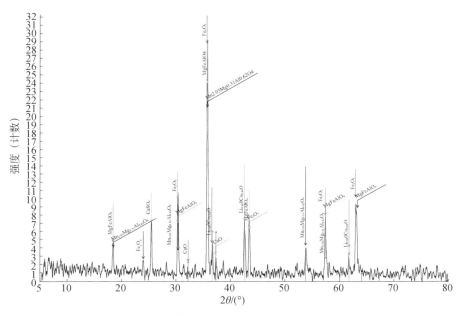

图 6-4　700℃灼烧后样品的 X 射线衍射图谱

（三）样品可能产生来源分析

钨精矿分解常用湿法：含钴钨精矿和碳酸钠在鼓入氧气的条件下进行焙烧，钨与纯碱作用生成钨酸钠，钴、镍、铜、铁的硫化矿被氧化为硫酸盐。焙烧过的矿物用水溶液进行浸出，过滤分离出残渣（如残渣中含有较多的钴、镍、铜等，也可能会稀酸浸取，分离残渣后和萃余液混合）。水溶液萃取分离钨、钴、镍等离子，萃取钨的相用氨水进行反萃取得到钨酸铵溶液。含钴、镍、铁等萃余液通过调节 pH，使钴、镍等金属元素沉淀完全，得到含钴的中间产品。

海关税则《中华人民共和国进出口税则本国子目注释》对钴湿法冶炼中间品（海关编码 8105.2010）的定义为由含钴矿石经破碎、湿法浸出后得到含钴溶液，根据沉淀剂及控制技术条件的不同，制得粗制碳酸钴、粗制氢氧化钴、粗制硫化钴，按重量计含钴量大于 20%。物理形态为粉末状，其中粗制碳酸钴颜色为玫瑰红或褐色，粗制氢氧化钴颜色为粉红色或黑灰色，粗制硫化钴颜色为黑灰色。上述中间品用于生产纯度更高的钴产品。

综合分析，样品矿相晶体结构不明显，硅、铝等构成脉石的元素低且没有明确的矿相，不是天然矿物，也不应是矿石处理过程产生的以脉石成分为主的残渣。950℃下灼烧后生成氧化钴，三氧化二铁，镁、锰、铁的四氧化物，硫酸钙，氧化钙，结合灼烧前的形态，表明钴、镁、铁、锰原来的存在形式为氢氧化物或其水合物。因此，样品应是某一矿石加工处理的含钴中间产品。

（四）样品属性鉴定结论

经综合理化分析，根据《固体废物鉴别标准 通则》（GB 34330—2017），鉴别样品不属于固体废物。

二、黄金矿砂

（一）样品外观形态

样品为墨绿色砂状颗粒，伴有金黄色发亮小颗粒，部分结团，均匀无异物，部分可被磁化，如图 6-5 所示。

图 6-5　样品

（二）样品理化特征

1. 元素分析

样品主要含有 Cu、Fe、S、Si 等元素，Ag 含量较高，具体见表 6-2。

表 6-2　样品主要成分及含量

样品主要成分	含量	样品主要成分	含量
CuO	0.86%	MnO	0.25%
Fe	36.17%	As	0.37%
S	35.80%	Pb	2.88%
SiO_2	15.49%	Cd	0.024%
MgO	0.28%	Hg	0.0063%
Al_2O_3	1.14%	Au	8.80g/t
TiO_2	0.20%	Ag	64.9g/t
CaO	0.46%	F	0.009%

2. 物相分析

样品主要物相组成为黄铁矿、石英、磁铁矿等，如图 6-6 所示。

（三）样品可能产生来源分析

1. 铜矿、铁矿及金矿、银矿

（1）铜矿介绍见第五章第一节十五（三）。

（2）铁矿介绍见第五章第六节三（三）。

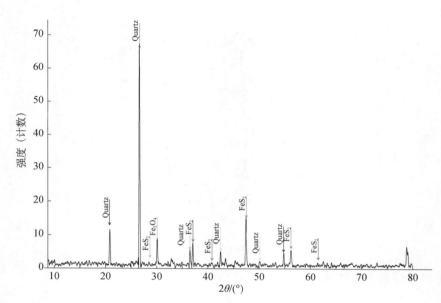

图6-6　样品的X射线衍射图谱

（3）金在地球中丰度为 0.8×10⁻⁶、地核中丰度为 2.6×10⁻⁶、地幔中丰度为 0.005×10⁻⁶、地壳中丰度为 0.004×10⁻⁶，银在地壳中的丰度为金的 21 倍。金在地壳中丰度值本来就很低，又具有亲硫性、亲铜性、亲铁性、高熔点等性质，要形成工业矿床，金要富集上千倍，要形成大矿、富矿，则要富集几千、几万倍，甚至更高，可见规模巨大的金矿一般要经历相当长的地质时期，通过多种来源，多次成矿作用叠加才可能形成。

金矿石主要包括砂金矿石、岩金矿石、富银金矿、氧化物金矿、含铁硫化物金矿、含铜硫化物金矿、含砷硫化物金矿、含锑硫化物金矿、多金属硫化物金矿、碲化物金矿、含碳质金矿等。在岩金矿床中自然金常伴生有银、铜、铅、锌、钨、锑、钼、硫、铋及钇等。

岩金矿的边界品位为 1～2g/t，最低工业品位为 3～5g/t，矿床平均品位为 5～8g/t。银矿床的边界品位为 40～50g/t，工业品位为 100～120g/t。

2. 可能的产生过程

硫铁矿开采后经破碎、研磨、选别而得到。

（四）样品属性鉴定结论

综上理化分析，样品为天然矿物，没有丧失原有的利用价值，根据《固体废物

鉴别标准 通则》（GB 34330—2017）中固体废物定义，鉴别样品不属于固体废物。

三、锌精矿

（一）样品外观形态

样品为灰色粉末、粉末结团的混合物，如图 6-7 所示。

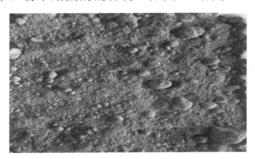

图 6-7　样品

（二）样品理化特征

1. 元素组成

样品利用研磨机研磨，利用 X 射线荧光光谱半定量方法分析样品元素含量，样品主要含有 Zn、S、Fe 等元素，结果见表 6-3。

表 6-3　样品主要成分及含量　　　　　　　　单位：%

样品主要成分	含量	样品主要成分	含量
Zn	39.47	K	0.35
S	11.55	Ca	0.22
Fe	7.75	Al	1.43
Si	3.22	Cr	0.016
Pb	1.42	Mg	0.24
Na	3.06	Mn	0.14
Cu	0.12	Ti	0.038
P	0.011	Cd	0.13
Cl	0.051		

2. 物相分析

样品主要物相为闪锌矿，含有少量石英、长石等，如图 6-8 所示。

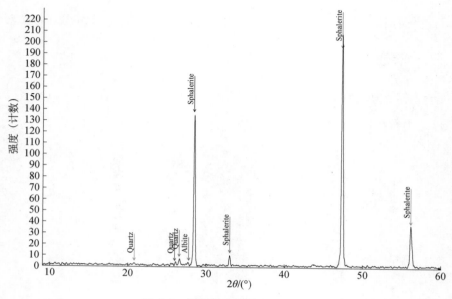

图 6-8　样品的 X 射线衍射图谱

（三）样品可能产生来源分析

锌的主要矿物为硫化矿，即各种类型的闪锌矿，其次是次生氧化矿物，例如菱锌矿、水锌矿、绿铜锌矿、硅锌矿、异极矿、红锌矿等。以氧化锌为主矿物的矿石为红锌矿，颜色橙黄、暗红或褐红，金刚光泽。脉石一般为石英、长石、方解石、白云石等。

锌焙砂为锌精矿焙烧后所得的产物，主要含氧化锌、硫酸锌、硫化锌以及本来就存在的脉石，褐色颗粒状，是中间产品，作为生产直接法氧化锌、电解锌、电炉锌粉的生产原料。

经分析，样品为锌矿石经破碎、浮选而得到。

（四）样品属性鉴定结论

根据《固体废物鉴别标准 通则》（GB 34330—2017）中固体废物的定义，鉴别样品不属于固体废物。

四、银矿砂

（一）样品外观形态

样品为黑色粉末、颗粒混合物，有刺激性气味，如图 6-9 所示。

图 6-9　样品

（二）样品理化特征

1. 元素组成

样品主要含有 Fe、Si、S、Na 等元素，具体见表 6-4。

表 6-4　样品主要成分及含量

样品主要成分	含量	样品主要成分	含量
Fe	24.86%	TiO_2	0.16%
SiO_2	27.99%	MnO	0.12%
S	29.94%	Cr_2O_3	0.034%
CaO	1.39%	Ag	283.3g/t
ZnO	2.72%	Au	3.50g/t
Al_2O_3	3.28%	Cd	0.013%
Na_2O	3.45%	Pb	1.18%
CuO	0.54%	As	0.19%
K_2O	1.55%	Hg	<0.0010%
MgO	0.47%	C	1.09%
P_2O_5	0.054%	F	0.38%

2. 物相分析

对样品进行 X 射线衍射分析，如图 6-10 所示。样品主要物相有黄铁矿、石英、斜方钙沸石、微斜长石等。

3. 水浸取分析

对样品进行水浸出，浸出溶液过滤后蒸干，得到白色结晶物质，放置一段时间后，白色结晶物质变为湿态，结晶物质物相主要为硫酸钠，如图 6-11 和图 6-12 所示。

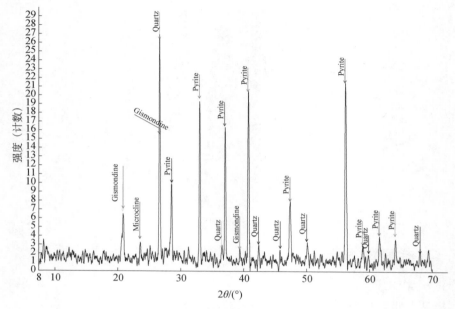

图 6-10 样品的 X 射线衍射图谱

图 6-11 样品水浸取液蒸干结晶

（三）样品可能产生来源分析

1. 黄铁矿的含金性是金矿床的明确标志，黄铁矿是金的最佳载体，矿体中的金大多包含在黄铁矿及金属硫化物中。黄铁矿是金矿床中普遍存在的矿物，同时又是与金矿形成关系最为密切并能提供大量成因信息和找矿信息的矿物。常含 Sb、Cu、Au、Ag 等的细分散混入物，也可有微量 Ge、In 等元素，Au 常以显微金、超显微金赋存于黄铁矿的解理面或晶格中。

金主要与硫化矿物共生，或嵌布于黄铁矿、磁黄铁矿中。在这些矿床的氧化带或铁帽中，金多解离为单体。

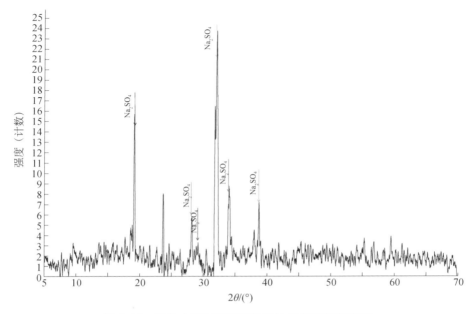

图 6-12　样品水浸取液蒸干结晶的 X 射线衍射图谱

2. 银矿物主要有辉银矿、自然银、银金矿、碲银矿、硫铜银矿、淡红银矿和浓红银矿、氯角银矿和溴角银矿。其中银金矿属银和金按不同比例结合的矿物，两者在矿物中具类质同象关系。

银矿床的边界品位为 40～50g/t，工业品位为 100～120g/t。

《银精矿》（YS/T 344—2016）规定各项指标见表 6-5。

表 6-5　《银精矿》(YS/T 344—2016)

名称	流程	Ag（g/t）	杂质元素/%							
			Cu	Pb+Zn	Zn	As	Bi	MgO	SiO₂	Al₂O₃
银精矿	铜冶炼流程	>3000	—	≤8	—	≤0.4	≤0.5	≤5.0	—	—
	铅冶炼流程		≤1.5	—	≤7	≤0.4	—	≤2.0	—	≤4.0
	铅锌混合冶炼流程		≤2.5	—	—	≤0.4	—	—	≤4.5	—

样品可能经矿石开采、破碎、研磨、选矿而得。

（四）样品属性鉴定结论

根据《固体废物鉴别标准　通则》（GB 34330—2017）中固体废物的定义，鉴别样品不属于固体废物。

五、铜精矿

（一）样品外观形态

样品为灰色颗粒、粉末的混合物，如图 6-13 所示。

图 6-13　样品

（二）样品理化特征

1. 元素分析

样品经化学分析，Cu 含量为 7.76%，其他元素含量为 X 射线荧光半定量分析结果，具体见表 6-6。

表 6-6　样品主要成分及含量　　　　　　　　　　单位：%

样品主要成分	含量	样品主要成分	含量
Cu	7.76	P	0.036
S	23.81	Al	0.76
Ca	3.75	Na	0.75
Zn	20.26	C	1.98
Pb	15.48	Mn	0.015
Si	4.10	Cd	0.17
Fe	11.20	As	0.42
Ti	0.056	Mn	0.015
K	0.27	Sn	0.54
Mg	0.59		

2. 物相分析

将样品研磨制得 100 目以下分析样品，对其进行物相分析。样品主要物相组成为金属硫化矿、铅矾、石膏等，如图 6-14 所示。

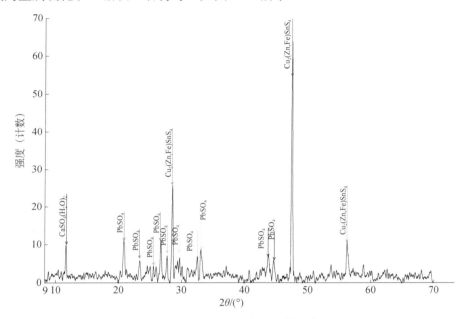

图 6-14　样品的 X 射线衍射图谱

3. 形貌分析

从样品扫描电子显微镜（SEM）及能谱分析结果可以看出（如图 6-15～图 6-18 所示），样品颗粒有明确的边界，样品比较均匀一致。

图 6-15　样品（-0.425mm）SEM 照片

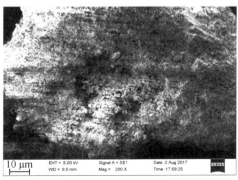

图 6-16　样品（+0.425mm）SEM 照片

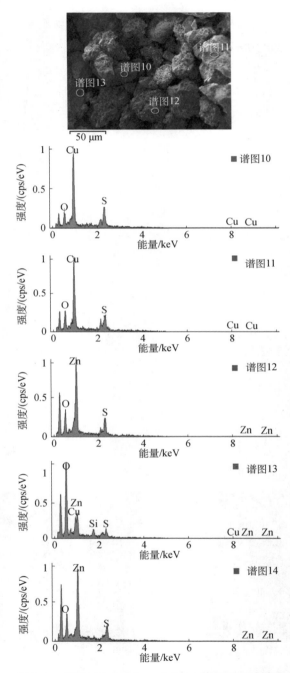

图 6-17 样品（-0.425mm）SEM 照片及能谱结果

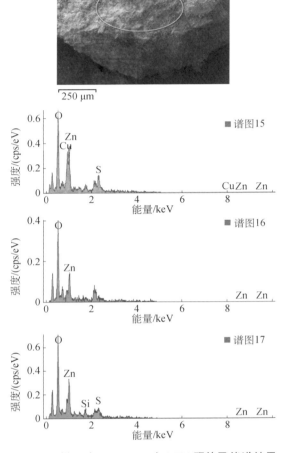

图 6-18　样品（+0.425mm）SEM 照片及能谱结果

（三）样品可能产生来源分析

铜矿、铅矿、锌矿及铅锌冶炼工艺具体见第五章第一节二（三）及十五（三）。经分析，样品来自天然矿石开采、破碎。

（四）样品属性鉴定结论

根据《固体废物鉴别标准　通则》（GB 34330—2017）中固体废物的定义，鉴别样品不属于固体废物。

六、锰矿石

（一）样品外观形态

样品为大块，灰色，表面平整、密实，如图6-19所示。

图6-19　样品

（二）样品理化特征

1. 烧失量

样品在1000℃下灼烧，烧失量为4.63%（检测样品经105℃烘干）。

2. 元素分析

利用X射线荧光光谱法对样品进行全组分分析，样品主要含有Mn、Fe、Ca、Si等，结果见表6-7。

表6-7　样品主要成分及含量　　　　　　　　　　单位：%

样品主要成分	含量	样品主要成分	含量
Mn_3O_4	65.37	Al_2O_3	0.20
Fe_2O_3	14.87	MgO	0.55
CaO	8.17	C	0.50
SiO_2	5.13	S	0.37
BaO	1.16		

3. 物相分析

对样品进行X射线物相分析，样品主要物相为褐锰矿、水锰矿、黑锰矿、灰铁锰矿等，结果如图6-20所示。对样品在1000℃下灼烧，灼烧后样品主要物相为褐锰矿、黑锰矿、灰铁锰矿等，结果如图6-21所示。灼烧前后分析结果一致。

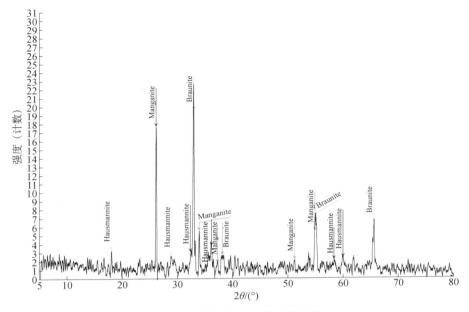

图 6-20　样品的 X 射线衍射图谱

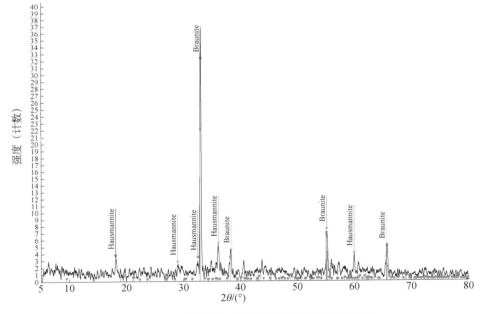

图 6-21　1000℃下灼烧后样品的 X 射线衍射图谱

（三）样品可能产生来源分析

1. 自然界锰矿物主要是锰的氧化物、氢氧化物和含氧酸盐的矿物，有软锰矿、硬锰矿、菱锰矿、黑锰矿、褐锰矿、水锰矿、锰铅矿、锰钾矿、锰钡矿、硫锰矿及改锰矿、水钠锰矿、恩苏塔矿、锰铝榴石、蔷薇榴石、蔷薇辉石等。

2. 富锰渣是一种中间产品，其来源可以是采用酸性渣法或偏酸性渣法生产高碳锰铁时的副产品，也可以作为一种产品单独生产。其用途主要有：①用做生产硅锰合金的原料。由于富锰渣一般含 SiO_2 较多，主要用于硅锰合金的冶炼。在电炉冶炼普通硅锰合金时，富锰渣的配比一般为 30%～40%，高的甚至达到 70%。其目的主要在于调整入炉原料的 Mn/Fe 和 P/Mn。有特殊要求的高硅硅锰合金，由于要求原料中的 Mn 含量大于 40%，Fe 含量小于 1%，P 含量小于 0.03%，所以原料几乎全部要用富锰渣。②用作生产金属锰的原料。采用电硅热法生产金属锰时全部采用富锰渣做原料，要求 Mn 含量大于 40%，Fe 含量小于 1%，P 含量小于0.03%。用高硅硅锰合金做还原剂。③用作生产电炉锰铁和中低碳锰铁的配料。由于原生矿中的 Mn/Fe、P/Mn 往往达不到冶炼要求，一般配入一定比例含 SiO_2 较低的富锰渣进行冶炼，用作冶炼高炉锰铁的配料。高炉锰铁所用的矿石有贫化的趋势，当锰矿中 Mn/Fe、P/Mn 不符合要求时，可以配入 40%～60% 的富锰渣或更高比例的富锰渣，用于调配。目前生产富锰渣的方法有高炉法、电炉法和转炉法。生产富锰渣的高炉和冶炼生铁的高炉相似，主要包括加料、送风、冶炼、收尘几道工序。电炉冶炼富锰渣主要用矿热炉。

3. 锰渣主要矿物组成有石膏、石英、蒙脱石、伊利石、高岭土、方解石和白云石。酸浸锰渣主要成分及含量见表 6-8。

表 6-8　酸浸锰渣主要成分及含量　　　　　　　　单位：%

主要成分	含量	主要成分	含量
SiO_2	34.49	MgO	1.84
Al_2O_3	9.39	SO_3	36.59
Fe_2O_3	6.90	TiO_2	1.31
CaO	6.73	MnO	2.75

样品外观、物相结构、成分与天然锰矿石一致，判断样品为天然锰矿石经破碎后所得。

（四）样品属性鉴定结论

根据《固体废物鉴别标准 通则》（GB 34330—2017）中固体废物的定义，鉴别样品不属于固体废物。

七、烧结锰矿

（一）样品外观形态

样品为大块，灰色，孔分布比较丰富，有烧结迹象，如图 6-22 所示。

图 6-22 样品

（二）样品理化特征

1. 烧失量

样品在 1000℃下灼烧，烧失量为 0.47%（检测样品经 105℃烘干）。

2. 元素分析

利用 X 射线荧光光谱法对样品进行全组分分析，样品主要含有 Mn、Fe、Ca、Si 等，结果见表 6-9。

表 6-9 样品主要成分及含量　　　　　　　单位：%

样品主要成分	含量	样品主要成分	含量
Mn_3O_4	60.57	Al_2O_3	0.38
Fe_2O_3	8.03	MgO	4.79
CaO	18.62	C	0.19
SiO_2	6.99	S	0.042
BaO	0.16		

3. 物相分析

对样品进行 X 射线物相分析，样品的晶型结构不是很明显，主要物相为硅酸锰（Mn SiO₃）、四氧化三锰（Mn₃O₄）、四氧化铁镁（MgFe₂O₄）、硅酸钙镁（CaMgSiO₄）、硅酸钙铁[Ca₃Fe₂(SiO₄)₃]、二氧化硅（SiO₂）等，结果如图 6-23 所示。对样品在 1000℃ 下灼烧，灼烧后样品主要物相与灼烧前基本一致，结果如图 6-24 所示。

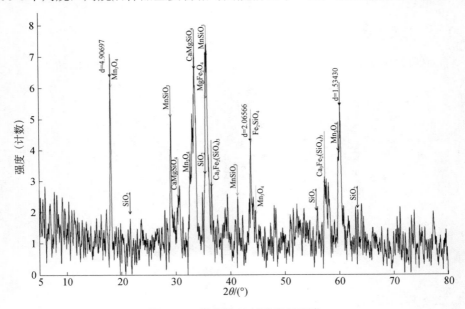

图 6-23　样品的 X 射线衍射图谱

（三）样品可能产生来源分析

锰矿石在烧结过程中容易发生氧化还原反应，与脉石反应生成锰橄榄石（MnSiO₃）、铁锰橄榄石（MnFeSiO₄），在有氧化钙存在下，还有钙锰橄榄石（CaMnSiO₄）生成，成为烧结黏结相。锰矿石烧结时，主要通过产生的黏结相黏结矿物颗粒，形成类似焦炭状的多孔且具有足够强度的烧结矿。烧结的目的是使不能直接入炉的锰矿粉变为具有一定粒度并符合冶炼要求的块状炉料，以改善高炉炉料的透气性；同时通过烧结，改变锰矿粉的物理特性和化学组成，使其冶金性能得到明显改善。《冶金用锰矿石》（YB/T 319—2015）规定了高炉和电炉冶炼锰系铁合金及其中间产品用锰矿石，包括天然锰矿石、选别锰矿和烧结锰矿。

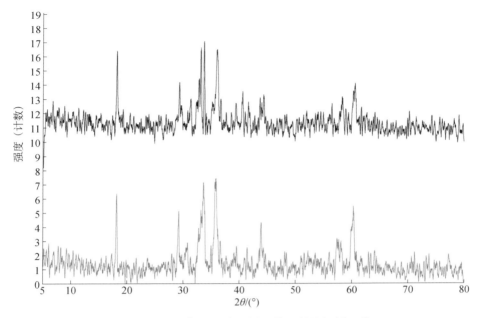

图 6-24 1000℃下灼烧后样品的 X 射线衍射图谱

样品外观、物相结构、成分与烧结锰矿一致，判断样品为天然锰矿石经破碎、研磨、烧结后所得。

（四）样品属性鉴定结论

根据《固体废物鉴别标准 通则》（GB 34330—2017）中固体废物的定义，鉴别样品不属于固体废物。

八、铁精粉

（一）样品外观形态

根据样品外观状态的差异，分拣样品，将样品分为 A、B、C、D、E 五部分，如图 6-25 所示。样品 A 为青色不规则块状，无磁性；样品 B 为红褐色不规则块状，表面密实，有磁性；样品 C 为灰黑色块状，表面分布有孔结构，有磁性；样品 D 为黑色不规则块状，有磁性；样品 E 为黑色粉末、颗粒混合物，有磁性。

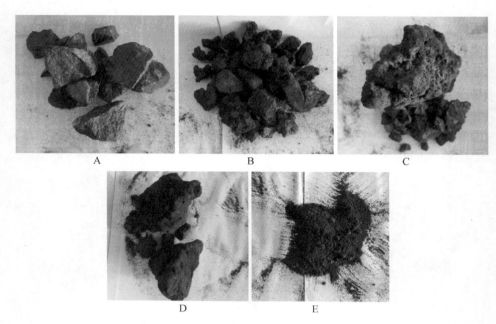

图 6-25　样品（A、B、C、D、E）

（二）样品理化特征

1. 烧失量

样品 A 在 1000℃下灼烧，烧失量为 2.24%（105℃干基）。

样品 B 在 1000℃下灼烧，烧失量为 15.24%（105℃干基）。

样品 C 在 1000℃下灼烧，烧失量为 16.80%（105℃干基）。

样品 D 在 1000℃下灼烧，烧失量为 10.24%（105℃干基）。

样品 E 在 1000℃下灼烧，烧失量为 10.88%（105℃干基）。

2. 元素组成

对样品 A、B、C、D、E 进行分析，样品主要含有 Fe、Si、S、Ca、Mg、Al 等，结果见表 6-10～表 6-14。

表 6-10　样品 A 主要成分及含量　　　　　　　　单位：%

样品主要成分	含量	样品主要成分	含量
TFe	8.14	C	0.17
SiO_2	54.73	K_2O	1.05
Al_2O_3	14.12	S	0.24
CaO	6.72	TiO_2	0.66

续表

样品主要成分	含量	样品主要成分	含量
Na_2O	3.39	MnO	0.15
MgO	5.34	P_2O_5	0.13

表 6-11　样品 B 主要成分及含量 单位：%

样品主要成分	含量	样品主要成分	含量
TFe	52.33	C	0.090
SiO_2	5.08	K_2O	0.15
Al_2O_3	0.80	S	15.49
CaO	1.82	TiO_2	0.070
P	0.010	Mn	0.062
MgO	1.03		

表 6-12　样品 C 主要成分及含量 单位：%

样品主要成分	含量	样品主要成分	含量
TFe	50.78	C	0.13
SiO_2	5.86	K_2O	0.19
Al_2O_3	0.91	S	15.47
CaO	1.79	TiO_2	0.076
P	0.013	Mn	0.046
MgO	0.91		

表 6-13　样品 D 主要成分及含量 单位：%

样品主要成分	含量	样品主要成分	含量
TFe	52.75	C	0.07
SiO_2	6.87	K_2O	0.18
Al_2O_3	0.96	S	12.02
CaO	2.64	TiO_2	0.080
P	0.010	Mn	0.067
MgO	2.09		

表 6-14 样品 E 主要成分及含量   单位：%

样品主要成分	含量	样品主要成分	含量
TFe	50.59	C	0.98
SiO_2	8.89	K_2O	0.27
Al_2O_3	1.59	S	10.56
CaO	2.72	TiO_2	0.12
P	0.016	Mn	0.17
MgO	1.63		

3. 物相分析

对样品 A、B、C、D、E 进行物相分析，如图 6-26～图 6-30 所示。

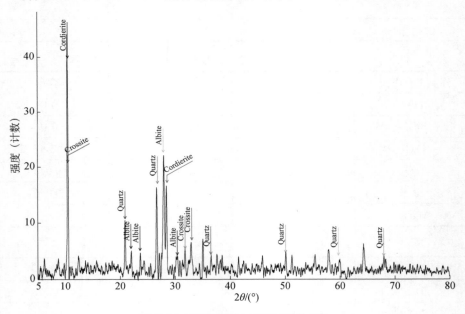

图 6-26 样品 A 的 X 射线衍射图谱

样品 A 主要物相为石英、长石、堇青石、闪石等。

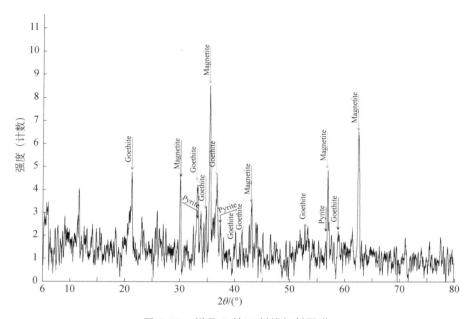

图 6-27　样品 B 的 X 射线衍射图谱

样品 B 主要物相为磁铁矿、黄铁矿、针铁矿等。

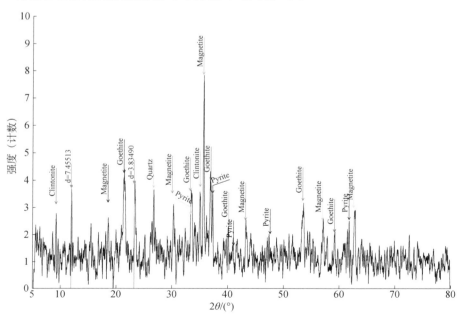

图 6-28　样品 C 的 X 射线衍射图谱

样品 C 主要物相为磁铁矿、黄铁矿、针铁矿、石英、云母等。

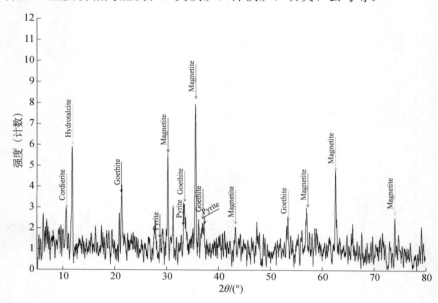

图 6-29　样品 D 的 X 射线衍射图谱

样品 D 主要物相为磁铁矿、黄铁矿、针铁矿、滑石、堇青石等。

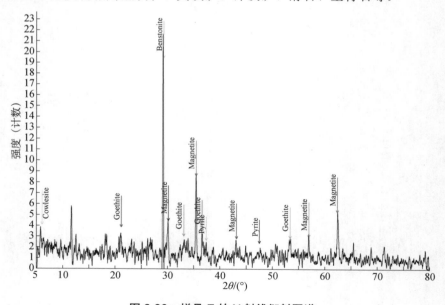

图 6-30　样品 E 的 X 射线衍射图谱

样品 E 主要物相为磁铁矿、黄铁矿、针铁矿、沸石等。

（三）样品可能产生来源分析

通过对五个样品的综合理化、结构分析，样品主要物相为磁铁矿、黄铁矿、针铁矿及脉石成分等，推断样品为天然矿产品。

（四）样品属性鉴定结论

根据《固体废物鉴别标准　通则》（GB 34330—2017）中有关固体废物的定义，鉴别样品不属于固体废物。

第二节　其他类别非固体废物

一、沥青焦

（一）样品外观形态

样品为黑色粉末、颗粒、块状混合物，部分有金属光泽，颗粒、块呈多孔状，如图 6-31 所示。

图 6-31　样品

（二）样品理化特征

1. 粒度分布

经筛分，8mm 以上样品占 50.0%；4～8mm 样品占 31.6%；1～4mm 样品占 13.0%；1mm 以下样品占 5.4%。

2. 物相分析

样品主要物相为碳，结果如图 6-32 所示。

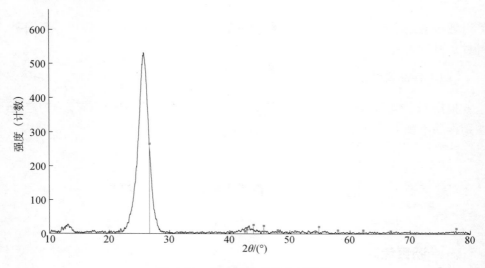

图 6-32　样品的 X 射线衍射图谱

3. 其他

样品主要含有碳元素，检测结果见表 6-15。

表 6-15　样品检测结果

项目	含量
全水分（收到基）	0.10%
水分（空干基）	0.18%
挥发分（干基）	0.44%
灰分（干基）	0.44%
硫（干基）	0.32%
氮（干基）	0.56%
碳（干基）	97.91%
氢（干基）	0.67%
真密度	2.14g/cm^3
硅（干基）	606mg/kg
钒（干基）	2mg/kg
铁（干基）	851mg/kg
钙（干基）	72mg/kg
钠（干基）	126mg/kg
镍（干基）	3mg/kg

（三）样品可能产生来源分析

沥青焦（pitch coke），是煤沥青经高温干馏或延迟焦化后所得到的固体炭质物料，沥青焦坚硬呈铁灰色，气孔较大，孔壁较厚，壁上有大量的细微裂纹和微孔，它是一种低硫分、低灰分的优质焦炭，也是一种易石墨化炭。沥青焦结构致密，颗粒机械强度和耐磨性比较高，在炭材料生产中加入沥青焦，有利于提高制品的机械强度和降低灰分。当使用罐式炉煅烧挥发分高的石油焦时，加入部分沥青焦，可以缓解结焦堵炉现象。工艺过程中加入沥青焦后，产品的电阻率较高、线膨胀系数较大、润滑性差，但产品机械强度较大及耐磨性好。沥青焦是生产石墨电极、电炭制品和高密高强石墨的原料。

《沥青焦》（YB/T 5299—2009）规定了沥青焦的有关要求，具体见表6-16。

表6-16　《沥青焦》（YB/T 5299—2009）的技术要求

指标名称	含量
全水分（质量分数）	1.0%
灰分（质量分数）	0.5%
全硫（质量分数）	0.5%
挥发分（质量分数）	0.8%
真比重 $\left(d\dfrac{30}{30}\right)$	1.96

注：全水分含量不作为报废依据。当全水分含量超出技术要求时，由供需双方协商解决。

（四）样品属性鉴定结论

综合样品的理化特性，推断样品为沥青经高温干馏或延迟焦化后所得到的固体炭质物料，样品符合《沥青焦》（YB/T 5299—2009）的技术要求，根据《固体废物鉴别标准　通则》（GB 34330—2017）4.1a 条款，鉴别样品不属于固体废物。

二、焦炭

（一）样品外观形态

样品为黑色不规则大块状，质轻、多孔，如图6-33所示。

图 6-33　样品外观

（二）样品理化特征

1. 水分

样品在 105℃下烘干，水分含量为 6.4%。

2. 粒度

经筛分，25mm 以上样品占 94.8%；25mm 以下样品占 5.2%。

3. 物相分析

经 X 射线衍射分析，样品主要物相为碳，如图 6-34 所示。

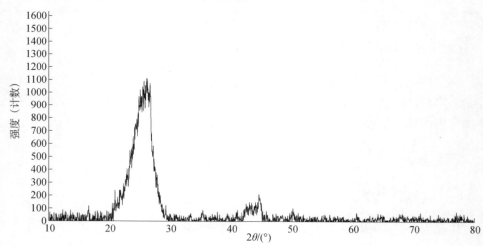

图 6-34　样品的 X 射线衍射图谱

4. 其他

对样品进行物理指标及元素含量分析，结果见表 6-17。

表 6-17　样品检测结果

指标	结果
灰分（干基）	11.75%
挥发分（干基）	1.01%
全硫（干基）	0.38%
固定碳（干基）	87.24%
低位发热量（收到基）	6506 kcal/kg
高位发热量（干基）	7020 kcal/kg
磷（干基）	0.053%
氮（干基）	0.97%
碳（干基）	87.39%
氢（干基）	0.66%

（三）样品可能产生来源分析

兰炭是无黏结性或弱黏结性的高挥发分烟煤在中低温条件下干馏热解得到较低挥发分的固体炭质产品，《兰炭产品技术条件》（GB/T 25211—2010）中规定了用作铁合金等冶炼用还原剂的兰炭产品技术要求（见表 6-18），样品主要指标满足该技术要求。

表 6-18　用作铁合金等冶炼用还原剂的兰炭产品技术要求

项目	符号	单位	级别	技术要求	试验方法
粒度	—	mm	—	6～13（<6mm 的不大于 10%） 13～25（<13mm 的不大于 10%）	—
挥发分	V_{daf}	%	I 级 II 级	≤5.0 >5.00～10.00	GB/T 212
固定碳	FC_d	%	I 级 II 级	>85 >80～85	GB/T 212
全水分	M_t	%	I 级 II 级	≤8.0 >8.0～12.0	GB/T 211
灰分	A_d	%	I 级 II 级 III 级	≤6.00 >6.00～9.00 >9.00～12.00	GB/T 212
全硫	$S_{t,d}$	%	I 级 II 级 III 级	≤0.30 >0.30～0.50 >0.50～0.75	GB/T 214

续表

项目	符号	单位	级别	技术要求	试验方法
磷	P_d	%	I 级 II 级 III 级	≤0.010 >0.010～0.030 >0.030～0.040	GB/T 216
电阻率	ρ	$10^{-6}\Omega\cdot m$	I 级 II 级 III 级	>15000 >10000～15000 >5000～10000	YB/T 035
氧化铝	ω（Al_2O_3）	%	I 级 II 级 III 级	≤2.00 >2.00～3.00 >3.00～4.00	GB/T 1574

综合样品理化特征，推断样品属于含碳物料经高温干馏而得到的产品。

（四）样品属性鉴定结论

样品为含碳物料加工而来的产品，其主要指标符合《兰炭产品技术条件》（GB/T 25211—2010）中规定的用作铁合金等冶炼用还原剂的兰炭产品技术要求，根据《固体废物鉴别标准 通则》（GB 34330—2017）3.1 条款，鉴别样品不属于固体废物。

三、聚乙烯蜡

（一）样品外观形态

样品为乳白色黏稠膏状，无肉眼可见杂质，无异常刺激性气味，如图 6-35 所示。

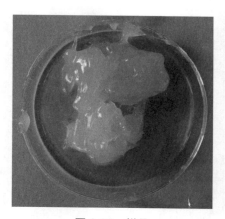

图 6-35　样品

（二）样品理化特征

1. 灼烧增减量

样品在 105℃下烘干，样品灼烧减量为 0.39%。样品在 650℃下灼烧，样品灼烧减量为 100%（检测样品经 105℃烘干）。

2. 红外分析

经红外光谱分析，样品主要含有亚甲基及少量甲基，属于直链烷烃类物质，如图 6-36 所示。

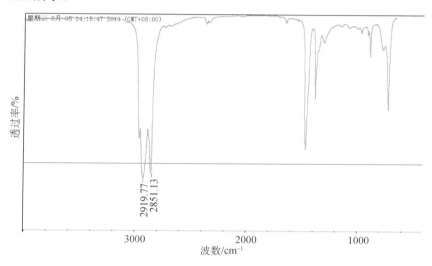

图 6-36 样品红外图谱

3. 其他分析

样品熔点结果见表 6-19，熔融曲线如图 6-37 所示。

表 6-19 样品熔点结果

检测项目	检测结果	
熔点	峰值/℃	85.94
	起始点/℃	76.15
	终止点/℃	90.80

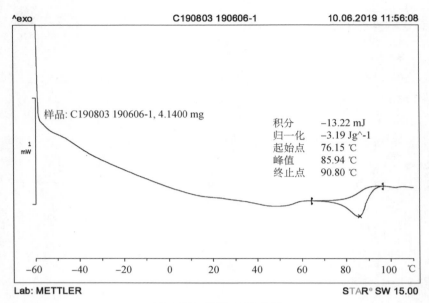

图 6-37　样品 DSC 曲线

样品滴点、运动黏度结果见表 6-20。

表 6-20　样品滴点、运动黏度结果

项目	指标
滴点/℃	88.8
运动黏度（98.9℃）/（mPa·s）	264

4. 馏程分析

样品馏程见表 6-21，总回收体积 80%。

表 6-21　样品馏程

温度/℃	回收体积/%	温度/℃	回收体积/%
300	5	473	50
344	10	481	60
422	20	490	70
440	30	502	80
464	40		

（三）样品可能产生来源分析

1. 石蜡主要组分为直链烷烃，还有少量带支链的烷烃和带长侧链的单环环烷烃。石蜡是从原油蒸馏所得润滑油馏分经溶剂精制、溶剂脱蜡或经蜡冷冻结晶、压榨脱蜡制得蜡膏，再经脱油，并补充精制制得的片状或针状结晶。根据加工精制程度不同，可分为全精炼石蜡、半精炼石蜡和粗石蜡 3 种。

2. 聚乙烯蜡是一种化工材料，其成色为白色小微珠状或片状，由乙烯聚合橡胶加工剂而形成，具有熔点较高、硬度大、光泽度高、颜色雪白等特点。聚乙烯蜡在生产过程中会产生低分子量的乙烯聚合物，该类物质具有熔点适中、硬度低、自黏性等特点，可用于调整润滑油、润滑脂和铸造蜡的黏度、硬度等。裂解聚乙烯蜡采用高分子量聚乙烯为主要原料，加入其他辅助材料，通过一系列解聚反应而制成。解聚反应是聚乙烯蜡生产中最关键的一环，解聚反应全过程应在密闭的反应釜内进行。

样品的滴点为 88.8℃、旋转黏度（98.9℃）为 0.14Pa·s，符合《海关税则注释》中 34.04 条款对蜡质的要求：“（一）滴点在 40℃ 以上；（二）在温度高出滴点 10℃ 时用旋转黏度测定法测定其黏度不超过 10Pa·s（或 10000 厘泊）”。

（四）样品属性鉴定结论

样品为聚乙烯生产过程中产生的低分子量乙烯聚合物，根据《固体废物鉴别标准　通则》（GB 34330—2017）3.1 条款，鉴别样品不属于固体废物。

四、颗粒状玻璃原料

（一）样品外观形态

样品为不规则碎玻璃状，呈棕黄色，大小不一，含有粉末，玻璃表面不光滑，如图 6-38 所示。

图 6-38　样品

（二）样品理化特征

将样品平摊，在 4 个不同的位置随机取 4 份样品（分别记为 1#样品、2#样品、3#样品、4#样品），进行元素分析。

样品主要含有 Si、Na、Al、Ca 等元素，元素检测结果如表 6-22～表 6-25 所示，4 个样品结果基本一致。

表 6-22　1#样品元素检测结果　　　　　单位：%

样品元素	含量	样品元素	含量
SiO_2	67.07	K_2O	1.49
Na_2O	13.50	P_2O_5	0.12
Al_2O_3	5.46	MnO	0.92
CaO	5.43	MgO	2.18
TiO_2	0.045	S	0.18
Fe_2O_3	3.74		

表 6-23　2#样品元素检测结果　　　　　单位：%

样品元素	含量	样品元素	含量
SiO_2	67.17	K_2O	1.49
Na_2O	13.50	P_2O_5	0.11
Al_2O_3	5.40	MnO	0.90
CaO	5.43	MgO	2.17
TiO_2	0.048	S	0.19
Fe_2O_3	3.75		

表 6-24　3#样品元素检测结果　　　　　单位：%

样品元素	含量	样品元素	含量
SiO_2	67.07	K_2O	1.49
Na_2O	13.47	P_2O_5	0.11
Al_2O_3	5.45	MnO	0.92
CaO	5.46	MgO	2.17
TiO_2	0.045	S	0.19
Fe_2O_3	3.77		

表 6-25　4#样品元素检测结果　　　　　　　　单位：%

样品元素	含量	样品元素	含量
SiO_2	67.07	K_2O	1.50
Na_2O	13.51	P_2O_5	0.10
Al_2O_3	5.44	MnO	0.93
CaO	5.43	MgO	2.17
TiO_2	0.045	S	0.18
Fe_2O_3	3.75		

（三）样品可能产生来源分析

泡沫玻璃是一种绿色环保的建筑保温材料，国内通常以石英砂、废旧玻璃（包括废玻璃纤维丝）、泡沫玻璃废料、发泡剂作为原料，主要工艺过程包括研磨（玻璃粉的粒度在 60～250μm）、发泡剂的选择和混合、稳定剂和助熔剂的选择、配合料入模、入炉（预热、发泡、定形）烧制工艺控制、脱模、制品的退火、切割尺寸。泡沫玻璃主要用于轻质保温砖、屋面和地面隔热等，作为基础原料，主要包括普通泡沫玻璃、石英泡沫玻璃和熔窑泡沫玻璃。

匹兹堡康宁公司在发泡玻璃保温材料生产方面在全球居领先地位，其主要生产工艺为玻璃生产混合料混合后进入玻璃窑炉在高温下熔融，熔融状态的玻璃进入导流装置，导流过程喷淋水使玻璃发生急冷脆裂成片状，进而通过破碎装置破碎成颗粒。

匹兹堡康宁公司采用专有玻璃熔炉生产碎玻璃原料的工艺已有文献报道，此工艺生产的碎玻璃原料成本较高，产品质量最佳，产品主要市场在于工业绝热；国内工艺主要采用回收的废、碎平板玻璃作为原料，原料成本较低，产品质量较佳，主要用于建筑绝热。

（四）样品属性鉴定结论

通过理化表征，该样品元素组成均匀一致，并含有一定量的硫元素，该样品申报来自匹兹堡康宁（捷克）公司，与其生产工艺相符。经综合分析，推断样品为匹兹堡康宁公司专门生产的用于发泡玻璃生产的玻璃原料。根据《固体废物鉴别标准　通则》（GB 34330—2017）3.1 条款，鉴别样品不属于固体废物。

五、蜡膏

（一）样品外观形态

样品为淡黄色膏状物，有气味，如图 6-39 所示。

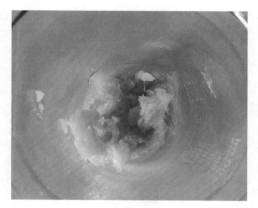

图 6-39　样品

（二）样品理化特征

1. 灼烧增减量

样品在 105℃下烘干，样品灼烧减量为 0.10%（收到基）。样品在 600℃下灼烧，样品灼烧减量为 100%（检测样品经 105℃烘干）。

2. 红外分析

经红外光谱分析，样品主要含有亚甲基，少部分甲基，结果如图 6-40 所示。

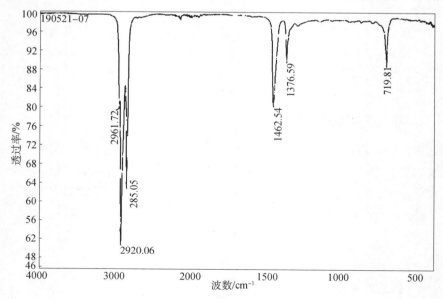

图 6-40　样品的红外图谱

3. 其他分析

样品熔点结果见表 6-26，熔融曲线如图 6-41 所示，只有一个熔融峰。

表 6-26　样品熔点结果

检测项目	检测结果	
熔点	峰值/℃	32.69
	起始点/℃	11.00
	终止点/℃	46.49

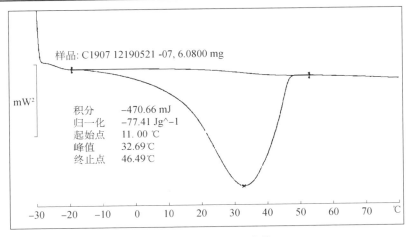

图 6-41　样品 DSC 曲线

样品滴点、运动黏度及闪点结果见表 6-27。

表 6-27　样品滴点、运动黏度及闪点结果

项目	指标
滴点/℃	40.6
运动黏度（100℃）/（mm²/s）	8.735
闪点（开口）/℃	262

（三）样品可能产生来源分析

蜡膏又称为蜡下油，为石蜡生产过程中未完全脱除石蜡的含有矿物油与石蜡的混合物，蜡膏是溶剂脱蜡工艺生产润滑油基础油、石蜡等后的物质，一般只用作催化裂化原料，其一般工艺流程如图 6-42 所示。经检索，中国石油天然气股份有限公司企业标准《蜡膏》（Q/SY LS 0107—2018）中规定了蜡膏的指标要求，见表 6-28。

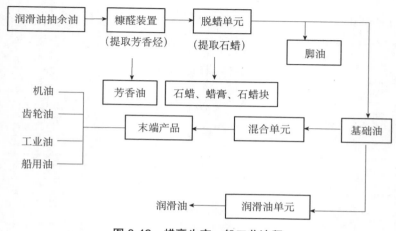

图 6-42 蜡膏生产一般工艺流程

表 6-28 《蜡膏》（Q/SY LS 0107—2018）中对蜡膏的指标要求

项目		指标
滴点/℃	≥	40
运动黏度（100℃）/（mm²/s）		6～25
闪点（开口）/℃	≥	190

（四）样品属性鉴定结论

经理化综合分析，推断样品属于溶剂脱蜡工艺生产润滑油基础油、石蜡等后的物质，样品符合中国石油天然气股份有限公司企业标准《蜡膏》（Q/SY LS 0107—2018）中规定的指标要求。根据《固体废物鉴别标准 通则》（GB 34330—2017）3.1 条款，鉴别样品不属于固体废物。

六、压电石英边皮料

（一）样品外观形态

样品为透明玻璃体，经切割，基本呈规则多面棱柱体，部分棱角处有磕碰或粗糙，切割面光滑，上下两面呈磨砂状，部分块上有记号笔做的标记，如图 6-43 所示。

图 6-43　样品外观

（二）样品理化特征

1. 烧失量

样品在 1000℃下灼烧，样品灼烧减量为 0.20%（检测样品经 105℃烘干）。

2. 元素分析

样品主要含有 Si，元素检测结果见表 6-29。

表 6-29　样品主要成分及含量　　　　　　　　　　　　　　单位：%

样品主要成分	含量	样品主要成分	含量
SiO_2	99.64	P	0.011
Fe_2O_3	0.060	K_2O	0.019
Al_2O_3	0.030		

3. 物相分析

样品主要物相为 SiO_2，具体如图 6-44 所示。

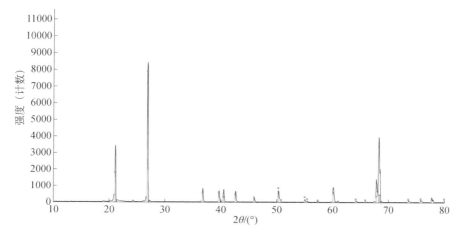

图 6-44　样品的 X 射线衍射图谱

（三）样品可能产生来源分析

晶体石英纯度高，主要成分为二氧化硅，一般无色透明，是由二氧化硅在高压反应釜中经过长时间生长而成，一般能用于电子工业制造石英钟、谐振器、振荡器、滤波器等压电石英片。等级高的晶体石英没有缺陷，包含籽晶，可以用于航天、军事等的导航、遥控设备；有一定缺陷的晶体石英或边皮料（又称无籽晶棒）主要用于生产低端频率片、眼镜片。晶体石英加工产品的一般工艺包括块加工、线切割、研磨、倒边、抛光、清洗、二次抛光、二次清洗、外观核查等步骤。

（四）样品属性鉴定结论

综合样品理化特性，样品应来源于晶体石英生产过程中产生的无籽晶料，可以作为生产镜片的水晶原料，未丧失作为眼镜片中间体的原有价值。根据《固体废物鉴别标准 通则》（GB 34330—2017）3.1 条款，鉴别样品不属于固体废物。

七、不良水晶棒

（一）样品外观形态

样品为透明玻璃体，呈规则多面棱柱体，部分棱角处有磕碰或粗糙，上下两面凹凸不平，一端镶嵌有金属丝，有一面呈磨砂状，磨砂面上有标记，5 块样品分别标记为 "A8037 X78 Y2352°" "A1045 X78 Y2352°" "A8036 X81 Y2350°" "A3042 X78 Y2352° IB" "A3042 X78 Y2352° IB"，如图 6-45 所示。

图 6-45　样品

（二）样品理化特征

1. 烧失量

样品在 1000℃下灼烧，样品灼烧减量为 0.08%（检测样品经 105℃烘干）。

2. 元素分析

样品主要含有 Si，元素检测结果见表 6-30。

表 6-30　样品主要成分及含量　　　　　　　　　　　单位：%

样品主要成分	含量	样品主要成分	含量
SiO_2	99.78	P	0.010
Fe_2O_3	0.040	K_2O	0.018
Al_2O_3	0.033		

3. 物相分析

样品主要物相为 SiO_2，结果如图 6-46 所示。

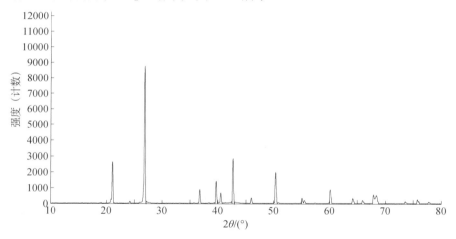

图 6-46　样品的 X 射线衍射图谱

（三）样品可能产生来源分析

晶体石英详见本节六（三）。

（四）样品属性鉴定结论

综合样品理化特性，样品应来源于晶体石英生产过程中产生的有缺陷的产品，未丧失水晶作为低端频率片、眼镜片中间体的原有价值。根据《固体废物鉴别标准　通则》（GB 34330—2017）3.1 条款，鉴别样品不属于固体废物。

八、增碳剂

（一）样品外观形态

样品为黑色颗粒状，如图 6-47 所示。

图 6-47　样品

（二）样品理化特征

1. 理化分析

样品主要含有碳元素，检测结果见表 6-31。

表 6-31　样品检测结果　　　　　　　　　　单位：%

项目	含量
全水分（收到基）	6.8
水分（空干基）	5.44
挥发分（干基）	2.92
灰分（干基）	5.52
固定碳（干基）	91.56
硫（干基）	0.16

2. 物相分析

样品主要物相为无定形，如图 6-48 所示。

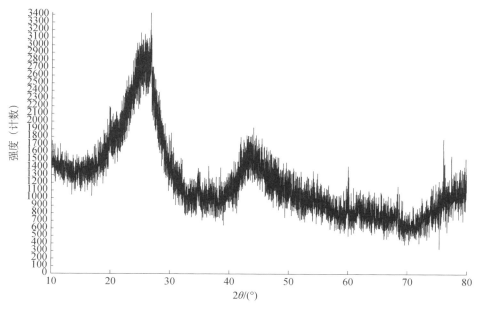

图 6-48　样品的 X 射线衍射图谱

（三）样品可能产生来源分析

在钢铁产品的冶炼过程中，常常会因为冶炼时间、保温时间、过热时间较长等因素，使得铁液中碳元素的熔炼损耗量增大，造成铁液中的含碳量有所降低，导致铁液中的含碳量达不到炼制预期的理论值。为了补足钢铁熔炼过程中烧损的碳含量而添加的含碳类物质称为增碳剂。

增碳剂的原料有很多种，生产工艺也各异，有木质碳类、煤质碳类、焦炭类、石墨类等。

（四）样品属性鉴定结论

样品没有明显的晶体结构，呈颗粒状，应为由煤生产加工的煤基材料。根据《固体废物鉴别标准　通则》（GB 34330—2017）3.1 条款，鉴别样品不属于固体废物。

九、矿物纤维

（一）样品外观形态

样品为灰绿色、棉状，均匀，如图 6-49 所示。

图 6-49　样品

（二）样品理化特性

1. 元素组成

样品主要含有 Si、Al、Ca 等元素，检测结果见表 6-32。

表 6-32　样品主要成分及含量　　　　　　　　单位：%

样品主要成分	含量	样品主要成分	含量
SiO_2	38.29	P_2O_5	0.10
Al_2O_3	17.98	K_2O	0.41
MgO	5.39	TiO_2	0.97
Fe_2O_3	6.65	MnO	0.14
Na_2O	2.15	LOI[①]	5.34
CaO	22.36		

2. 物相分析

样品主要由无定形物质组成，如图 6-50 所示。

3. 显微分析

经偏光显微分析，样品不是石棉；样品透明、表面光滑，属于玻璃态丝状物质，具体如图 6-51 所示。

――――――――――

① LOI 指烧失增减量。

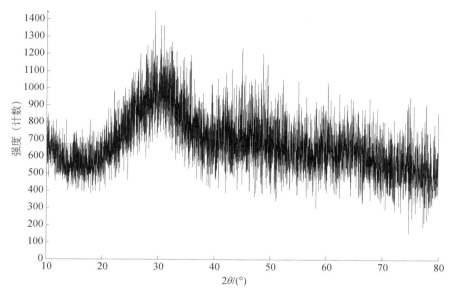

图 6-50 样品的 X 射线衍射图谱

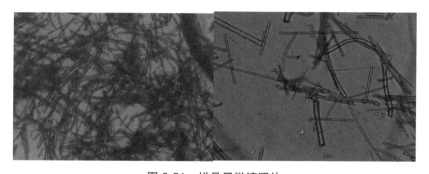

图 6-51 样品显微镜照片

（三）样品可能产生来源分析

矿物纤维主要以玄武岩矿石为原料，经特定的预处理、1500℃高温熔融、提炼抽丝，并经特殊的表面处理而成。其化学成分一般为 SiO_2（40%～60%）、Al_2O_3（15%～25%）、Fe_2O_3（3%～7%）、CaO+MgO（25%～30%）、Na_2O+K_2O（3%～6%）。玄武岩纤维布具有高强度、永久阻燃性、短期耐温在 1000℃以上等特点，可长期在 760℃温度环境下使用，是顶替石棉、玻璃纤维布的理想材料。

由于摩擦材料对纤维有一定的要求，如摩擦材料制品处于长期高温下作业，一般有机纤维无法承受这种高温条件，因此摩擦材料中多使用无机纤维。其中包括：①天然矿物纤维类，如石棉纤维、海泡石等；②金属纤维类，如钢纤维、铜纤维等；③人造矿物纤维和无机纤维类，如陶瓷纤维、岩棉纤维、复合矿物纤维等。其中石棉材料已逐渐被禁止使用。目前应用于摩擦材料的人造矿物纤维主要有辉绿岩纤维、硅酸铝纤维、玻璃纤维等。

（四）样品属性鉴定结论

综合样品理化特征，样品为人造纤维。根据《固体废物鉴别标准 通则》（GB 34330—2017）3.1 条款，鉴别样品不属于固体废物。

十、褐煤精制颗粒

（一）样品外观形态

样品为黑色不规则小颗粒，如图 6-52 所示。

图 6-52 样品

（二）样品理化特征

1. 水分

参考《煤中全水分的测定方法》（GB/T 211—2017），样品全水分含量检测结果为 8.8%。

2. 物理指标及元素含量分析

对样品进行物理指标及元素含量分析，结果见表 6-33。

表 6-33　样品检测结果

指标	结果	参考标准
灰分（干基）	2.67%	GB/T 212—2008
挥发分（干基）	3.85%	GB/T 212—2008
全硫（干基）	0.01%	GB/T 25214—2010
粒度（0～5mm）	100%	GB/T 477—2008
哈氏可磨指数	28	ISO 5074—2015
低位发热量（收到基）	28.29MJ/kg	GB/T 213—2008
高位发热量（干基）	31.84MJ/kg	GB/T 213—2008
灰熔融性（变形温度）	1090℃	GB/T 219—2008
磷（干基）	0.021%	GB/T 216—2003
氟（干基）	77μg/g	GB/T 3558—2014
氯（干基）	0.110%	GB/T 4633—2014
砷（干基）	<80μg/g	SN/T 3521—2013
汞（干基）	<0.60μg/g	SN/T 3521—2013
氮（干基）	0.45%	GB/T 30733—2014
碳（干基）	93.47%	GB/T 30733—2014
氧化镁（干基）	0.11	GB/T 14506.28—2010
三氧化二铝（干基）	0.11	GB/T 14506.28—2010
二氧化硅（干基）	0.49	GB/T 14506.28—2010
氧化钙（干基）	0.095	GB/T 14506.28—2010
铁（干基）	0.17	GB/T 14506.28—2010
氧化钠（干基）	0.18	GB/T 14506.28—2010
氧化钾（干基）	0.96	GB/T 14506.28—2010
二氧化钛（干基）	0.0056	GB/T 14506.28—2010
氧化铜（干基）	0.0032	GB/T 14506.28—2010

3. 物相分析

对样品及灰分进行 X 射线衍射分析，样品主要为无定形结构，如图 6-53 所示；灰分主要物相为硅酸盐类物质，如图 6-54 所示。

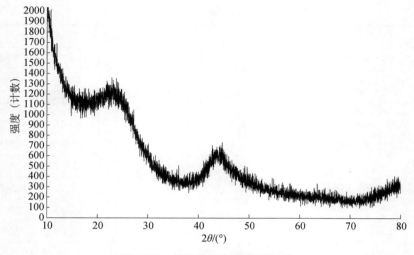

图 6-53　样品的 X 射线衍射图谱

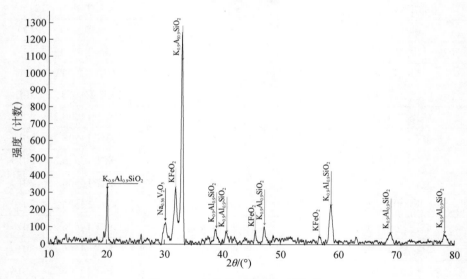

图 6-54　灰分的 X 射线衍射图谱

4. 其他分析

对样品进行比表面积、孔分布分析，样品比表面积为 $1131 m^2/g$，孔分布如图 6-55 所示，样品孔径主要为 0.4～2nm。

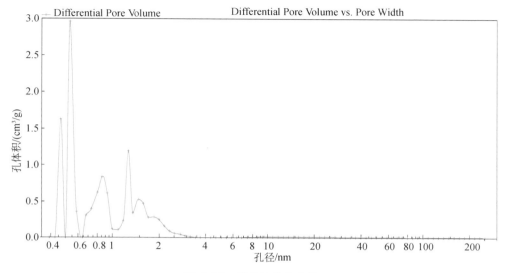

图 6-55 样品孔分布曲线

（三）样品可能产生来源分析

1. 褐煤是煤化程度最低的矿产煤，是一种介于泥炭与沥青煤之间的棕黑色、无光泽的低级煤。褐煤化学反应性强，在空气中容易风化，不易储存和运输，燃烧时对空气污染严重，含有可溶于碱液内的腐殖酸。褐煤含碳量为 60%～77%，密度为 1.1～1.2g/cm³，挥发成分大于 40%，无胶质层厚度。恒湿无灰基高位发热量为 5500～6500kcal/kg。多呈褐色或褐黑色，相对密度为 1.2～1.45g/cm³。褐煤水分大（15%～60%），挥发成分高（＞40%），含游离腐殖酸。

2. 活性炭是由含炭为主的物质作原料，经高温炭化和活化制得的疏水性吸附剂。活性炭含有大量微孔，具有巨大无比的表面积，能有效去除色度、臭味，还可去除二级出水中大多数有机污染物和某些无机物，包含某些有毒的重金属。活性炭 80%以上由碳元素组成，这也是活性炭为疏水性吸附剂的原因。除碳元素外，还包含两类掺合物：一类是化学结合的元素，主要是氧和氢，这些元素是由于未完全碳化而残留在炭中，或者在活化过程中，外来的非碳元素与活性炭表面化学结合，如用水蒸气活化时，活性炭表面被氧化；另一类掺合物是灰分，它是活性炭的无机部分。

（四）样品属性鉴定结论

综合样品理化特征，推断样品由含炭物质经高温碳化等过程制得的炭基类吸附材料。根据《固体废物鉴别标准 通则》（GB 34330—2017）3.1 条款，鉴别样品不属于固体废物。

十一、粘胶纤维

（一）样品外观形态

样品为白色絮状，洁净、分布均匀，如图 6-56 所示。

图 6-56　样品

（二）样品理化特征

1. 显微镜分析

经显微镜分析，样品为粘胶纤维，如图 6-57 所示。半定量分析为 100%粘胶纤维。

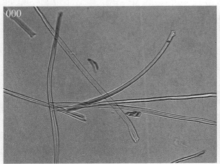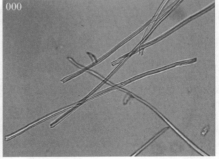

图 6-57　样品显微照片

2. 性能指标分析

参考《粘胶短纤维》(GB/T 14463—2008)的要求对样品性能指标进行了测试，结果见表6-34。

表6-34　样品检测结果

项目	结果	标准要求（纺织用棉型粘胶短纤维）
干断裂强度	2.41cN/dtex	≥2.15N/dtex　优等品
干断裂伸长率	17.9%	≥（19±2.0）%　优等品
长度	33.1mm	—
残硫量	13.3mg/100g	≤18.0mg/100g　一等品
线密度	1.00dtex	1.10～2.20dtex　棉型粘胶短纤维
疵点	3.9mg/100g	≤4.0mg/100g　优等品

（三）样品可能产生来源分析

1. 粘胶纤维

粘胶纤维是通过化学方法制造生产的人造纤维的一个主要品种。它主要由天然纤维素（棉短绒、木材、竹子、芦苇、麻等）经碱化，生成碱纤维素，再与二硫化碳作用生成纤维素磺酸酯，溶解于稀碱液中，获得黏稠溶液，粘胶经湿法纺丝和一系列处理工序加工后成为粘胶纤维。

粘胶纤维的化学组成与棉花相同，所以性质也接近棉花。但由于粘胶纤维的聚合度、结晶度比棉花低，纤维中存在较多的无定形区，所以粘胶纤维吸湿性能比棉花要好，也容易染色。用粘胶纤维制织的织物具有较好的舒适性，所染颜色也较为鲜艳，色牢度也较好，还具有抗静电、易于纺织加工等特点。粘胶纤维主要用于纺纱和无纺布。

国内粘胶纤维品种十分单一，以常规品种为主，化纤差别率只有25%左右，更缺乏在非服用领域的开发研究。而国际粘胶纤维的发展趋势是高性能、差别化、功能化与环保化等新型纤维的开发应用，下游产品风格因此而更加丰富多样。远红外、超细纤维、中空纤维、负氧离子、抗菌、阻燃等多功能复合粘胶纤维的开发应用则进一步推进了面料档次的提高，使其向保健、舒适、功能化、特色化、高仿真、高附加值方向发展。

2. 样品分析

样品线密度为1.0dtex，超出了《粘胶短纤维》(GB/T 14463—2008)、《洁净高白度粘胶短纤维》(FZ/T 54032—2010)的适用范围，其性能指标只能参考与其最接近的棉型粘胶纤维性能指标，选取部分关键指标进行了测试，其性能指标大部分优于棉型粘胶纤维优等品等级。

通过调研，超细粘胶纤维是近年来发展起来的一种纤维，主要应用于水刺无纺布的生产，也可用于制造湿巾等日用品。该产品也通过了 Oeko-Tex Standard 100 国际认证，Oeko-Tex Standard 100 是世界上最权威的、影响最广泛的纺织品生态标签。

（四）样品属性鉴定结论

综合样品理化特性，该样品属于有意加工生产的产品，根据《固体废物鉴别标准 通则》（GB 34330—2017）3.1 条款，鉴别样品不属于固体废物。

十二、脱脂牛骨粒

（一）样品外观形态

样品为土黄色、黑色、棕色颗粒，片状物，多孔颗粒，略见毛发，有气味，如图 6-58 所示。

图 6-58 样品

（二）样品理化特征

样品经缩分、筛分、破碎、研磨制备成粉末状，主要指标检测结果见表 6-35。

表 6-35　样品检测结果

项目	结果
蛋白质	25.5%
脂肪	1.05%
水分	6.98%
＞10mm	0%
5～10mm	1.4%
3～5mm	40.4%
1～3mm	51.8%
＜1mm	6.4%
灰分（干基）	63.42%
Al（干基）	974mg/kg
Ca（干基）	254737mg/kg
Fe（干基）	3358mg/kg
Mg（干基）	5179mg/kg
Na（干基）	8703mg/kg
P（干基）	123299mg/kg
Si（干基）	4443mg/kg

（三）样品可能产生来源分析

动物鲜骨、骨明胶、骨粒、骨粉、骨碳介绍详见第五章第六节六（三）。

样品为土黄色、黑色、棕色骨颗粒，片状物，多孔颗粒，含有钙、磷等元素，残油率低，推断样品为骨头经粉碎、脱脂、去水分等加工程序制备的骨颗粒。由于巴基斯坦生产工艺落后，存在少许动物毛发，颜色不是很均匀，但基本满足文献推荐的指标要求。

（四）样品属性鉴定结论

经综合分析，样品为肉制品工业产生骨头经过加工生产的骨粒，经过脱脂处理，含有丰富的蛋白质、钙、磷等，为有意加工生产的产品。根据《固体废物鉴别标准　通则》（GB 34330—2017）3.1 条款，鉴别样品不属于固体废物。

十三、烧结铁块

（一）样品外观形态

样品为土黄色粉末、颗粒、块的混合物，块有明显烧结痕迹，如图 6-59 所示。

图 6-59　样品

（二）样品理化特征

1. 样品制备

根据样品形态，将样品分为两部分：第一部分为粉末、颗粒，记为样品 A；第二部分为块状物，记为样品 B，分别对样品 A、B 进行制备。

2. 烧失量

样品 A 在 950℃下灼烧减量为 15.98%（105℃干基）。

样品 B 在 950℃下灼烧减量为 14.41%（105℃干基）。

3. 元素分析

样品 A、B 均主要含有 Fe、Si、Ca、Al 等元素，结果见表 6-36、表 6-37。

表 6-36　样品 A 主要成分及含量

样品主要成分	含量	样品主要成分	含量
Fe	29.76%	MgO	1.45%
S	3.21%	ZnO	1.65%
SiO_2	19.30%	BaO	1.22%
CaO	5.91%	Au	3.00 g/t
Al_2O_3	4.60%	Ag	141.2 g/t
P	0.060%	As	0.057%
K_2O	0.60%	Pb	0.62%
CuO	2.84%	Hg	<0.0010%
TiO_2	0.23%	F	0.020%
Mn	0.92%	Cd	0.0032%
C	10.53%		

表 6-37　样品 B 主要成分及含量

样品主要成分	含量	样品主要成分	含量
Fe	23.95%	MgO	1.93%
S	4.65%	ZnO	2.06%
SiO_2	24.13%	BaO	1.48%
CaO	7.10%	Au	3.03 g/t
Al_2O_3	5.67%	Ag	212.4 g/t
P	0.055%	As	0.10%
K_2O	0.77%	Pb	0.48%
CuO	1.88%	Hg	0.0010%
TiO_2	0.29%	F	0.015%
Mn	0.94%	Cd	0.0029%
C	9.83%		

4. 物相分析

样品 A、B 主要物相为无定形结构，950℃灼烧后样品主要物相均为三氧化二铁、硅酸盐，结果如图 6-60～图 6-63 所示。

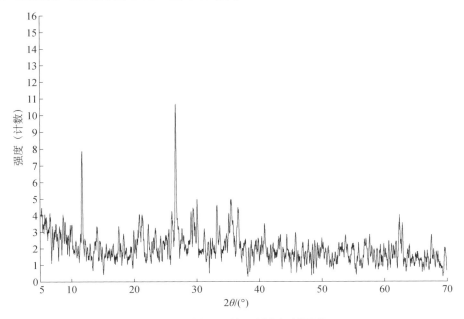

图 6-60　样品 A 的 X 射线衍射图谱

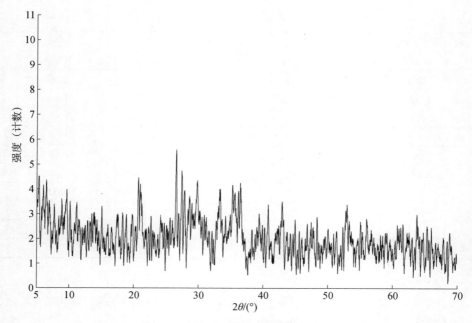

图 6-61　样品 B 的 X 射线衍射图谱

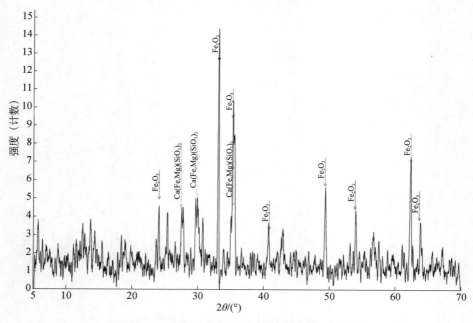

图 6-62　950℃灼烧后样品 A 的 X 射线衍射图谱

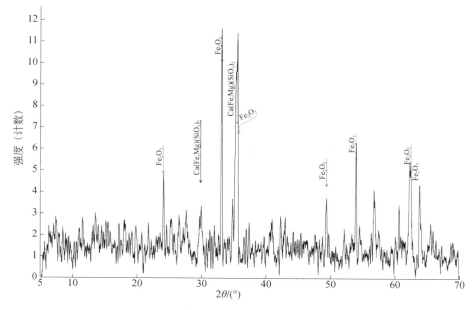

图 6-63　950℃灼烧后样品 B 的 X 射线衍射图谱

（三）样品可能产生来源分析

硫铁矿焙烧反应比较复杂，常规生成红棕色三氧化二铁产物，磁性焙烧则生成棕黑色四氧化三铁产物，主要为了提高铁矿品位。样品可能的产生过程为硫铁矿焙烧过程产生的中间产品。

（四）样品属性鉴定结论

综合样品理化特征，根据《固体废物鉴别标准　通则》（GB 34330—2017）中固体废物的定义，鉴别样品不属于固体废物。

十四、硫化铜

（一）样品外观形态

样品为黑绿色粉末，有结团，如图 6-64 所示。

图 6-64　样品

（二）样品理化特征

1. 元素分析

样品主要含有铜、硫元素，结果见表 6-38。

表 6-38　样品主要成分及含量　　　　　　单位：%

样品主要成分	含量	样品主要成分	含量
Cu	52.2300	ZnO	0.0360
S	34.3800	Pb	<0.0100
Al_2O_3	0.1500	Cd	0.0071
SiO_2	0.4100	Hg	0.0010
CaO	0.8100	As	0.0050
Fe_2O_3	0.1400	F	0.0030

2. 物相分析

对样品进行 X 射线衍射分析，如图 6-65 所示。样品主要物相为 CuS 等。

3. 浸出液

对样品利用水浸出，浸出液呈酸性。

（三）样品可能产生来源分析

硫化铜的制备方法有沉淀法、同相法、水热法、乳液法、模板法、微波加热法、喷雾热解法等。其中沉淀法是利用硫酸将含铜矿物中铜浸出，过滤，向硫酸铜溶液中通入硫化氢气体或硫化物，反应生成硫化铜沉淀，将沉淀析出的硫化铜加入到硫酸铜反应体系中，作为结晶核，不断形成硫化铜沉淀，而溶液中的铁不能沉淀析出，从而得到较纯净的硫化铜。

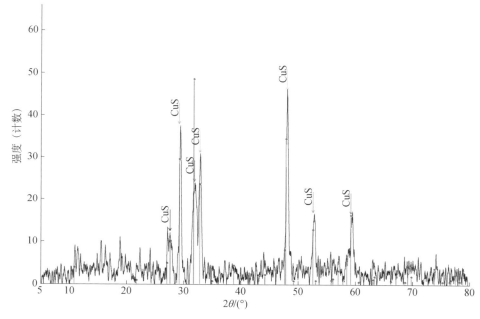

图 6-65　样品的 X 射线衍射图谱

样品可能是含铜物料经硫酸酸浸取，所得溶液通入硫化氢气体或硫离子得到沉淀，经过滤脱水而产生。

（四）样品属性鉴定结论

样品主要为 CuS，根据《固体废物鉴别标准　通则》（GB 34330—2017）中固体废物的定义，鉴别样品不属于固体废物。

十五、还原铁粉

（一）样品外观形态

样品为黑色粉末，具有强磁性，如图 6-66 所示。

图 6-66　样品

（二）样品理化特征

1. 烧失量
样品在 1000℃下灼烧，烧失量为−23.58%（105℃干基）。

2. 元素分析
样品主要含有 Fe、Ca、C、Si 等元素，结果见表 6-39。

表 6-39　样品主要成分及含量　　　　　　　　　单位：%

样品主要成分	含量	样品主要成分	含量
TFe	76.810	C	3.930
SiO_2	2.900	V_2O_5	0.068
Al_2O_3	1.220	S	0.021
CaO	6.750	TiO_2	0.140
ZnO	0.098	Mn_3O_4	0.140
MgO	1.890	NiO	0.014

3. 物相分析
样品主要物相为 Fe、Fe_3C、Fe_2O_3、$CaCO_3$、$MgCO_3$、C 等，具体如图 6-67 所示。

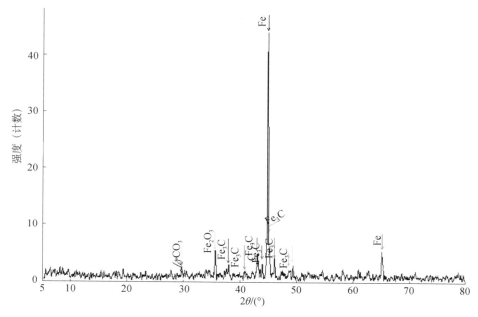

图 6-67 样品的 X 射线衍射图谱

（三）样品可能产生来源分析

直接还原铁见第五章第六节三（三）。

生铁中的碳主要以碳化铁形式存在，称为白口铁。碳化铁作为新的电炉炼钢原料，化学性能稳定，不会自燃或再氧化，含有害元素低；所含碳可以作为炼钢热源。随着钢材质量要求的提升，碳化铁是替代废钢和直接还原铁的优质炼钢原料，国外生产碳化铁大都以天然气为气源，其生产主要分为两个步骤：铁氧化物的还原；金属铁的渗碳。

样品主要物相为 Fe、Fe_3C、Fe_2O_3 等，经研究，样品可能是直接还原铁生产过程中产生的含铁物料经研磨而得到。

（四）样品属性鉴定结论

根据《固体废物鉴别标准 通则》（GB 34330—2017）中固体废物的定义，鉴别样品不属于固体废物。

十六、经梳理的缅甸人发

（一）样品外观形态

样品为黑色长发，一端较平齐，长度约 35cm，按发根和发梢梳理过，扎成一捆，无明显可见杂质，有头发洗涤后气味，如图 6-68 所示。

图 6-68　样品外观

（二）样品理化特征

参考《发制品　人发档发》（DB41/T 1364—2017）对样品进行检测，检测结果见表 6-40。

表 6-40　样品检测结果　　　　　　单位：%

项目	含量
可见异物含量	0.00
本档（发）质量分数	69
顺发比	91
人发含量	100
虫卵（虱、蜱）	—
绿脓杆菌	—
金黄色葡萄球菌	—
溶血性链球菌	—

（三）样品可能产生来源分析

发制品加工是指将收购的人发根据质地、长短进行梳理分档，经脱脂、染色制成工艺发条，再进行深加工制成各种产品。主要包括酸洗、水洗、中和、水洗、氧化、水洗、染色、水洗、理顺、水洗、烘干、分档、制发条、定形、洗涤、水洗、浸泡、烘干、入库等步骤。

《发制品　人发档发》（DB41/T 1364—2017）中对人发档发的定义："人发经过整理形成的一端平齐、各长度尺寸含量有一定要求的发把或发束"。该标准按本档（发）质量分数、顺发比、人发含量、可见异物含量（分为 A、B、C 三个等级），品质指标见表 6-41（注：《发制品　人发档发》（DB41/T 1364—2017）于 2020 年 3 月 13 日废止，由于目前该行业无其他标准，该标准仅做参考使用）。

表 6-41　《发制品　人发档发》（DB41/T 1364—2017）品质指标

项目	A 级	B 级	C 级
本档（发）质量分数/%	≥80	≥70	≥50
顺发比/%	≥95		
人发含量/%	≥98		
可见异物含量/%	≤2.0		

注：顺发比仅适用于标称顺发的档发产品。

《发制品　人发档发》（DB41/T 1364—2017）中规定的安全卫生指标见表 6-42。

表 6-42　《发制品　人发档发》（DB41/T 1364—2017）安全卫生指标

项目	要求
虫卵（虱、蜱）	—
绿脓杆菌	—
金黄色葡萄球菌	—
溶血性链球菌	—

发制品是以人发、化纤、动物毛等为原料，经过一系列工序加工而成的假发制品，根据功能不同，可分为发条、发套、发块、配饰发等类别。其中发条是以人发或化纤丝为主要原料加工后按规格均匀排列黏结而成的发制品，主要用于发型装饰、弥补缺发、脱发、少发等生理缺陷。

海关税则号列 05010000 为"未经加工的人发；废人发（不论是否洗涤）"；海关税则号列 67030000 为"经梳理、稀疏等方法加工的人发（包括作假发及类似品用羊毛、其他动物毛或其他纺织材料）"。税号 05010000 品目中"未经加工"的含义是指未进行简单洗涤以外的加工，包括稀疏、染色、漂白、卷曲或为制作假发进行的加工，以及按发根和发梢进行整理。

（四）样品属性鉴定结论

样品为人发经梳理等加工而得到的人发原料，未检测出虫卵（虱、蜱）、绿脓杆菌、金黄色葡萄球菌、溶血性链球菌等。根据《固体废物鉴别标准 导则》（GB 34330—2017）3.1 条款，鉴别样品不属于固体废物。

参考文献

[1]陈和平. 走高效利用有限能源的发展之路[J]. 资源与发展，2002（2）：3.

[2]雒书鸿. 我国进口固体废物管理措施研究[D]. 北京：北京交通大学，2007.

[3]鞠红岩. 我国废物进口现状和趋势分析[J]. 资源再生，2015，161（12）：38-40.

[4]彭城. "全面禁止进口固体废物"与"规范再生金属原料进口管理"政策梳理
[J]. 中国海关，2021（5）：2.

[5]于亮. 论禁止进口固体废物的生态主权[J]. 环球法律评论，2019，41（4）：162-
177.

[6]谭全银，李金惠. 我国固体废物进口管理及其国际履约进程与展望[M]. 北京：
社会科学文献出版社，2020.

[7]周炳炎，于泓锦. 探讨进口物品的固体废物属性鉴别[J]. 中国检验检疫，2012
（6）：23-24.

[8]郑洋，邱琦，李淑媛，等. 加强废物进口环境管理防范环境风险对策研究[J].
环境与可持续发展，2011，36（6）：30-33.

[9]王玉晶，田祎，刘婉蓉，等. 新修订的《中华人民共和国固体废物污染环境防
治法》术语和定义解析[J]. 环境与可持续发展，2020，45（5）：34-37.

[10]关于发布《固体废物鉴别标准 通则》《含多氯联苯废物污染控制标准》两项
国家环境保护标准的公告 公告 2017 年 第 44 号[J]. 再生资源与循环经济，
2017，10（9）：8-10.

[11]深入学习贯彻习近平生态文明思想和习近平法治思想 推动固体废物污染环
境防治法全面贯彻落实[J]. 环境经济，2021（7）：4.

[12]周炳炎. 进口固体废物环境保护标准的意义和作用[J]. 有色金属再生与利用，
2006（7）：15-17.

[13]国家质检总局发布《中国进口可用作原料的固体废物检验检疫状况（2010 年

度)》[J]. 商品与质量, 2011 (24): 8.

[14] 王玉娟, 国冬梅, 李菲, 等. 中国固体废物管理与行业发展[M]. 北京: 社会科学文献出版社, 2018.

[15] 王钧华. 进口固体废物的监管制度研究[D]. 上海: 华东政法大学, 2014.

[16] 赵旻辉. 我国进口固体废物管理制度研究[M]. 2011.

[17] 韩子燕. 固体废物进口制度变革: 必要性, 挑战与应对[J]. 华北电力大学学报 (社会科学版), 2020 (6): 10.

[18] 扎西德吉, 曾现来, 赵娜娜, 等. 中国固体废物进出口格局演化分析——以废纸为例[J]. 中国环境管理, 2019, 11 (2): 6.

[19] 全国人民代表大会常务委员会关于批准《控制危险废物越境转移及其处置巴塞尔公约》的决定[J]. 中华人民共和国国务院公报, 1991 (31): 1100.

[20] 唐梦. 国家环保局 海关总署发出通知严格控制境外有害废物转移到我国[J]. 环境保护, 1991 (6): 23, 25.

[21] 中华人民共和国固体废物污染环境防治法[J]. 中华人民共和国全国人民代表大会常务委员会公报, 1995 (7): 62-74.

[22] 佚名. 废物进口环境保护管理暂行规定[J]. 中国海关, 1996 (7): 7-9.

[23] 莫神星. 擅自进口固体废物罪与走私固体废物罪[J]. 中国环保产业, 2002 (8): 2.

[24] 张庆建, 丁仕兵. 拒固体废物于国门之外[J]. 中国检验检疫, 2013 (4): 2.

[25] 马辉. 进口可用作原料的固体废物装运前检验制度的研究[D]. 天津: 天津大学, 2016.

[26] 再协. 我国对进口可用作原料的废物实行市场准入制度[J]. 中国资源综合利用, 2015, 33 (3): 1.

[27] 王建国, 李治琨, 叶漫红. 国家固体废物进口许可证联网管理解决方案的研究[J]. 有色金属再生与利用, 2005 (8): 2.

[28] 郭兴锐. 海关进境固体废物管理研究[D]. 上海: 复旦大学, 2012.

[29] 赵静. 论固体废物污染越境转移法律、法规的完善 ——从我国的"洋垃圾"问题谈起[J]. 广州环境科学, 2006 (1): 42-44.

[30] 庞堃, 刘孟春, 肇子春, 等. 进口固体废物原料相关问题探讨[J]. 再生资源与循环经济, 2010 (10): 29-31.

[31] 李淑媛, 固体废物管理中心. 固体废物进口管理办法解读[C]. 第五届中国贵

金属再生国际论坛，2011.

[32]时志伟. 固体废物进口有新规[J]. 中国海关，2011（12）：3.

[33]周聪. 进口固体废物环境安全协同治理研究[D]. 宁波：宁波大学，2019.

[34]兰孝峰，鞠红岩，刘刚，等. 加强进口废物管理防范环境污染风险[J]. 环境
与可持续发展，2016，41（5）：64-67.

[35]凌江，鞠红岩，聂晶磊. 进口固体废物环境管理制度构筑[J]. 环境保护，2017，
45（22）：4.

[36]周炳炎. 我国固体废物的鉴别与行业发展[J]. 资源再生，2017（6）：4.

[37]生态环境部，海关总署. 关于发布进口货物的固体废物属性鉴别程序的公告
公告 2018 年第 70 号[J]. 再生资源与循环经济，2019.

[38]佚名. 进口可用作原料的固体废物国外供货商注册登记出台实施细则——
对供货商实施三类风险预警[J]. 中国检验检疫，2018（8）：2.

[39]邹德梽. 海关在加强进口固体废物监管中打击"洋垃圾"入境问题研究[D].
北京：对外经济贸易大学，2014.

[40]生态环境部，商务部，国家发展改革委，等. 关于调整《进口废物管理目录》
的公告 公告 2018 年第 68 号[J]. 再生资源与循环经济，2019（1）.

[41]于泓锦，周炳炎，鞠红岩，等. 进口废物管理目录研究[J]. 环境工程技术学
报，2016.

[42]佚名. 关于发布《进口废物管理目录》（2017 年）的公告 公告 2017 年 第 39
号[J]. 再生资源与循环经济，2017，10（9）：7.

[43]郝雅琼. 进口可用作原料固体废物环控标准及检验规程存在问题及对策研究
[J]. 环境与可持续发展，2015，40（5）：3.

[44]安宁，赵烨. 限制固体废物进口可能引发的贸易争议[J]. 吉首大学学报：社
会科学版，2018（S01）：4.

[45]再协. 由"限制"到"禁止"我国再生塑料进口量将急剧下滑[J]. 中国资源综
合利用，2018，36（9）：1.

[46]谭全银，郑莉霞，赵娜娜，等. 我国固体废物禁止进口新政的国际形势分析
[J]. 环境与可持续发展，2018，43（1）：4.

[47]刘伟，孙际洲. 固体废物进口政策调控分析及展望[J]. 再生资源与循环经济，
2017，10（9）：4.

[48]郭婷婷，朱森，秦志勇，等. 进口固废再生利用行业现状及管理建议[J]. 绿

色科技，2020（14）：3.

[49]保琦蓓. 我国进口固体废物监管可借鉴欧盟经验[J]. 中国检验检疫，2019（1）：2.

[50]李金惠，刘丽丽，蔡晓阳，等. 2020年固体废物处理利用行业发展评述及展望[J]. 中国环保产业，2021（4）：25-28.

[51]李金惠，段立哲，郑莉霞，等. 固体废物管理国际经验对我国的启示[J]. 环境保护，2017，45（16）：69-72.

[52]杨子. 再生金属产业迎来发展新契机[J]. 资源再生，2020（10）：1.

[53]编辑部. 《再生钢铁原料》国家标准正式发布[J]. 粉末冶金工业，2021，31（1）：1.

[54]余超. 热镀锌灰回收新工艺的研究[D]. 长沙：中南大学，2011.

[55]何小凤，李运刚，陈金. 热镀锌渣灰回收处理工艺评述[J]. 中国有色冶金，2008（2）：55-58.

[56]周炳炎，王琪. 固体废物特性分析和属性鉴别案例精选[M]. 北京：中国环境科学出版社，2012.

[57]覃宝桂. 锌铸型浮渣碱洗脱氯的工业化研究[J]. 材料科技与设备，2015（1）：44-45.

[58]姚维义，何家成. 锌铸型浮渣的综合利用[J]. 再生资源研究，1999（5）：20-23.

[59]彭荣秋. 从钢铁生产的含锌烟尘中回收锌[J]. 世界有色金属，1991（22）：7-10.

[60]佘雪峰，薛庆国，王静松，等. 钢铁厂含锌粉尘综合利用及相关处理工艺比较[J]. 炼铁，2010，29（4）：56-62.

[61]屠海令，赵国权，郭青蔚. 有色金属冶金、材料、再生与环保[M]. 北京：化学工业出版社，2007.

[62]吴良士，白鸽，袁忠信，等. 矿物与岩石[M]. 北京：化学工业出版社，2008.

[63]马鸿文. 工业矿物与岩石（第二版）[M]. 北京：化学工业出版社，2009.

[64]宁顺明，陈志飞. 从黄钾铁矾渣中回收锌铟[J]. 中国有色金属学报，1997，7（3）：56-58.

[65]沈奕林，覃庶宏，熊志军. 铁矾渣的处理及萃取提铟新工艺研究[J]. 有色金属（冶炼部分），2001（4）：33-35.

[66] 韦文宾, 何启贤. 从湿法炼锌浸出渣中回收镓的试验研究[J]. 湿法冶金, 2008, 27（2）: 103-105.

[67] 陆跃华, 水承静. 从锌浸出渣中回收银的方法[J]. 贵金属, 1995, 16（3）: 55-60.

[68] 黄柱成, 张元波, 姜涛, 等. 浸出渣中银、镓及其他有价元素综合利用研究[J]. 金属矿山, 2007（3）: 81-84.

[69] 刘斌, 王伟涛. 浅谈湿法炼锌工艺的浸出渣问题[J]. 四川环境, 2007, 26（2）: 105-108.

[70] 陈卫华, 邹学付. 浅谈湿法炼锌浸出渣的综合回收[J]. 金属矿山, 2006（1）: 98-100.

[71] 金云虹. 湿法炼锌浸出渣中银的赋存状态研究[J]. 北京矿冶研究总院学报, 1993, 2（1）: 76-81.

[72] 周金云, 李洪桂, 李运姣. 锌浸出渣的选择性酸浸研究[J]. 广东有色金属学报, 1997, 7（1）: 32-36.

[73] 杨梅金, 王进明, 郭克非. 选冶结合从锌浸出渣中回收锌[J]. 矿业工程, 2010, 8（5）: 37-38.

[74] 黎彬, 严丽君, 朱俊红, 等. 印刷线路板生产中含铜污泥的浸出研究[J]. 上海有色金属, 2009, 30（2）: 63-65.

[75] 刘承先. 含铜污泥中铜的回收及污泥无害化处理[J]. 辽宁化工, 2001, 30（6）: 248-249.

[76] 周志明, 吾石华. 从含铜电镀污泥中回收铜和铁的工艺研究[J]. 无机盐工业, 2007, 39（12）: 42-44.

[77] 叶海明, 王静. 含铜污泥中铜的资源化回收技术[J]. 化工技术与开发, 2010, 39（8）: 55-58.

[78] 高起鹏. 某铜转炉渣中铜的浮选回收试验[J]. 金属矿山, 2012（4）: 160-162.

[79] 张保存. 铜冶炼转炉渣选铜工艺研究[J]. 中国矿山工程, 2012, 41（3）: 14-17.

[80] 韩伟. 铜冶炼转炉渣选矿工艺研究与设计[J]. 铜业工程, 2013（1）: 25-27.

[81] 黄瑞强, 崔麦英. 选矿法回收高品位转炉渣中铜的试验研究[J]. 中国矿山工程, 2013, 42（1）: 15-18.

[82] 孟繁构. 浮渣的处理与综合利用[J]. 矿产综合利用, 1991（2）: 7-10.

[83]陈海清. 铜浮渣苏打-铅精矿熔炼新工艺研究[J]. 有色金属（冶炼部分），2007（3）：6-12.

[84]刘学国. 熔铅锅产浮渣的反射炉生产与热力学分析[J]. 湖南有色金属，2001，17（3）：21-24.

[85]王迎爽，陈为亮，张殿彬. 铜浮渣处理方法的研究进展[J]. 云南冶金，2012，41（6）：35-43.

[86]王立运，曹军超，李利丽. 铜浮渣冶炼新工艺实验研究[J]. 湖南有色金属，2013，29（1）：37-39.

[87]宋翔宇. 某难选低品位氧化铜矿石水热硫化浮选试验[J]. 金属矿山，2012，430（4）：63-67.

[88]林鸿汉. 从铜金精矿中湿法综合回收金银铜硫的工艺研究[J]. 矿冶工程，2006，26（1）：52-55.

[89]李琳，刘炯天，由晓芳. 浮选柱从铜浸渣中回收单质硫的试验研究[J]. 中国矿业，2009，18（10）：77-79.

[90]李竞菲，王宝璐，徐敏，等. 含铜金精矿中单质硫的煤油浸取回收工艺[J]. 化学工程，2009，37（8）：75-78.

[91]陈庆根. 某含铜金精矿提取金、铜工艺研究[C]. 全国黄金（有色金属）矿山生产新技术、新产品学术交流会论文汇编，2007.

[92]尹作栋，龙翔云，谭承德，等. 锌冶炼中酸浸渣的锌铅分离[J]. 广西大学学报（自然科学版），2000，25（3）：206-209.

[93]杨尚峰. ISP 工艺用铅泥替代铅精矿的生产实践[J]. 中国有色冶金，2010（3）：20-22.

[94]何静，罗超，鲁君乐，等. 含铅锌渣中铅的富集[J]. 有色金属（冶炼部分），2012（1）：1-4.

[95]邹志强，黄万抚. 鼓风炉炼铅渣工艺矿物学研究及选矿工艺探索[J]. 现代矿业，2011（6）：126-127.

[96]黄潮，唐朝波，唐谟堂. 废铅酸蓄电池胶泥的低温熔盐还原固硫熔炼工艺研究[J]. 矿冶工程，2012，32（2）：84-87.

[97]刘建斌，黄志明，许民. 废铅酸蓄电池渣泥湿法脱硫和还原新工艺研究[J]. 无机盐工业，2004，36（1）：47-49.

[98]侯慧芬. 从废铅酸蓄电池中回收有价金属[J]. 上海有色金属，2001，22（4）：

181-186.

[99]森维，孙红燕，李正林，等. 氧化锌烟尘中氟氯脱除方法的研究进展[J]. 云南冶金，2013，42（6）：42-45.

[100]罗虹霖，刘维，覃文庆，等. 氧化锌烟尘中铟的挥发富集[J]. 中国有色金属学报，2014，24（11）：2892-2899.

[101]陈云，冯其明，张国范，等. 废铝基催化剂综合回收现状与发展前景[J]. 金属矿山，2005（7）：55-68.

[102]黄又明. 从废催化剂中回收镍的技术经济分析[J]. 江苏化工，2002，30（5）：51-53.

[103]冯其明，陈云，邵延海，等. 废铝基催化剂综合利用新工艺研究[J]. 金属矿山，2005（12）：65-69.

[104]李富荣，唐晓. 废钼镍催化剂回收技术现状与分析[J]. 中国资源综合利用，2011，29（11）：17-19.

[105]李小明，唐琳，刘仕良. 红土镍矿处理工艺探讨[J]. 铁合金，2017（4）：24-28.

[106]冯粒克，施银燕，汪向阳，等. 化学沉淀法处理化学镀镍废水的研究[J]. 山东化工，2010，39（8）：18-20.

[107]郭志军，麦青，苏敏. 化学镀镍-磷合金的废液处理[J]. 材料保护，1995，28（1）：25-26.

[108]黄江伟，邵鹏程. 化学镀镍废液处理的方法[J]. 腐蚀与防护，2003，24（9）：404-412.

[109]任志华，张积树，代勇，等. 化学镀镍磷合金废液处理研究[J]. 表面工程，1997（3）：30-32.

[110]孙红，赵立军，杨永生. 化学沉淀法处理化学镀镍废液中镍的研究[J]. 黑龙江大学自然科学学报，1999，16（2）：102-105.

[111]郭学益，等. 从电镀污泥中回收镍、铜和铬的工艺研究[J]. 北京科技大学学报，2011，33（3）：328-333.

[112]刘敬东. 从电解污泥中回收镍、铜、铁[J]. 环境工程，1991，9（5）：39-40.

[113]王毅军，舒斌，张跃. 从 NdFeB 磁性材料制造工业废料中提炼金属钕[J]. 稀有金属与硬质合金，2000（140）：48-52.

[114]陈玉凤，林宝启，黎先财. 钕铁硼废料中提取氧化钕[J]. 无机盐工业，2001，

33（3）：37-38.

[115]许涛，李敏，张春新. 钕铁硼废料中钕、镝及钴的回收[J]. 稀土，2005，25（2）：31-34.

[116]包燕平，冯捷. 钢铁冶金学教程[M]. 北京：冶金工业出版社，2008.

[117]李凤贵，张西春. 铁矿石检验技术[M]. 北京：中国标准出版社，2005.

[118]张春兰. 铁矿石国家标准样品的研制[J]. 冶金分析，2004，24（z1）：285-289.

[119]许满兴，冯根生. 进口铁矿粉的烧结性能及质量分析[C]. 全国炼铁生产技术暨炼铁年会，2004.

[120]潭柱中，梅光贵，李维健，等. 锰冶金学[M]. 长沙：中南大学出版社，2004.

[121]向平，冯其明，刘朗明，等. 物理方法从锌阳极泥中分离锰与铅银矿物工艺研究[J]. 矿冶工程，2010，30（4）：54-57.

[122]张架，李若彬. 重有色金属冶炼设计手册——铅锌铋卷[M]. 北京：冶金工业出版社，2008.

[123]孙大林. 锌矿石浸出液中除铁的研究[D]. 武汉：武汉科技大学，2015.

[124]王夏阳，何静. 烟化处理针铁矿渣的热力学分析[J]. 有色金属科学与工程，2016，7（3）：6-13.

[125]阮书峰，尹飞，王成彦. $H_2SO_4 + NaCl$ 选择性浸出铅阳极泥的研究[J]. 矿冶，2013，21（3）：30-32.

[126]罗俊，姜平国，李安国. 含铁二次资源制备氧化铁红工艺的研究进展[J]. 中国有色冶金，2008（3）：61-64.

[127]邓遵安. 利用电炉炼钢烟尘生产高品位氧化铁红[J]. 辽宁化工，2005，34（8）：329-334.

[128]王会君，康文通，马进然，等. 铁泥制高纯氧化铁红的研究[J]. 无机盐工业，2006，38（8）：40-41.

[129]李国祥，侯勇. 由炼钢废铁皮制备氧化铁红的研究[J]. 内蒙古石油化工，2007（6）：5-6.

[130]彭宁，邱朝阳. 南非钒钛磁铁矿流化床直接还原实验研究[J]. 矿冶工程，2018，38（2）：95-98.

[131]刘长淼，吴东印，吕子虎，等. 某钒钛磁铁矿尾矿中钛铁矿的选矿研究[J]. 中国矿业，2015，24（5）：115-117.

[132]周政，赵华伦，李兵荣，等. 红格某钒钛磁铁矿选矿试验研究[J]. 矿产综合

利用，2018（2）：32-35.

[133]张庆建，岳春雷，郭兵，等. 固体废物属性鉴别及案例分析[M]. 北京：中国质检出版社，2015.

[134]王利霞，黄永富，林红赛，等. 微波消解-ICP-AES 法测定全瓷义齿用氧化锆瓷块中 Y_2O_3 含量[J]. 中国医疗器械信息，2018（13）：13-15.

[135]吴先锋. 氧化锆磨削废料的回收工艺研究[D]. 济南：山东科技大学，2014.

[136]孙亚光，余丽秀，陈艳. 含锆废料资源综合利用工艺研究[J]. 无机盐工业，2007，39（7）：48-51.

[137]李琼. 禽畜鲜骨再生利用与肉类香味料开发研究[D]. 上海：东华大学，2005.

[138]李云龙. 关于制定骨粒质量标准的建议[J]. 明胶科学与技术，2003，23（1）.

[139]陈其康. 骨明胶生产工艺[J]. 明胶科学与技术，2000，20（4）.

[140]周士海. 浅谈骨粒加工工艺[J]. 明胶科学与技术，2014，34（1）：49-51.

[141]楚耀辉，刘君健，聂新. 对骨粉、肉骨粉加工生产的研究[J]. 饲料广角，2006（16）：19-20，22.

[142]叶明泉，李春俊，刘东升，等. 鲜骨加工技术研究进展[J]. 食品工业科技，1999，20（1）：34-35.

[143]黄丽娟，李海朝. 骨炭的应用和研究进展[J]. 应用化工，2018，47（9）：2015-2019.

[144]孙福. 高档瓷器原料——骨碳[J]. 建材工业信息，1995（14）：11.

[145]田英良，张磊，顾振华，等. 国内外泡沫玻璃发展概况和生产工艺[J]. 玻璃与搪瓷，2010，38（1）：38-41.

[146]田英良，战梅，孙诗兵，等. 国内外泡沫玻璃生产技术发展和生产线代别综述[J]. 玻璃与搪瓷，2014，42（3）：26-32.